工控元器件
构造原理与选用

刘光启　韩佳鸣　编著

化学工业出版社

·北京·

内 容 简 介

本书详细介绍了常用电子元器件、配电电器、控制电器、保护电器、常用传感器、电机启动装置、可编程控制器等七大类别的常用工控制元器件的用途、构造、工作原理、检测和选型。同时，也选入了一些与物联网、CPS、光伏等相关的智能新型元器件。

本书为机械行业和自动化行业的工程技术人员提供机械控制元器件的基础知识和数据，以满足他们在工作中学习和查询的需要，同时为进阶到信息化、网络化和智能制造领域打下基础。

图书在版编目（CIP）数据

工控元器件构造原理与选用 / 刘光启，韩佳鸣编著.
北京：化学工业出版社，2024. 11. -- ISBN 978-7-122-
46292-3

Ⅰ. TM503

中国国家版本馆 CIP 数据核字第 20243HR520 号

责任编辑：王　烨　　　　　　　文字编辑：张　琳
责任校对：宋　玮　　　　　　　装帧设计：刘丽华

出版发行：化学工业出版社
　　　　　（北京市东城区青年湖南街 13 号　邮政编码 100011）
印　　装：三河市君旺印务有限公司
787mm×1092mm　1/16　印张 17¼　字数 428 千字
2025 年 6 月北京第 1 版第 1 次印刷

购书咨询：010-64518888　　　　　售后服务：010-64518899
网　　址：http://www.cip.com.cn
凡购买本书，如有缺损质量问题，本社销售中心负责调换。

前言

　　随着现代科学技术的迅猛发展，工业控制技术也日新月异，到目前为止，它已经历了从二十世纪五六十年代的微电子技术，到七八十年代的集散型控制系统，再到后来的现场总线技术，直到今天的机器人普及萌芽的4.0时代，每一次飞跃都为大大地提高生产效率创造了条件，为世界经济的发展提供了有力的保障。

　　现代工业离不开控制技术，除了控制理论和控制系统之外，其中的元器件同样十分重要。不同功能的控制系统中的控制元器件不尽相同，但它都有其自身的控制作用，对于从事工业自动控制者来说，了解并熟练掌握它们的结构、工作原理和性能非常重要。

　　本书从常用电子元器件、配电电器、控制电器、保护电器、常用传感器、电机启动装置和可编程控制器七个方面，对它们的用途、构造、工作原理、检测和选型做了论述，图文并茂，通俗易懂。

　　本书由刘光启、韩佳鸣编著。其中，第3、4、6、7章由刘光启编写，第1、2、5章由韩佳鸣编写，并进行交叉审稿。

　　编写过程中得到许多同仁的指导和帮助，也参阅了一些国内外参考资料和图书，在此一并表示感谢。

　　由于电子技术发展日新月异，应用领域日益广泛，加之作者的水平所限，难免存在疏漏和不当之处，敬请广大读者批评指正。

编　者
2025 年 3 月

目录

第 6 章　电机启动装置　219

第 7 章　可编程控制器　254

参考文献　268

CHAPTER 1

第**1**章 常用电子控制元器件

常用电子控制元器件有电阻器、电容器、电感器、光电晶体管、发光二极管、光敏晶体管、磁敏晶体管、场效应晶体管、晶闸管、BJT（双极结型晶体管）、IGBT（绝缘栅双极型晶体管）和热电偶等。

1.1 电阻器

电阻器有固定电阻器、热电阻器、热敏电阻器、光敏电阻器、磁敏电阻器、压敏电阻器和电位器等。

1.1.1 固定电阻器

固定电阻器阻值大小就是它的标称阻值，其用途广泛，品种繁多。一般按照其组成材料和结构形式进行分类，如碳质电阻器、膜式电阻器、线绕电阻器、玻璃釉电阻器、碳质电阻器和水泥电阻器等。主要功能是降压、分压、分流、限流。文字符号常用字母"R"表示。

【电阻值】 固定电阻器的电阻值有两种标注方法：

1. 直标法

直接把标称阻值和容许偏差印在电阻上，阻值规定单位为 Ω、$k\Omega$、$M\Omega$，容许偏差用百分数表示，如：$100\Omega\pm5\%$ 表示 100Ω，容许偏差为 $\pm5\%$。当误差为 $\pm20\%$ 时可不标注。

对于电阻的容许偏差百分数，有些情况下也可以使用字母来表示（表1-1）。

表1-1 容许偏差字母

字母	含义	字母	含义	字母	含义
Y	$\pm0.001\%$	W	$\pm0.05\%$	G	$\pm2\%$
X	$\pm0.002\%$	B	$\pm0.1\%$	J	$\pm5\%$
E	$\pm0.005\%$	C	$\pm0.25\%$	K	$\pm10\%$
L	$\pm0.01\%$	D	$\pm0.5\%$	M	$\pm20\%$
P	$\pm0.02\%$	F	$\pm1\%$	N	$\pm30\%$

2. 数标法

当固定电阻体积较小时（常见于贴片电阻），则会采用三位或四位数字，或者数字与字母 R 组合的方式来标示电阻值（默认单位 Ω）。具体如下：

① 如果是三位（或四位）的纯数字，则前两位（或三位）数字代表有效数字，最后一位数字代表倍乘数（即乘以 10 的几次方）。如：201 表示 $20\times10^1\Omega=200\Omega$，1503 表示 $150\times10^3\Omega=150k\Omega$，475 表示 $47\times10^5\Omega=4.7M\Omega$。

② 当阻值小于 10Ω 时以"×R×"表示，将"R"看作小数点。如：2R4 表示 24Ω，R68 表示 0.68Ω。

3. 色环法

用色环表示电阻器的标称阻值及容许偏差，有四环和五环两种（前者用于普通电阻器，后者用于精密电阻器）。四环表示法的第一、二环，五环表示法的第一、二、三环均表示有效数字；倒数第二环均为倍乘环，最后一环表示误差，而且与它前面的一环距离相差较大。各环的颜色、代表的意义和数值见图 1-1。

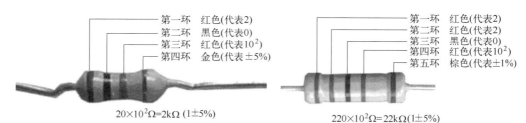

色环颜色	四环表示法				五环表示法				
	第一环 （有效值）	第二环 （有效值）	第三环 （倍乘数）	第四环 （误差数）	第一环 （有效值）	第二环 （有效值）	第三环 （有效值）	第四环 （倍乘数）	第五环 （误差数）
棕	1	1	$\times 10^1$		1	1	1	$\times 10^1$	$\pm 1\%$
红	2	2	$\times 10^2$		2	2	2	$\times 10^2$	$\pm 2\%$
橙	3	3	$\times 10^3$		3	3	3	$\times 10^3$	
黄	4	4	$\times 10^4$		4	4	4	$\times 10^4$	
绿	5	5	$\times 10^5$		5	5	5	$\times 10^5$	$\pm 0.5\%$
蓝	6	6	$\times 10^6$		6	6	6	$\times 10^6$	$\pm 0.2\%$
紫	7	7	$\times 10^7$		7	7	7	$\times 10^7$	$\pm 0.1\%$
灰	8	8	$\times 10^8$		8	8	8	$\times 10^8$	
白	9	9	$\times 10^9$		9	9	9	$\times 10^9$	
黑	0	0	$\times 10^0$		0	0	0	$\times 10^0$	
金				$\pm 5\%$					
银				$\pm 10\%$					
无色				$\pm 20\%$					

图 1-1　固定电阻器阻值的色环表示法

【选用】　根据电路要求选择适合参数的电阻是基本的，但更重要的是要选对类型。

① 高频电路，可选用分布电感和分布电容小的非线绕电阻器。如碳膜电阻器、金属电阻器和金属氧化膜电阻器等。

② 高增益的小信号放大器电路，可选用低噪声电阻器。如金属膜电阻器、碳膜电阻器和线绕电阻器等，而不能使用噪声较大的合成碳膜电阻器和有机实心电阻器。

③ 线绕电阻器的功率较大，电流噪声小，耐高温，但体积较大。普通线绕电阻器常用于低频电路中作为限流电阻器、分压电阻器、泄放电阻器或大功率管的偏压电阻器。精度较高的线绕电阻器多用于固定衰减器、电阻箱、计算机及各种精密电子仪器中。

④ 所选电阻器的电阻值应接近应用电路中计算值的一个标称值，注意优先选用标准系列的电阻器。

⑤ 一般电路使用的电阻器允许误差为 $\pm 5\% \sim \pm 10\%$，精密仪器及特殊电路中使用的电阻器应选用精密电阻器。

⑥ 所选电阻器的额定功率，要符合应用电路中对电阻器功率容量的要求。一般不要随

意加大或减小电阻器的功率。如果电路要求是功率型电阻器，则其额定功率可高于实际应用电路要求功率的 1～2 倍。

1.1.2　热电阻器

金属热电阻的电阻值随温度上升而增大。目前应用最多的是铂和铜，此外还有铁、镍、锰和铑等材料制造热电阻。热电阻器也是常用的发热元件之一。它的文字符号是"R"。

【材料】　常用热电阻的材料有铂、铜、铁、镍等，其特性见表 1-2。

表 1-2　常用热电阻的材料特性

材料名称	温度系数 $\alpha/(1/℃)$	电阻率 $\rho/(\Omega \cdot mm^2/m)$	温度范围/℃	特性
铂	3.92×10^{-3}	0.0981	$-200～+650$	近线性
铜	4.25×10^{-3}	0.0170	$-50～+150$	线性
铁	6.50×10^{-3}	0.0910	$-50～+150$	非线性
镍	6.60×10^{-3}	0.1210	$-50～+100$	非线性

1. 铂电阻

① 铂电阻（图 1-2）与温度的关系　$R_T=R_0(1+AT+BT^2)$　（0～660℃）

$$R_T=R_0[1+AT+BT^2+C(T-100)T^3]　（-190～0℃）$$

式中，R_T 和 R_0 分别是温度为 T 和 0℃ 时的电阻；T 为任意温度；A、B、C 为常数，$A=3.94\times10^{-2}/℃$，$B=-5.84\times10^{-7}/℃^2$，$C=-4.22\times10^{-12}/℃^3$。

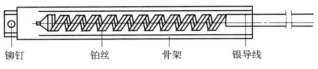

铆钉　　　　铂丝　　　　骨架　　　　银导线

图 1-2　铂电阻的结构

② 型号　标准铂电阻的型号通常以 PT100、PT500 或 PT1000 等表示，分别代表不同的电阻值。选择合适的型号取决于要测量的温度范围和所需的精度等因素。一般而言，PT100 型号是常用的，适用于 $-200～+850℃$ 的温度测量。

③ 铂电阻的选择　见表 1-3。

表 1-3　铂电阻的选择

性能指标	铂电阻元件种类			
	外绕整体烧结	陶瓷	云母	薄膜
型号	PT100,PT200,PT1000	PT100		PT10,PT100,PT1000
抗振性	很好,可过载 50g	不抗振	稍好	比较好
长期稳定性	非常好	低温无振动时好		较差
测温范围/℃	$-200～500$	$-200～500$	$-200～400$	$-20～100$
线性度	非常好	非常好		较好
响应速度	快	较慢		很快
抗过载能力	很强	较好		差
使用寿命	长,低温下 5～7 年	一般		短
体积	中等	中等	较大	小
元件价格	较贵	一般		廉价

标准铂电阻通常采用四线制连接。注意确保它处于干燥、无腐蚀性气体环境中，避免过

高的电流，定期校准和维护，避免受到物理损坏和化学腐蚀。

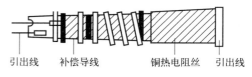

图 1-3 铜电阻的结构

2. 铜电阻

铜电阻（图 1-3）与温度的关系为：$R_T = R_0[1 + AT + BT^2 + CT^3]$ （$-50 \sim 150℃$）

式中，R_T 和 R_0 分别是温度为 T 和 $C℃$ 时的电阻；T 为任意温度；A、B、C 为常数，$A = 4.28899 \times 10^{-3}/℃$，$B = -2.133 \times 10^{-7}/℃^2$，$C = 1.233 \times 10^{-9}/℃^3$。

1.1.3 热敏电阻器

热敏电阻器是敏感元件，其典型特点是对温度敏感，不同的温度下表现出不同的电阻值。按照温度系数不同，分为正温度系数（PTC）热敏电阻器和负温度系数（NTC）热敏电阻器。前者在温度越高时电阻值越大，后者在温度越高时电阻值越低。它的文字符号是"RT"。

【电阻-温度】 图 1-4 中表示了四种常见的热敏电阻器的电阻-温度特性曲线。曲线 1 是金属铂热敏电阻器。它的电阻值随温度上升而线性增加，电阻温度系数为 $+0.004 K^{-1}$ 左右。曲线 2 是普通负温度系数热敏电阻器。它的电阻值随温度上升而呈指数减小，室温下的电阻温度系数为 $-0.06 \sim -0.02 K^{-1}$。曲线 3 是临界热敏电阻器（CTR）。它的电阻值在某一特定温度附近随温度上升而急剧减小，变化量达到 $2 \sim 4$ 个数量级。曲线 4A 和 4B 是钛酸钡系正温度系数热敏电阻器。前者为缓变型，室温下的电阻温度系数在 $+0.03 \sim +0.08 K^{-1}$ 之间；后者为开关型，在某一较小温度区间，电阻值急增几个数量级，电阻温度系数可达 $+0.10 \sim +0.60 K^{-1}$。

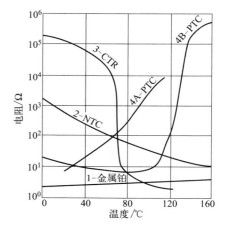

图 1-4 四种常见的热敏电阻器的电阻-温度特性曲线

【材料和结构】 热敏电阻用半导体材料氧化复合烧结而成，主要材料有 Mn、Co、Ni、Cu、Fe 氧化物。几乎所有的家用电器产品都装有微处理器，温度控制完全智能化，这些温度传感器几乎都使用热敏电阻。其主要的种类和结构见图 1-5。

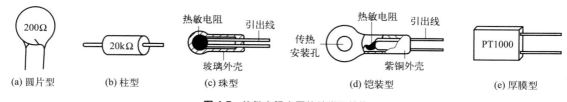

(a) 圆片型　　(b) 柱型　　(c) 珠型　　(d) 铠装型　　(e) 厚膜型

图 1-5 热敏电阻主要的种类和结构

【用途】 PTC 热敏电阻器一般用于过压、过流、过载等保护，电机、压缩机等启动辅助和彩色电视机、显像管等消磁等。NTC 热敏电阻器一般用于环境温度的测量，可以识别 $-20 \sim 100℃$（更高的温度就要用热电偶），也用于各种电子产品中作为微波功率测量。

【检测】 PTC 热敏电阻器的检测和 NTC 热敏电阻器的检测不同。

1. PTC 热敏电阻器的检测

① 常温检测　将两表笔接触 PTC 热敏电阻的两引脚，测出其实际阻值并将其与标称阻值相对比，若二者相差在 ±2Ω 内即为正常。若实际阻值与标称阻值相差过大，则说明其性能不良或已损坏。

② 加温检测　在常温测试正常的基础上，将 20W 左右的小功率电烙铁，靠近 PTC 热敏电阻对其加热，同时用万用表监测其电阻值变化。如果它随温度的升高而增大，说明热敏电阻正常；若阻值无变化，说明其性能变劣不能继续使用。注意，热源不能与 PTC 热敏电阻靠得太近，或直接接触热敏电阻器。

2. NTC 热敏电阻器的检测

用万用表测量 NTC 热敏电阻的方法，与测量普通固定电阻的方法相同，即按 NTC 热敏电阻的标称阻值，选择合适的电阻挡可直接测出 R_t 的实际值。

① 测量标称电阻值 R_t　在实际测试过程中，由于 NTC 热敏电阻对温度很敏感，故测试时应注意以下几点：

a. 用万用表测量 R_t 时，应在环境温度接近 25℃ 时进行，以保证测试的可信度。

b. 测量功率不得超过规定值，以免电流热效应引起测量误差。

c. 测试时，不要用手捏住热敏电阻体，以防止人体温度影响测试结果。

② 估测温度系数 α_t　先在室温 t_1 下测得电阻值 R_{t1}；再用电烙铁作热源，靠近热敏电阻 R_{t1}，测出电阻值 R_{t2}，同时用温度计测出此时热敏电阻 R_T 表面的平均温度 t_2。将所测得的结果代入下式：

$$\alpha_t \approx (R_{t2} - R_{t1}) / [R_{t1}(t_2 - t_1)]$$

NTC 热敏电阻的 $\alpha_t < 0$（若测得的 $\alpha_t > 0$，则表明该热敏电阻不是 NTC 而是 PTC）。

注意事项：给热敏电阻加热时，选用 20W 左右的小功率电烙铁，且烙铁头不要直接去接触热敏电阻或靠得太近，以防损坏热敏电阻。

【选择】　选择热敏电阻时要考虑以下几点：

① 类型选择：根据温度测量、温度补偿、过流保护等用途。

② 温度范围：确保热敏电阻能够适应实际应用中的温度范围。

③ 响应时间：确保热敏电阻能够在要求的时间内稳定工作。

④ 参考额定电阻值和额定功率：应该与电路相匹配，能够在额定电压下正常工作。

1.1.4　光敏电阻器

光敏电阻器是用硫化镉或硒化镉等半导体材料制成的特殊电阻器，对光线十分敏感：在无光照时呈高阻状态，暗电阻一般可达 $1.5M\Omega$；而亮电阻值可小至 $1k\Omega$ 以下。常用的制作材料为硫化镉，另外还有硒化镉、硫化铅、硒化铅和锑化铟等材料，一般用于光的测量、控制和光电转换（将光的变化转换为电的变化）。光敏电阻器文字符号："RL""RG" 或 "R"。

【结构】　光敏电阻器通常由光电导层、玻璃基片（或树脂防潮膜）和电极等组成（图 1-6）。其特点是灵敏度高、光谱响应范围宽、体积小、重量轻、机械强度高、耐冲击、抗过载能力强、耗散功率大、寿命长等。

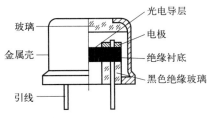

图 1-6　光敏电阻器的结构

【规格和参数】 常用材料光敏电阻的典型参数如表 1-4 所示。

表 1-4 光敏电阻的规格和参数

规格	型号	最大电压 /V(DC)	最大功耗 /mW	光谱峰值 /nm	亮电阻 /kΩ	暗电阻 /MΩ	灵敏度	响应时间 /ms 上升	响应时间 /ms 下降	照度电阻特性
03系列	GL3516	100	50	540	5～10	0.6	0.5	30	30	2
	GL3526				10～20	1	0.6			3
	GL3537-1				20～30	2	0.6			4
	GL3537-2				30～50	3	0.7			4
	GL3547-1				50～100	5	0.8			6
	GL3547-2				100～200	10	0.9			6
04系列	GL4516	150	50	540	5～10	0.6	0.5	30	30	2
	GL4526				10～20	1	0.6			3
	GL4537-1				20～30	2	0.7			4
	GL4537-2				30～50	3	0.8			4
	GL4548-1				50～100	5	0.8			6
	GL4548-2				100～200	10	0.9			6
05系列	GLA537-1	150	50	540	20～30	2	0.7	30	30	4
	GL4527-2				30～50	3	0.8			4
	GL4548-1				50～100	5	0.8			6
	GL4548-2				100～200	10	0.9			6
	GL5516	150	90	540	5～10	0.5	0.5	30	30	2
	GL5528	150	100	540	10～20	1	0.6	20	30	3
	GL5537-1				20～30	2	0.6			4
	GL5537-2				30～50	3	0.7			4
	GL5539				50～100	5	0.8			5
	GL5549				100～200	10	0.9			6
	GL5606			560	4～7	0.5	0.5	30	30	2
	GL5616				5～10	0.8	0.6			2
	GL5626				10～20	2	0.6			3
	GL5637-1				20～30	3	0.7			4
	GL5637-2				30～50	4	0.8			4
	GL5639				50～100	8	0.9			5
	GL5649				100～200	15	0.95			6
07系列	GL7516	150	100	540	5～10	0.5	0.6	30	30	2
	GL7528			540	10～20	1	0.6			3
	GL7537-1			560	20～30	2	0.7			4
	GL7537-2			560	30～50	4	0.8			4
	GL7539			560	50～100	8	0.8			4/6
010系列	GL10516	200	150	560	5～10	1	0.6	30	30	3
	GL10528				10～20	2	0.6			3
	GL10537-1				20～30	3	0.7			4
	GL10537-2				30～50	5	0.7			4
	GL10539	250	200	560	50～100	8	0.8	30	30	6
012系列	GL12516	250	200	560	5～10	1	0.6	30	30	3
	GL12528				10～20	2	0.6			3
	GL12537-1				20～30	3	0.7			4
	GL12537-2				30～50	5	0.7			4
	GL12539				50～100	8	0.8			6
020系列	GL20516	500	500	560	5～10	1	0.6	30	30	3
	GL20528				10～20	2	0.6			3
	GL20537-1				20～30	3	0.7			4
	GL20537-2				30～50	5	0.7			4
	GL20539				50～100	8	0.8			6

注：环境温度为 $-30～+70℃$。

【检测】 检测光敏电阻器有多种方法。检测前，先将万用表设置在 $R \times 1k$ 挡，两表笔分别接到光敏电阻器的引线上。

1. 避光检测法

测试暗阻时，先用黑纸片遮住光敏电阻的受光窗口，然后将万用表置 $R \times 1k$ 或 $R \times 10k$ 挡测其电阻值，暗阻阻值应很大或接近于无穷大，通常为兆欧数量级。暗阻越大，说明光敏电阻性能越好，若此值很小或接近于零，说明光敏电阻已损坏。

2. 透光检测法

测试亮阻时，先在透光状态下用手电筒照射光敏电阻的受光窗口，然后将万用表置 $R \times 1k$ 挡测其电阻值。此时万用表读数即为亮阻，阻值通常为数千欧或数十千欧。亮阻越小，说明光敏电阻性能越好，若此值很大或为无穷大，说明光敏电阻内部已开路损坏，不能使用。后将手电筒移开，万用表指针摆动幅度越大（阻值应变大），光敏电阻性能就越好。

3. 间断受光检测法

将光敏电阻的透光窗口对准入射光源，用黑纸将光敏电阻透光窗口对准入射光线，用小黑纸片在光敏电阻的遮光窗上部晃动，使其间断受光。此时万用表指针应随黑纸片的晃动而左右摆动。如果万用表指针不随纸片晃动而摆动，说明光敏电阻的光敏材料已经损坏。

4. 电压测量法

此法的基本原理是：当光敏电阻受到光照时，其电阻值减小，从而使通过光敏电阻的电流增加，致使电压降低。故可通过测量光敏电阻两端的电压来推断光照强度。利用电压测量仪器（如万用表）可以测量出电压的变化，并通过校准曲线或计算公式将其转化为光照强度的数值。

5. 电流测量法

此法与电压测量法类似，不同点是通过测量光敏电阻上的电流来推断光照强度。使用电流表或电流测量仪器，在电路中插入光敏电阻，通过测量电流的变化来确定光照强度。较大的电流值表示较强的光照，而较小的电流值表示较弱的光照。

【选用】 选用光敏电阻器时，应首先确定应用电路中所需光敏电阻器的光谱特性类型。若是用于各种光电自动控制系统、电子照相机和光报警器等电子产品，则应选用可见光光敏电阻器；若是用于红外信号检测及天文、军事等领域的有关自动控制系统，则应选用红外光光敏电阻器；若是用于紫外线探测等仪器中，则应选用紫外光光敏电阻器和有机实芯电阻。

具体选择参数时，要考虑所需目标检测范围（光照强度）、响应速度、环境温度、稳定性以及封装形式等因素。

1.1.5 磁敏电阻器

磁敏电阻器是一种基于磁阻效应而制作的电阻体，在外施磁场的作用下能够改变自身的电阻值。通常用锑化铟（InSb）或砷化铟（InAs）等对磁具有敏感性的半导体材料制成。可用作控制元件、计量、模拟、开关电路、运算器和磁敏传感器等。磁敏电阻的图形符号是 。磁敏电阻器的文字符号用"RM"或" R"表示。

【结构】 通常半导体磁敏电阻器由基片、短路条和电阻体三个主要部分组成（图 1-7）。基片又叫衬底，一般是用 0.1～0.5mm 厚的云母、玻璃做成的薄片，也有使

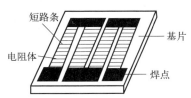

图 1-7 半导体磁敏电阻器的构造

用陶瓷或经氧化处理过的硅片作基片的。电阻体一般是用锑化铟（InSb）或砷化铟（InAs）等半导体材料制成的半导体磁敏电阻条。

1.1.6 压敏电阻器

压敏电阻器是一种限压型保护器件（图1-8），随着加在它上面的电压不断增大，它的电阻值可以从兆欧（MΩ）级变到毫欧（mΩ）级；而当电压较低时，呈现很大的电阻；反之，压敏电阻进入饱和区，呈现一个很小的线性电阻。利用其这种特性，当过电压出现在压敏电阻的两极间，压敏电阻可以把电压钳位到一个相对固定的电压值，从而实现对后级电路的保护。压敏电阻的文字符号用"RV"或"R"表示。

图1-8 压敏电阻外形和图形符号

【材料】 压敏电阻器的电阻体材料是半导体，大量使用的氧化锌压敏电阻器，其主体材料由二价锌（Zn）和六价氧（O）构成。

【检测】 压敏电阻的检测，用指针式万用表的 $R \times 1k$ 挡，测量压敏电阻两引脚之间的正、反向绝缘电阻，应该均为无穷大。否则，说明漏电流大。若所测电阻很小，说明压敏电阻已损坏。

【选择】 ①选择压敏电阻器时，应考虑它的主要参数（包括标称电压、最大连续工作电压、最大限制电压、通流容量等）必须符合应用电路的要求，尤其是标称电压要准确：标称电压过高，压敏电阻器起不到过电压保护作用；标称电压过低，压敏电阻器容易误动作或被击穿。

② 确定压敏电阻器的连接方式，检查压敏电阻器的突波耐量和脉冲寿命是否足够。

③ 确定所需压敏电压及最高抑制电压，检查压敏电阻器的最大能量和能量寿命是否足够。

④ 保证受保护电子产品的最高耐电压＞压敏电阻器的最高抑制电压＞真正产生的抑制电压＞压敏电阻器的崩溃电压＞受保护电子产品的工作电压。

1.1.7 电位器

电位器是具有三个引出端，阻值可按其种变化规律调节的电阻元件（图1-9），通常由电阻体和可转动或滑动的电刷组成，在电路中用字母 R 或 RP 表示。

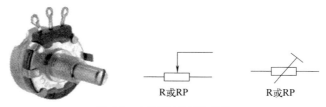

R或RP   R或RP

图1-9 电位器的外形和符号

【分类】 按形状分有圆柱形、长方体形等多种；按结构分有直滑式、旋转式、带开关式、带紧锁装置式、多连式、多圈式、微调式和无接触式等多种；按材料分有碳膜、合成膜、有机导电体、金属玻璃釉和合金电阻丝等多种电阻体。

【原理】 通过手动调节转轴或滑柄，改变动触点在电阻体上的位置，则改变动触点与任一个固定端之间的电阻值，从而改变电压与电流的大小。

【用途】 主要用途是调节电压和电流的大小。如果作为可变分压电阻用，则一端接输入电压，中间端接输出，余下端接地；如果作为可变电阻用，一端接输入电压，中间端接输出，余下端可悬空，或与中间端连接。

【型号】 电位器的型号表示方法是：

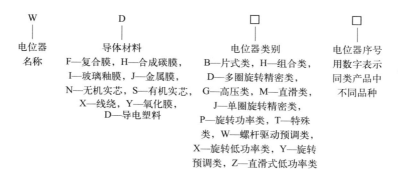

【检测】 测量电位器的方法有多种：

① 标称阻值的检测 测量时，选用万用表电阻挡的适当量程，将两表笔分别接在电位器两个固定引脚焊片之间，先测量电位器的总阻值是否与标称阻值相同。若测得的阻值为无穷大或较标称阻值大，则说明该电位器已开路或变值损坏。直滑式电位器的检测方法与此相同。

② 带开关电位器的检测 除应按以上方法检测电位器的标称阻值及接触情况外，还应检测其开关是否正常。先旋转电位器轴柄，检查开关是否灵活。测量时应反复接通、断开电位器开关，若在"关"的位置阻值不为无穷大，则说明该电位器的开关已损坏。

③ 双连同轴电位器的检测 用万用表电阻挡的适当量程，分别测量双连同轴电位器上两组电位器的电阻值是否相同且是否与标称阻值相符。在理想的情况下，无论电位器的转轴转到什么位置，两点之间的电阻值均应等于其他不相邻两点之间的电阻值。若万用表指针有偏转，则说明该电位器的同步性能不良。

【选择】 电位器的选择原则见表1-5。

表1-5 电位器的选择原则

选择依据	用途和场合	电位器特性
分压性质的电路	稳压电源电路中的输出电压调节、晶体管工作点的调节等	直线式电位器
	收录机、电视机等的音量控制	指数式（反对数式）电位器
	音调调制	对数式电位器
电路要求和使用场合	要求不高的普通电源电路或使用环境较好的场合	碳膜电位器
	要求性能稳定、电阻温度系数小、需要精密调节的场合，或消耗的功率较大的电压电路	普通线绕电位器
	需要进行电压或电流微调的电路	微调型（式）线绕电位器
	需要进行大电流调节的电源电路	功率型线绕电位器
	不经常调整阻值的电源电路	轴柄短并有刻槽的电位器
	振动幅度大或在移动状态下工作的电路	带锁紧螺母的电位器
安装位置和用途	装在仪器或电器面板上的电位器	轴柄尺寸稍长且螺纹可调的电位器
	小型或袖珍型收音机的音量控制	带开关的小或超小型电位器

1.2 电容器

电容器（图 1-10）是一种储能元件，主要用于电源滤波、信号滤波、信号耦合、谐振、滤波、补偿、充放电、储能、隔直流等电路中。国际单位是法拉（F），在电路中的文字符号是 C。

图 1-10 电容器的外形

表示电容器容纳电荷多少的物理量是电容，用其所带电量 Q 与电容器两极间的电压 U 的比值表示。

$$C = \varepsilon_r S / 4\pi kd \, (真空) = Q/U$$

式中，ε_r 为电介质相对介电常数；S 为两极板的正对面积；k 为静电力常量；d 为两极板的距离。

【分类】 可以有多种方法：

① 按结构分：有固定电容器、可变电容器和微调电容器。其图形符号如图 1-11。

② 按介质分：有无机介质电容器、有机介质电容器、电解电容器、电热电容器和空气介质电容器。

③ 按制造材料分：有瓷介电容器、涤纶电容器、钽电容器，还有先进的聚丙烯电容器等。

固定电容器　可变电容器　微调电容器

图 1-11 电容器的图形符号

【电容值】 基本单位是法拉，如 μF、pF 等。标注方法有直标法、数标法和色标法 3 种。

1. 直标法

用数字和单位符号直接标出。如 01μF 表示 1μF，有些电容用"R"表示小数点，如 R56 表示 0.56μF。

2. 数标法

① 三位数表示法 "×××"（默认单位 pF），其中的第一、二个数字是有效数字，第三个数字表示 10 的几次方。如"103"表示 $10 \times 10^3 \text{pF} = 10\text{nF}$，"473"表示 $47 \times 10^3 \text{pF} = 47\text{nF}$。

② 四位整数表示法 有两种情况：

a. 四位整数时，默认单位 pF，如 3300，表示其电容量为 3300pF。

b. 四位带小数时（可不足四位），默认单位 μF，如 0.22，表示其电容量为 0.22μF。

3. 色标法

规定与电阻相同，其偏差标志符号见表 1-6。

【鉴别】 通常用万用表，这种方法简便、直观。鉴别前要先调零，然后选择"$R \times 10\text{k}$"或"$R \times 100\text{k}$"挡。

表 1-6 电容器的偏差标志符号

字母	偏差(±)/%	字母	偏差(±)/%	字母	偏差(±)/%
Y	0.001	C	0.25	N	±30
X	0.002	D	0.5	H	−0～+100
E	0.005	F	1	Q	−10～+30
L	0.01	G	2	T	−10～+50
P	0.02	J	5	R	−10～+100
W	0.05	K	10	S	−20～+50
B	0.1	M	20	Z	−20～+80

如果指针先较大幅度右摆，然后慢慢向右退回到"∞"，说明电解电容器是好的。

如果指针停在"∞"根本不动，说明它内部电路有开路；如果指示阻值很小，说明它内部电路有短路处；如果阻值较大（几百兆欧），说明漏电。

【选择】 电容器的选择原则见表1-7。

表 1-7 电容器的选择原则

选择依据	用途和场合	选用电容器特性
电路要求	要求不高的低频电路和直流电路	一般选用纸介电容器，或低频瓷介电容器
	电气性能要求较高的高频电路	可选用云母电容器、高频瓷介电容器或穿心瓷介电容器
	要求较高的中频及低频电路	选用塑料薄膜电容器
	电源滤波、去耦电路	一般可选用铝电解电容器
	要求可靠性高、稳定性高的电路	选用云母电容器、漆膜电容器或钽电解电容器
	高压电路	选用高压瓷介电容器等类型的高压电容器
	调谐电路	应选用可变电容器及微调电容器
电容器的电容量及允许偏差	低频的耦合及去耦电路	按计算值选取，酌加余量
	定时电路、振荡回路及音调控制等电路	电容量标称值尽量与计算值一致的高精度的电容器
	特殊的电路中，要求非常精确时	偏差在±0.1%～±0.5%的高精度电容器
工作电压应符合电路要求，且低于电容器的额定电压	一般情况下，选用电容器的额定电压应是实际工作电压的1.2～1.3倍	
	工作环境温度较高或稳定性较差的电路	电容器的额定电压要考虑降额使用，留有更大的余量
	交流电路	根据电容器的特性及规格选用
	脉动电路	电容器的额定电压应大于交、直流分量总和
工作环境	高温	选用耐高温的电容器
	潮温	选用抗湿性好的密封电容器
	低温	选用耐寒的电容器

注：1. 优先选用绝缘电阻大、介质损耗小、漏电流小的电容器。例如，作为高频旁路用的电容器最好选用穿心式电容器。

2. 根据安装现场的要求和实际情况来选择电容器的形状及引脚尺寸。

1.3 电感器

电感器又称电抗器或电感线圈，是用导线在绝缘骨架上绕制（单层或多层）而成的两端电路元件，它能够把电能转化为磁能并存储。电感器在电路中的文字符号是"L"。

【结构】 电感器一般由骨架、绕组、屏蔽罩、封装材料、磁芯或铁芯等组成。贴片电感器则是小型化、高品质、高能量储存和低电阻等特性的集成元件（图 1-12）。

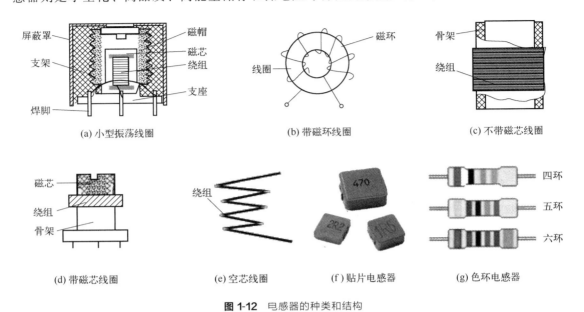

图 1-12 电感器的种类和结构

【用途】 作线圈用时，主要作用是滤波、聚焦、偏转、延迟、补偿；与电容配合用于调谐、陷波、选频、振荡。作变压器用时，主要用于耦合信号、变压、阻抗匹配等。

【电感值】 电感器的电感量标注有直标法、数标法和色环法。

1. 直标法

在电感器的外壳上直接标出。

2. 数标法

① 没有标明单位时默认单位为 μH。

② "R" 表示小数点，如 2R2 表示 $2.2\mu H$。

③ 如果是三位整数的情况，则前两位代表有效数字，第三位代表倍率（即乘以 10 的几次方）。如：$101=10\times10^1\mu H=100\mu H$，$100=10\times10^0\mu H=10\mu H$。

3. 色环法

表面涂有不同的色环用来代表电感器的电感。表示电感器的标称感值及容许偏差，一般有四环和五环两种（前者用于普通电感器，后者用于精密电感器）。

① 四环电感的读法如下：前两个色环表示电感的前两位数，第三个色环表示倍率（乘 10 的几次方），第四个色环表示误差等级。各种颜色的色环表示的数字和误差见图 1-13。色环电感的基本单位是 μH。

② 五环电感的读法和四环电感类似，只是前三环代表有用数字，第四环代表 10 的 n 次方，第五环代表允许误差。

【鉴别】 鉴别前先调零，然后选择 "$R\times1$" 挡。

如果表针指示的电阻值很小（零点几欧至几欧）说明电感器良好。如果表针指示电阻很大，说明线圈中有断股；如果指针停在 "∞" 根本不动，说明它内部电路有开路；如果指针指示值为零，说明线圈严重短路。

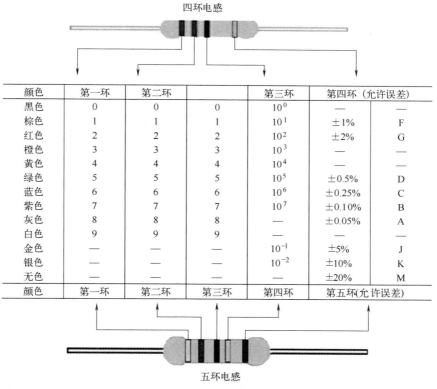

颜色	第一环	第二环		第三环	第四环（允许误差）	
黑色	0	0	0	10^0		
棕色	1	1	1	10^1	±1%	F
红色	2	2	2	10^2	±2%	G
橙色	3	3	3	10^3	—	
黄色	4	4	4	10^4	—	
绿色	5	5	5	10^5	±0.5%	D
蓝色	6	6	6	10^6	±0.25%	C
紫色	7	7	7	10^7	±0.10%	B
灰色	8	8	8	—	±0.05%	A
白色	9	9	9	—	—	
金色	—	—		10^{-1}	±5%	J
银色	—	—		10^{-2}	±10%	K
无色	—	—			±20%	M
颜色	第一环	第二环	第三环	第四环	第五环(允许误差)	

图 1-13 色环电感的读数方法

【选择】 电感器的选择见表 1-8。

表 1-8 电感器的选择

选择依据	选择方法
电感量	应与电路要求相同,特别是调谐电路的线圈电感值应准确。当电感过大或过小时,可以减少或增加线圈匝数以满足要求。对于带有可调磁芯的线圈,在测量和调试时,应将磁芯调整到中间位置。电感值差异较大时,可采用串并联方法解决
品质因数 Q	越高越好。当两个电感线圈电感相同时,可以选择尺寸较小的,也可以选择线径较大的
电压	外加电压不得超过额定值
要求抗电强度	应选择耐电压高的包装材料品种。通常,耐压性好的电感器具有良好的防潮性能。树脂浸渍、包装和压铸工艺可满足该要求
电感引线或引脚	主要考虑拉力、扭矩、耐焊性和可焊性
贴片式电感器	选择时应参考设计的焊盘尺寸。如果选择带引脚的电感器,在没有明确规定和足够安装位置的前提下,可以用相同参数的垂直和水平电感器进行交换

注：零件出厂超过 6 个月后，应重做焊接性测试，以保证焊接的可靠性。

1.4 晶体管概述

晶体管是一种类似于阀门的固体半导体器件，可以用于放大、开关、稳压、信号调制和许多其他功能。晶体二极管的文字符号是"VD"，晶体三极管的文字符号是"V"。

(1) 晶体二极管 (图 1-14)

晶体二极管是内部有一个 PN 结和两个引出端的半导体二极管，按照外加电压的方向，具备单向电流的传导性，大多使用半导体材料如硅或锗制成。

（2）晶体三极管

三极管是在一块半导体基片上制作两个相距很近的 PN 结，两个 PN 结把整块半导体分成三部分，中间部分是基区，两侧部分是发射区和集电区，排

图 1-14　二极管工作原理和图形符号

列方式有 PNP 和 NPN 两种。从三个区引出的电极，分别为基极 b、发射极 e 和集电极 c（图 1-15）。

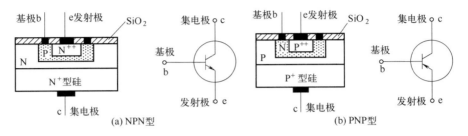

图 1-15　NPN 型三极管和 PNP 型三极管

【检测】　1. 晶体管使用的半导体材料的检测

测量正向偏置时基极、发射极结上的电压，如果是 0.2～0.3V，应该是锗晶体管；如果是 0.6V 应该是硅晶体管。

2. NPN 型和 PNP 型三极管的检测

一是用万用表实测：红笔接基极 b，黑笔接 c 或 e，不导通，反之导通的是 PNP 型。红笔接基极 b，黑笔接 c 或 e，导通，反之不导通的是 NPN 型。检测原理：三极管有 NPN 和 PNP 两种管型，内部都包含两个 PN 结。而二极管实质上就是一个 PN 结，故可以把三极管视为两个二极管串联（图 1-16）。其中两个二极管连接处为三极管的基极 b。依此模型，利用二极管的单向导电性，对三极管的引脚两两进行检测。能够测得两次导通的引脚即为基极。又由于数字式万用表的红表笔接内部电池正极，黑表笔接负极。因此测得两次导通时，如果接基极的是红表笔，说明基极接高电平时导通，该三极管为 NPN 型。反之如果接基极的是黑表笔，说明基极接低电平时导通，该三极管为 PNP 型。

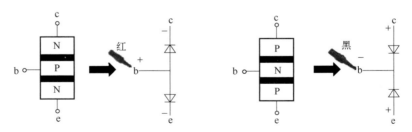

图 1-16　管型的判别

二是从管体上标的型号上区分：国产管是用字母表示，编号第二部分标字母 A 和 C 的是 PNP 型，标 B 和 D 的是 NPN 型。

【选择】　晶体管的选择：

① 晶体管工作时的电压、电流、功率，不能超过规定的极限值，并应有一定的余量。

② 对于大功率管（特别是外延型高频功率管），必须大大降低管子的使用功率和电压，

以防止二次击穿。

③ 晶体管的频率应在设计电路中的工作频率范围之内。

④ 合理选择某些电路的特殊要求，如稳定性、可靠性、穿透电流、放大倍数等。

1.5 光电晶体管

光电晶体管是接收光的信号并将其变换为电气信号的半导体晶体管。有光电二极管和光电三极管两种。

(1) 光电二极管

光电二极管是利用 PN 结组成的半导体器件，具有单向导电性的特性，PN 结在管的顶部，外壳上面有一透镜制成的窗口，以使光线集中在敏感面上，是把光信号转换成电信号的光电传感器件（图 1-17）。光电二极管的文字符号是"VD"或"VDL"。

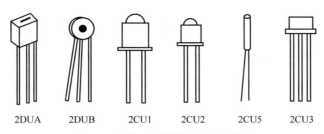

2DUA　　2DUB　　2CU1　　2CU2　　2CU5　　2CU3

图 1-17 光电二极管的外形和图形符号

【工作原理】 光电二极管是在反向电压作用下工作的。没有光照时，工作在截止状态，只有少数载流子形成的极其微弱的反向电流，叫暗电流；有光照在 PN 结上时，反向电流迅速增大到几十微安，称为光电流。光的强度越大，反向电流也越大。光的变化引起光电二极管电流变化，这就可以把光信号转换成电信号，成为光电传感器件。

光电二极管另一种工作状态是：在光电二极管上不加电压，利用 PN 结受光照时产生正向电压的原理，将其作为微型光电池用（一般用作光电检测）。其结构和工作原理见图 1-18。

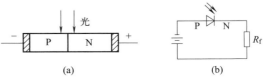

【材料】 常用的材料是硅、锗、锑化铟、碲镉汞、碲锡铅、砷化铟、碲化铅等，使用最广泛的是硅、锗光电二极管。

图 1-18 光电二极管的结构和工作原理

【检测】 首先根据外壳上的标记判定极性，表面有色点的引脚或靠近管键的引脚为正极，另一脚为负极。若无标记可用一块黑布遮住接受光线的窗口，将万用表置 $R \times 1k$ 挡测出正、负极，同时测出其正向电阻应为 $10 \sim 20k\Omega$，反向电阻应为无穷大 ∞。然后去掉遮光黑布，光电二极管接受光线的窗口对着光源，此时正、反向电阻值均应变小，变化值越大，说明质量越好。

【选用】 光电二极管用于一般光电控制电路。

① 类型选择。检测红外光应选用红外光电二极管；检测可见光应选用视觉光电二极管；检测波长范围较宽的光时，可考虑普通光电二极管；要求响应速度快时，应考虑选择 PIN 结型光电二极管。

② 在装置体积条件允许的情况下，要尽量选择光照面积大的二极管，如 2CU1、2CU2 或 2DUB 型。外壳宽度很小的管子，可将其组成阵列；若要提高其灵敏度，可增加放大电路。

(2) 光电三极管

光电三极管是一种晶体管，它有三个电极。当光照强弱变化时，电极之间的电阻会随之变化，其本身具有放大功能。常见的光电三极管外形如图 1-19 所示，文字符号表示为 PT。

【材料】 光电三极管常用的材料是硅和锗。硅光电三极管暗电流很小（小于 10^{-9}A），一般不备有基极外接引线，仅有发射极、集电极两根引线（有引出基极的一般作温度补偿用）。锗光电三极管暗电流较大。为使光电流与暗电流之比增大，常在发射极-基极之间接一约 5kΩ 的电阻。

图 1-19 光电三极管的外形和图形符号

【工作原理】 光电三极管内部有两个 PN 结 [图 1-20 (a)]，相当于一个光电二极管加一个晶体三极管 [图 1-20 (b)]。当基极开路时，基极集电极处于反偏，有光照时形成的光电流 I_{CO}，作为基极电流被晶体管放大（一般放大倍数 β 为几十），因此它的灵敏度比光电二极管的灵敏度高几十倍。

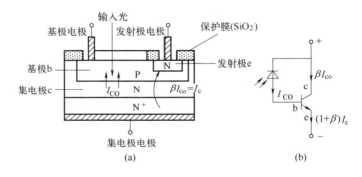

图 1-20 光电三极管的结构原理

【管脚识别】 有两种情况：

① 对于金属壳封装的，金属下面有一个凸块，与凸块最近的那只脚为发射极 e。如果该管仅有两只脚，那么剩下的那只脚则是光电三极管的集电极 c；假若该管有三只脚，那么与 e 脚最近的则是基极 b，离 e 脚远者则是集电极 c。

② 对环氧平头式、微型光电三极管的管脚识别方法是这样的：由于这两种管子的两只脚不一样，所以识别最容易——长脚为发射极 e，短脚为集电极 c。

【检测】 有无光检测和受光检测两种方法。

1. 采用指针式万用表检测

① 无光检测：用黑布或黑纸遮住光电三极管受光面，万用表选择 $R×1k$ 挡，测量两管引脚间正、反向电阻，正常应均为 ∞。

② 受光检测：万用表仍选择 $R×1k$ 挡，黑表笔接 c 极，红表笔接 e 极，让光线照射光电三极管受光面，正常的光电三极管阻值应变小。

在无光和受光检测时阻值变化越大，表明光电三极管的灵敏度越高。

2. 采用数字式万用表检测

将测量开关置于 $R \times 20k$ 挡。红表笔接 c 极，黑表笔接 e 极。

① 受光检测，屏幕显示的压降值应小于 $10k\Omega$。

② 无光检测，屏幕显示的数字应为溢出符号 "1"。

若无光检测和受光检测的结果与上述不符，则为光电三极管损坏或性能变差。

【选用】　① 选择光电三极管时，要根据电路的电压，不超过其最大反向击穿电压。

② 要求灵敏度高时，可选用达林顿型光敏三极管（光敏三极管与另一普通二极管同装在一个管芯内的复合管）。探测暗光一定要选择暗电流小的管子，同时可考虑有基极引出线的光敏三极管，通过偏置取得合适的工作点，提高光电流的放大系数。如要求响应时间快，对温度敏感性小，就不选用光电三极管而选用光电二极管。

1.6　发光二极管

发光二极管是可以把电能转化成光能的半导体器件。

【分类】　按所用材料，可分为砷化镓发光二极管、磷砷化镓发光二极管、磷化镓发光二极管、砷铝化镓发光二极管和铟镓砷化磷发光二极管等；按发光颜色，可分为单色发光二极管、双色发光二极管、三基色发光二极管、闪烁发光二极管、红外发光二极管等几种（图1-21）；按封装外形，可分为圆柱形、矩形、方形、三角形、组合形等发光二极管。

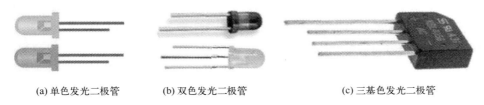

(a) 单色发光二极管　　　(b) 双色发光二极管　　　　(c) 三基色发光二极管

图 1-21　单色发光二极管、双色发光二极管和三基色发光二极管外形

【结构】　发光二极管由管帽、环氧树脂胶盖、管芯和管脚构成。管芯由银胶、晶片和金线等构成（图1-22）。

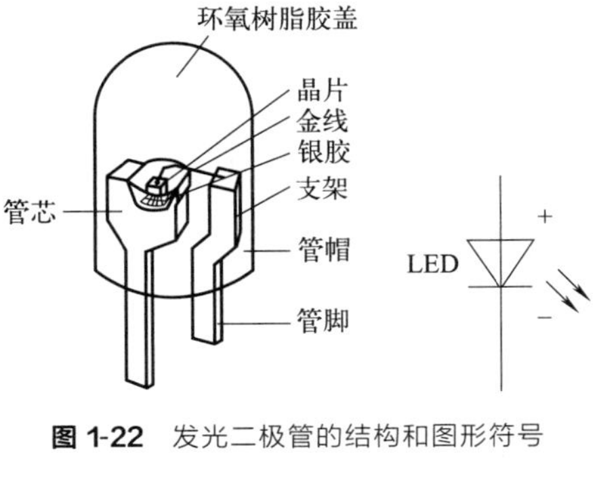

【极性检测】　使用万用表 $R \times 10k$ 挡可测出其正、反向电阻。若正向电阻小于 $30k\Omega$，反向电阻大于 $1M\Omega$，则说明质量良好。若正、反向电阻均为零，说明内部击穿短路。若正、反向电阻均为无穷大，证明内部开路。若反向电阻偏小，说明其反向漏电。

(1) 单色发光二极管 ［图 1-21（a）］

常见颜色有红、绿、黄、橙等。均为两个引脚，长引脚为正极，短引脚为负极。

(2) 双色发光二极管 ［图 1-21（b）］

是将两种颜色的发光二极管封装在一起构成的。正负极连接成的双色发光二极管有两个引脚；共阳或共阴形成的双色发光二极管有三个引脚。

(3) 三基色发光二极管 ［图 1-21（c）］

是将红、蓝、绿三种不同颜色的发光二极管芯封装在一起构成的，也分为共阴极（三个

图 1-22　发光二极管的结构和图形符号

阴极连接在一起）和共阳极（三个阳极连接在一起）两种，所以它有 4 个引脚。

（4）闪烁发光二极管

是将集成电路（IC）和发光二极管制作并封装在一起的。

闪烁发光二极管正负极检测，是用万用表的 $R \times 1k$ 挡，对闪烁发光二极管进行两次测量（两表笔交替接触两引线各测）。在其中的检测中，表针先向右摆动一定距离，然后表针在此位置上进行轻微的抖动，说明闪烁发光二极管内部的集成电路在万用表 1.5V 电池的作用下已开始振荡，而且也表明万用表的红、黑表笔接法是正确的。此时万用表的黑表笔所接引脚为闪烁发光二极管正极，红表笔所接引脚就为负极。

（5）红外发光二极管

是由红外辐射效率高的材料（常用砷化镓 GaAs）制成 PN 结，外加正向偏压向 PN 结注入电流激发红外光的二极管。

【性能检测】 判断红外发光二极管的好坏，可以按照测试普通硅二极管正反向电阻的方法测试。把万用表拨在 $R \times 100$ 挡或 $R \times 1k$ 挡，黑表笔接红外发光二极管正极，红表笔接负极，测得正向电阻应在 $20 \sim 40k\Omega$；黑表笔接红外发光二极管负极，红表笔接正极，测得反向电阻应大于 $500k\Omega$ 以上。

1.7 光敏三极管

光敏三极管是指在有光照射时，能输出放大的电信号，当无光照射时便处于截止状态的三极管。其最大特点是不但有光电转换作用，而且还能对光信号进行放大。其封装形式有塑封、金属封装、环氧树脂封装和陶瓷封装等。在电路中的文字符号用"V"或"VT"表示（与普通三极管相同）。

【用途】 光敏三极晶体管（图 1-23）用于光电自动控制电路、光耦合电路、光探测电路、激光接收电路、编码和译码电路等。

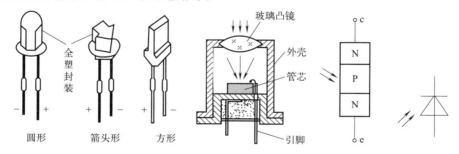

图 1-23 光敏晶体管的外形、结构和图形符号

【结构】 光敏三极管有两个背对相接的 PN 结，因为它无须电参量控制，所以一般没有基极引出线，只有集电极 c 和发射极 e 两个引脚，外形和光敏二极管极为相似。

【品种】 光敏三极管型号有：3DU11、3DU12、3DU13、3DU21、2DU22、3DU23、3DU31、3DU33、3DU51、3DU52、3DU53、3DU54、3DU111、3DU113、3DU121、3DU123、3DU311、3DU333、3DU411、3DU433、3DU131、3DU132、3DU133、3DU912 等。

【选用】 如要求灵敏度高，可选用达林顿型光敏三极管；如要求响应时间快，对温度敏感性小，就不选用光敏三极管而选用光敏二极管。探测暗光一定要选择暗电流小的管子，同时可考虑有基极引出线的光敏三极管，通过偏置取得合适的工作点，提高光电流的放大系数。例如，探测 $10\sim3lx$ 的弱光，光敏三极管的暗电流必须小于 $0.1nA$。

1.8 磁敏晶体管

磁敏晶体管是一种可以感应磁场并产生电压输出的器件，利用铁磁材料引入非线性效应，将磁场信号转化为电流或电压信号，从而实现磁场检测与测量，有磁敏二极管和磁敏三极管两种。

(1) 磁敏二极管

【用途】　可以用作磁场传感器，用于检测和测量磁场的强度和方向。

【结构】　磁敏二极管通常由两个片状磁性材料组成，中间夹着一层非磁性金属或半导体材料（图 1-24），类似于一个结晶管或者一个晶体管。其中一个磁性材料的固定极化方向垂直于另一个磁性材料的极化方向，当一个外部磁场施加在磁敏二极管上时，它会导致磁性材料的极化方向发生变化，从而改变了金属或半导体材料的电阻率。较长的管脚为正极区，较短的管脚为负极区。

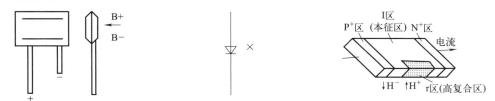

图 1-24　磁敏二极管的外形、符号和结构

【工作原理】　磁敏二极管（图 1-25）的工作原理是磁场的存在会改变材料的电阻率，即输出电压与外部磁场的大小和方向有关。当外部磁场最大化时，电阻率最小化，输出电压也最高；相反，当外部磁场最小化时，电阻率最大化，输出电压也最低。

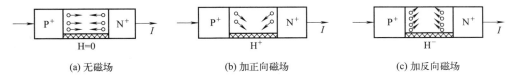

(a) 无磁场　　　　　　　　(b) 加正向磁场　　　　　　　　(c) 加反向磁场

图 1-25　磁敏二极管载流子受磁场影响的情况

(2) 磁敏三极管

【用途】　可用来测量弱磁场、电流、转速、位移等物理量。

【结构】　在弱 P 型或弱 N 型本征半导体上用合金法或扩散法形成发射极、基极和集电极（图 1-26）。基区较长，其结构类似磁敏二极管，有高复合速率的 r 区和本征区（I 区）。长基区分运输基区和复合基区。

【工作原理】　当磁敏三极管未受磁场作用时，由于基区宽度大于载流子有效扩散长度，大部分载流子通过 e-I-b 形成基极电流，少数载流子输入到 c 极。因而形成基极电流大于集电极电流

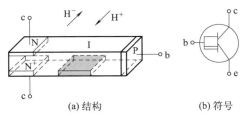

(a) 结构　　　　　　(b) 符号

图 1-26　磁敏三极管的结构和符号

的情况，使 $\beta < 1$ ［图 1-27 （a）］。

当受到正向磁场（H^+）作用时，由于磁场的作用，洛伦兹力使载流子偏向发射结的一侧，导致集电极电流显著下降［图 1-27 （b）］；而当反向磁场（H^-）作用时，在 H^- 的作用下，载流子向集电极一侧偏转，使集电极电流增大［图 1-27 （c）］。

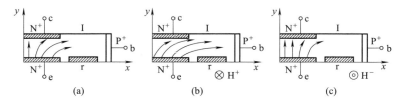

图 1-27 磁敏三极管的工作原理

1.9 场效应晶体管

场效应晶体管（MOS 管）是金属-氧化物-半导体场效应晶体管的简称，一般有耗尽型和增强型两种。它的三个极是源极 S、漏极 D 和栅极 G。根据衬底的掺杂不同，可分为 N 沟道和 P 沟道场效应晶体管（图 1-28）。

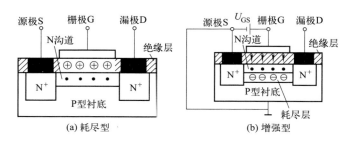

图 1-28 场效应晶体管的结构

它的特点是由栅极电压控制其漏极电流。与二极管和三极管的区别在于：二极管只能通过正向电流，反向截止，不能控制；三极管用于将小电流放大成受控的大电流；而 MOS 管可以用小电压控制大电流，因为它的输入电阻极大（兆欧级），容易驱动。

【用途】　主要用于放大、恒流、阻抗变换、可变电阻和电子开关等。

【工作原理】　以增强型 MOS 管为例，若将漏极接到电源正极，源极接到电源负极。在栅极没有电压时，源极和漏极之间相当于两个背靠背的二极管，不会有电流流过，此时 MOS 管处于截止状态。

当在栅极加上一定电压时，随着栅极电压的增大，栅极附近的电子浓度会增加。当超过一定值时，在源极和漏极之间的 N 型半导体会形成一个电子沟道。同时此时由于漏极加有正电压，就可以形成漏极到源极的电流，MOS 管导通。

【引脚识别】　用万用表 $R \times 1k$ 挡位进行测试。将万用表中的红表笔接一个引脚，黑表笔分别去接另外两个引脚。如果两次测出的结果相同，所测的阻值都很大或所测的阻值都很小，则可判断出红表笔所测的引脚为栅极。

另外，有的场效应晶体管的引脚分布可以根据表 1-9 直观得出。

表 1-9 　常见结型场效应晶体管和绝缘栅场效应晶体管封装形式及引脚分布

图示	封装形式	引脚分布
G S(D) G D S D(S) 3DJ2～8	金属封装的三根引脚场效应晶体管	在管壳上有一个凸起,将引脚朝上,从突出尖开始顺时针方向依次为 D、S、G 极,其中 D、S 极可互换
S G1 G2 D 4DJ2	金属封装的双栅结型场效应晶体管	管壳上也有突出尖,引脚朝上,从该尖开始顺时针方向依次为 D、G1、S 和 G2
S2 D2 G1 G2 D1 S1 6DJ6～8	金属封装的结型场效应对晶体管	管壳上也有突出尖,引脚朝上,从该尖开始顺时针方向依次为 S1、D、G1、S2、D2、G2
G D S	塑料封装的结型场效应晶体管	在识别引脚时,将切面朝向自己,引脚向下,此时从左向右依次为 S、D、G

【检测】　场效应晶体管的好坏检测,是依据用万用表测量的源极与漏极、栅极与源极、栅极与漏极、栅极 G1 与栅极 G2 之间的电阻值,同场效应晶体管手册标明的电阻值是否相符。

具体方法:首先将万用表置于 $R \times 10$ 或 $R \times 100$ 挡,测量源板 S 与漏极 D 之间的电阻,通常在几十欧到几千欧范围,如果测得阻值大于正常值,可能是由于内部接触不良;如果测得阻值是无穷大,可能是内部断极。然后把万用表置于 $R \times 10k$ 挡,再测栅极与源极、栅极与漏极之间的电阻值,当测得其各项电阻值均为无穷大,则说明管是正常的;若测得上述各阻值太小或为通路,则说明管是坏的。

【选用】　所选场效应晶体管的主要参数应符合应用电路的具体要求。

① 选用时,应注意不同类型的栅、源、漏各极电压的极性,保证电压和电流不超过最大允许值。

② 结型场效应晶体管应用的电路,可以使用绝缘栅型场效应晶体管,但绝缘栅增强型场效应晶体管应用的电路,不能用结型场效应晶体代换。

③ 小功率场效应晶体管应注意输入阻抗、低频跨导、夹断电压(或开启电压)、击穿电压等参数。

④ 大功率场效应晶体管应注意击穿电压、耗散功率、漏极电流等参数。

⑤ 音频功率放大器推挽输出用 VMOS (V 形槽 MOS) 大功率场效应晶体管时,要求两管的各项参数要一致(配对),要有一定的功率余量。所选大功率管的最大耗散功率,应为放大器输出功率的 0.5～1 倍,漏源击穿电压应为功放工作电压的 2 倍以上。

1.10　晶闸管

晶闸管是一种功率型半导体器件,包括单向晶闸管、双向晶闸管和可关断晶闸管等,其文字符号为"VS"。

(1) 单向晶闸管

单向晶闸管的特点是在触发后，只允许一个方向的电流流过，相当于一个可控的整流二极管。它有阳极（A）、阴极（K）与控制极（G）三个引出电极（图1-29）。可以用小电流（电压）控制大电流（电压）。

【用途】 广泛用于无触点开关、可控整流、逆变、调光、调压和调速等方面。

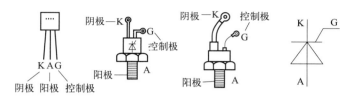

图 1-29 单向晶闸管的引脚和图形符号

【工作原理】 单向晶闸管是由相互交叠的 4 层 P 区和 N 区（3 个 PN 结）所构成的（图1-30）。晶闸管的三个电极是从 P_1 引出阳极 A，从 N_2 引出阳极 K，从 P_2 引出控制极 G，因此它等效于 PNP、NPN 两晶体三极管的复合管。当在控制极 G 加上正电压后，VT_1、VT_2 导通，且与控制极上是否有电压无关；而在 A、K 间加上正电压后，管子不导通。

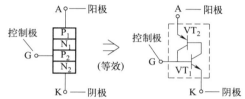

图 1-30 单向晶闸管的工作原理

【极性检测】 将万用表置于 $R \times 1k$ 挡或 $R \times 100$ 挡，黑表笔接其中一个电极，红表笔分别接另外两个电极。假如有一次阻值小，而另一次阻值大，就说明黑表笔接的是控制极 G，在所测阻值小的那一次测量中，红表笔接的是阴极 K，而在所测阻值大的那一次，红表笔接的是阳极 A；若两次测量的阻值不符合上述要求，应更换表笔重新测量。

【质量检测】 控制极 G 和阴极 K 之间，是一个简单的 PN 结。用万用表测量其正反向电阻，如果两者有很明显的差别，则说明该 PN 结是好的。若两次测的电阻均很大或很小，则说明控制极 G 和阴极 K 之间开路或短路。

阳极 A 与控制极 G 及阴极 K 之间为 PN 结反向串联。测量正反向电阻，正常时均应接近无穷大。

【选用】 若用于交直流电压控制、可控整流、交流调压、逆变电源、开关电源保护电路等，可选普通单向晶闸管。

(2) 双向晶闸管

双向晶闸管的特点是在触发后，可以允许两个方向的电流流过，所以没有阳极和阴极之分。它的三个引出电极是主电极 1（T1）、主电极 2（T2）与控制极（G）（图1-31）。

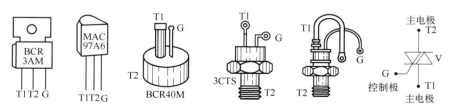

图 1-31 双向晶闸管的引脚和图形符号

【用途】 双向晶闸管元件主要用于交流控制电路，如温度控制、灯光控制、防爆交流开关以及直流电机调速和换向等电路。如在交流电变压器中调节电流和电压来控制输出电压，在照明系统调节交流电压从而改变灯具的亮度，在电动机驱动系统改变电机的转速和扭矩等等。

【工作原理】 双向晶闸管实质上是两个反并联的单向晶闸管，是由 NPNPN 五层半导体形成四个 PN 结构成、有三个电极的半导体器件。从中间 N 层引出的一个极是控制极 G，另外从边上 N 层引出的极，一个叫第一电极（主电极 1）T_1，另一个叫作第二电极（主电极 2）T_2（图 1-32）。

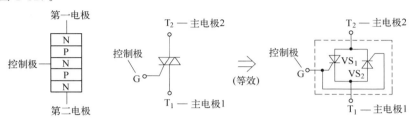

图 1-32 双向晶闸管的结构和工作原理

【检测】 触发特性测试与电极的判断：

将万用表置 $R \times 1$ 挡，测量其任意两脚之间的阻值，如果测出某脚和其他两脚之间的电阻均为无穷大，则该脚为 T_2 极。

确定 T_2 极后，可假定其余两脚中某一脚为 T_1 电极，而另一脚为 G 极，然后采用触发导通测试方法确定假定极性的正确性。首先将负表笔接 T_1 极，正表笔接 T_2 极，所测电阻应为无穷大。然后用导线将 T_2 极与 G 极短接，相当于给 G 极加上负触发信号，此时所测 T_1-T_2 极间电阻应为 10Ω 左右，证明双向晶闸管已触发导通。将 T_2 极与 G 极间的短接导线断开，电阻值若保持不变，说明管子在 $T_1 \rightarrow T_2$ 方向上能维持导通状态。

再将正表笔接 T_1 极，负表笔接 T_2 极，所测电阻也应为无穷大，然后用导线将 T_2 极与 G 极短接，相当于给 G 极加上正触发信号，此时所测 T_1-T_2 极间电阻应为 10Ω 左右。若断开 T_2 极与 G 极间的短接导线阻值不变，则说明管子经触发后，在 $T_2 \rightarrow T_1$ 方向上也能维持导通状态，且具有双向触发性能。上述试验也证明极性的假定是正确的，否则是假定与实际不符，需重新做出假定，重复上述测量过程。

【选用】 若用于交流开关、交流调压、交流电动机线性调速、灯具线性调光及固态继电器、固态接触器等电路中，应选双向晶闸管。

（3）可关断晶闸管

可关断晶闸管（门控晶闸管）是一种通过门极（控制极）来控制器件导通和关断的电力半导体器件。其主要特点是：当控制极 G 上加正向触发信号时，晶闸管能自行导通；当控制极 G 上加负向触发信号时，晶闸管能自行关断。其引脚和图形符号见图 1-33。

【用途】 用于关断无触点开关、直流逆变和调压、调光和调速。

【工作原理】 晶闸管阳极和控制极同时承受正向电压时，晶闸管才能导通，两者缺一不可。电压导通后控制极将失去控制作用，随之对管子以后的导通与关断失去作用（图 1-34）。

图 1-33 可关断晶闸管的引脚和图形符号

通过增加负载电阻降低阳极电流的操作，可使导通的晶闸管关断，也可以施加反向阳极电压来实现其数值接近于 0。

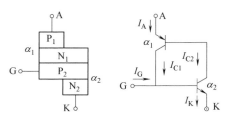

图 1-34　可关断晶闸管的结构和工作原理

【检测】　可关断晶闸管的电极。

将万用表拨至 $R \times 1$ 挡，测量任意两脚间的电阻，仅当黑表笔接 G 极，红表笔接 K 极时，电阻呈低阻值，对其他情况电阻值均为无穷大。由此可迅速判定 G、K 极，剩下的就是 A 极。

【选用】　若用于交流电动机变频调速、斩波器、逆变电源及各种电开关电路等，可选可关断晶闸管。

1.11　BJT

BJT 是双极结型晶体管（双载子晶体管，图 1-35）的英文缩写。

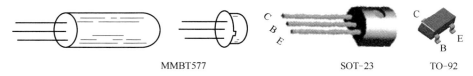

MMBT577　　　　　　　SOT-23　　　　TO-92

图 1-35　BJT（双极结型晶体管）的外形

【结构】　它是由三个独立的掺杂区和两个 PN 结构成的三端器件，有 PNP 和 NPN 两种组合结构，它们各有三个区：发射区（发射载流子的区域）、基区（传输载流子的区域）、集电区（收集载流子的区域）；三个极：发射极（e）、基极（b）和集电极（c）；两个结：发射结（e 结）、集电结（c 结）（图 1-36）。

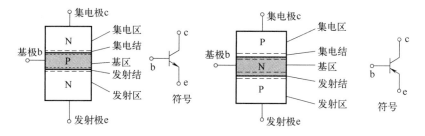

图 1-36　NPN 型和 PNP 型 BJT 的结构和符号

【工作原理】　BJT 内部有两个背靠背、互相影响的 PN 结。当这两个 PN 结的偏置条件（正偏或反偏）不同时，BJT 呈现不同的特性和功能，可能有四种工作状态：放大、饱和、截止、倒置。

BJT 的放大作用，主要是依靠它的发射极电流能够通过基区传输，然后到达集电极而实现的。实现这一传输过程的两个条件是：①内部条件：发射区杂质浓度远大于基区杂质浓度，且基区很薄。②外部条件：发射结正向偏置，集电结反向偏置。

【选用】　在选择晶体管时，最重要的依据是晶体管电路中的电流，而晶体管集电极可以承受的电流 I_c 应大于电路中的电流。

1.12 IGBT

IGBT 是绝缘栅双极型晶体管的英文缩写，它是同时具备 BJT 的输入特性和 MOS 管的输出特性，是复合全控型电压驱动式功率半导体器件，能控制并提供大功率的电力设备电能变换，有效提升设备的能源利用效率、自动化和智能化水平。

IGBT 有 N 沟道型和 P 沟道型两种，以 N 沟道型应用最为广泛，其外形、结构和符号见图 1-37。

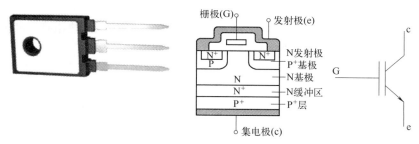

图 1-37 IGBT 的外形、结构和电路符号

【工作原理】 IGBT 的开关作用是通过加正向栅极电压形成沟道，给 PNP 晶体管提供基极电流，使 IGBT 导通。反之，加反向栅极电压消除沟道，切断基极电流，使 IGBT 关断。

由 IGBT 芯片组成的 IGBT 器件、模块、组件以及系统装置广泛应用于空调、洗衣机等家用电器和诸多高端领域。

【极性检测】 首先将万用表拨在 $R \times 1k$ 挡。测量时，若某一极与其他两极阻值为无穷大，调换表笔后该极与其他两极的阻值仍为无穷大，则判断此极为栅极（G）；其余两极再用万用表测量，若测得阻值为无穷大，调换表笔后测量阻值较小，在测量阻值较小的一次中，则判断红表笔接的为集电极（c），黑表笔接的为发射极（e）。

【质量检测】 将万用表拨在 $R \times 10k$ 挡，用黑表笔接 IGBT 的集电极（c），红表笔接 IGBT 的发射极（e），此时万用表的指针在零位。用手指同时触及一下栅极（G）和集电极（c），这时 IGBT 被触发导通，万用表的指针摆向阻值较小的方向，并能停住指示在某一位置。然后再用手指同时触及一下栅极（G）和发射极（e），这时 IGBT 被阻断，万用表的指针回零。此时即可判断 IGBT 是好的。

1.13 热电偶

工业用普通热电偶（图 1-38），一般由热电偶丝、绝缘套管、保护套管和接线盒四部分组成，其中，热电偶丝用不同材料的电阻丝绕制而成（为了避免通过交流电时产生感抗，或有交变磁场产生感应电动

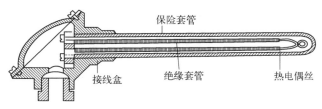

图 1-38 热电偶

势，在绕制时采用双线无感法绕制）。具有结构简单，测量范围宽、准确度高、热惯性小，输出信号为电信号，便于远传或信号转换等优点。

【用途】　主要用于测量气体、蒸汽和流体等介质的温度。

【工作原理】　热电偶工作原理的一个重要概念是塞贝克效应，它是指由两种不同导体组成的闭合回路中，当两接点处于不同温度时，将产生电动势的现象。

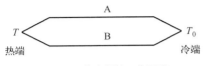

图 1-39　热电偶的工作原理

设冷端的固定温度为 T_0，恒定在某一标准温度；待测接点（热端）的温度为 T。由导体材料 A、B 组成闭合回路，如果 $T > T_0$，则必然会产生两个接触电势和两个温差电势（图 1-39）。

工程上常用的有铂铑 10-铂热电偶、镍铬-镍硅热电偶、镍铬-康铜热电偶等。常用热电偶分度号：

① 铂铑 10-铂热电偶（分度号 S），其测温范围为 0～1600℃。

② 铂铑 30-铂铑 6 热电偶（分度号为 B），其测温范围为 0～1700℃。

③ 镍铬-镍硅热电偶（分度号为 K），其测温范围为 −200～+1200℃。

④ 镍铬-康铜热电偶（分度号为 E），其测温范围为 −200～+900℃。

【检测】　① 用万用表测量通断，装配式的热电偶电阻一般是不会大于 2Ω 的，网线式电阻一般也不会大于 50Ω。所以测量结果如果大于 1kΩ，那么就可以确定是坏了。

② 用万用表测量电阻值，如果电阻超过 100kΩ，那么就说明是坏的。

③ 用万用表欧姆测量法来测热电偶，首先调好电阻量，然后接通两端之后用打火机稍微烫一下，如果此时万用表指针有明显变化（变大或变小），那说明该热电偶是好的；反之，指针不动则说明是坏的。还可以用万用表的毫伏挡去测量两端电压，如无电压则此热电偶是坏的。

【选用】　1. 根据测量精度和温度测量范围

若使用温度在 1300～1800℃，要求精度又比较高时，一般选用 B 型热电偶。

若使用温度高于 1800℃，而要求精度不高，现场又允许用钨铼热电偶时，一般选用钨铼热电偶。

使用温度在 1000～1300℃，要求精度又比较高时，可用 S 型热电偶和 N 型热电偶。

使用温度在 1000℃ 以下时，一般用 K 型热电偶和 N 型热电偶；低于 400℃ 一般用 E 型热电偶；250℃ 以下以及负温测量一般用 T 型热电偶，在低温时 T 型热电偶稳定而且精度高。

2. 根据使用条件

在强氧化和弱还原气氛中使用时，一般用 S 型、B 型、K 型热电偶；在弱氧化和还原气氛中使用时，一般用 J 型和 T 型热电偶。若使用气密性比较好的保护管，对气氛的要求就不太严格。

3. 根据耐久性及热响应性

线径大的热电偶耐久性好，但响应较慢一些。对于热容量大的热电偶，响应就慢，测量梯度大的温度时，在温度控制的情况下，控温就差。要求响应时间快又要求有一定的耐久性，选择铠装热电偶比较合适。

4. 测量对象的性质和状态

运动物体、振动物体、高压容器的测温，要求机械强度高；有化学污染的气氛要求有保护管；有电气干扰的情况下要求绝缘比较高。

第**2**章　配电电器

配电电器包括刀开关、转换开关（包括传统转换开关、双电源手动转换开关和双电源自动转换开关）等。

2.1 刀开关

刀开关也称隔离开关，它不切断故障电流，只能承受故障电流引起的电动力和热效应。其文字代号和图形符号见图 2-1。现在多采用熔断器代替闸刀。

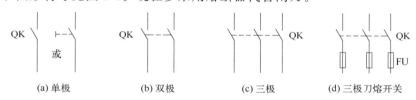

图 2-1 刀开关的文字代号和图形符号

【用途】 主要用于交流 50Hz，电压 380V 以下，电流 60A 以下的电力线路中；通常用于 500V、1500A 以下不频繁操作的电路中和分断交、直流电路，将线路与电源明显地隔离开，以保障检修人员的安全，用以连通和切断小电流电路。

【分类】 ① 按是否外露分，有开启式 ［图 2-2（a）］ 和封闭式 ［图 2-2（b）］ 两种。

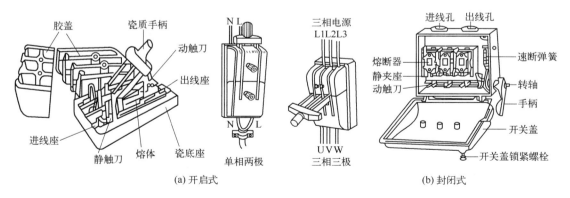

图 2-2 刀开关的形式

② 按极数分，有单极、两极、三极和四极。

③ 按操作方式分，有手柄式和杠杆式（两者均可正面操作和侧面操作）。

【结构】 开启式刀开关主要由手柄、胶盖、进线座、出线座、熔体和动静触刀等组成；封闭式刀开关主要由进线孔、出线孔、静夹座、熔断器、转轴等组成。

图 2-3 是 CDM3G 塑壳刀开关的外形图，左右是它的铭牌标识。

图 2-3 德力西 CDM3G 塑壳刀开关

【选用】 应考虑以下几个方面：

① 按额定电压选：额定电压≥工作电压。

② 按额定电流选：额定电流≥所分断电路中各个负载额定电流的总和。如电路中有电动机，工作电流应按电动机启动电流计算，然后选用额定电流大一级的刀开关。

③ 按热稳定和动稳定校验：$i_{max} \geq i_{ch}$ 式中，i_{max} 为最大允许电流；i_{ch} 为三相短路冲击电流。

④ 安装形式：根据是直接操作、杠杆传动还是电动操作，是板前接线（FF）还是板后接线（FR），是板前插入（PF）还是板后插入（PR），或者抽出式（WD）决定。

【产品数据】 见表 2-1。

表 2-1 德力西 CDM3G 塑壳刀开关技术参数

CDM3G 壳架型号		63	125	160	250	400	630	800
额定工作电压 U_e/V		400/415		400/415/690				
额定绝缘电压 U_i/V		800	800	800	1000	1000	1000	1000
额定冲击耐受电压 U_{imp}/kV		8	8	8	8	12	12	12
额定工作电流 I_e/A		63	125	160	250	400	630	800
极数		3/4	3/4	3/4	3/4	3/4	3/4	3/4
额定短时耐受电流 I_{cw}/(kA/s)		0.8	1.5	2	4	5	8	10
额定短路接通能力 I_{cm}/kA		1.2	2.2	3	6	7.7	14	17
使用类别		AC-21A/AC-21B AC-22A/AC-22B AC-23A/AC-23B		AC-21A/AC-21B AC-22A/AC-22B				
机械寿命/千次	机械有维护	40		40		20		10
	机械无维护	20		20		10		8
电气寿命/千次	AC 415V	10		10		8		5

【检测】 ① 外观：检查外壳有无破损，动触刀和静夹座接触是否歪扭，刀开关手柄转动是否灵活。

② 合上手柄，用万用表（$R \times 1$ 挡），表笔分别接进线端和出线端时 $R = 0$；断开手柄 $R = \infty$。以上有一项不合格者，需进行修复。

【安装】 ① 动触刀接电源、静夹座接负荷。一般应（熔断器式开关则必须）垂直安装在开关板上，最大倾斜度不宜超过 5°，并使夹座位于上方。

② 接通状态手柄应朝上；接线时上部进线下部出线。

③ 触刀与固定触头的接触应良好，大电流触头或触刀可适当涂一薄层导电膏或电力复合脂。

④ 有消弧触头的刀开关，各相的分闸动作应一致。

⑤ 刀开关接线端子与母线连接时，要避免过大的扭应力，同时要保证两者连接紧密可靠。

⑥ 安装杠杆操作机构时，应调节好连杆长度和传动机构，保证操作灵活、可靠，合闸到位。

⑦ 安装完毕，将灭弧罩装牢，拧紧所有紧固螺钉，整理好进出导线和控制线路。

【故障和排除】 见表 2-2。

表 2-2　刀开关的常见故障与修理方法

故障现象	产生原因	修理方法
合闸后一相或两相没电	1. 夹座弹性消失或开口过大 2. 熔丝熔断或接触不良 3. 夹座、触刀氧化或有污垢 4. 电源进线或出线头氧化	1. 更换夹座 2. 更换熔丝 3. 清洁夹座或触刀 4. 检查进出线头
闸刀短路	1. 外接负荷短路熔丝熔断 2. 金属异物落入开关或连接铜丝引起短路	1. 排除短路故障后更换熔丝 2. 检修开关，清理异物或连接的铜丝
开关手柄转动失灵	1. 定位机械损坏 2. 触刀固定螺钉松脱	1. 检查损坏原因并更换定位机械 2. 拧紧固定螺钉
开关触头过热甚至烧坏	1. 存在短路电流 2. 分、合闸时动作太慢造成电弧过大，烧坏触点 3. 夹座表面被电弧烧毛 4. 触刀与夹座接触不良或存在氧化层 5. 负载过大 6. 开关内落入金属异物 7. 开关速断弹簧的压力调整不当 8. 刀片动触头插入深度不够 9. 带负载操作启动大容量设备 10. 开关的热稳定不够	1. 排除短路点 2. 改进操作方法 3. 用细锉刀修整，磨掉毛刺和凸起点 4. 调整触刀和静夹座的相对位置或去除氧化层 5. 减轻负载或调换较大容量的开关 6. 清除开关内异物 7. 检查弹簧的弹性，将转动处的防松螺母或螺钉调整适当，使弹簧能维持刀片、刀座动静触头间的紧密接触与瞬间开合 8. 调整杠杆操作机构 9. 操作违章，应严格禁止 10. 更换较大容量的开关
开关与导线接触部位过热	1. 导线连接螺钉松动，弹簧垫圈失效，致使接触电阻增大 2. 选用螺栓偏小，使开关通过额定电流时连接部位过热 3. 两种不同金属相互连接（如铝线与铜线）会发生电化锈蚀，使接触电阻加大而产生过热 4. 电路负载电流大，开关容量太小 5. 触刀、夹座表面被电弧烧毛 6. 触刀与夹座表面压力不足或接触不良 7. 分断或合闸时动作太慢，电弧过大	1. 更换弹簧垫圈并予以紧固 2. 按合适的电流密度选择螺栓 3. 采用铜铝过渡接线端子，或在导线连接部位涂敷导电膏 4. 减轻负载或更换较大容量开关 5. 用锉刀修整毛刺 6. 调整夹座压力或接触位置 7. 分断或合闸时正确操作
封闭式刀开关	操作手柄带电	1. 外壳未保护接地或接零线 2. 保护接地或接零线接触不良 3. 电源线绝缘损坏或碰壳	1. 加装保护接地或接零线 2. 检修接地线或接零线 3. 更换导线
	静触刀过热	1. 静触刀表面烧毛 2. 静触刀与支座压力不足 3. 负载过大	1. 用细锉刀整修 2. 调整压力至适当 3. 减轻负载或更换大容量开关

2.2 转换开关

2.2.1 传统转换开关

传统转换开关（简称转换开关，又称组合开关），是一种可供两路或两路以上电源或负载转换用的开关电器。转换开关的文字符号是 QS（3极），图形符号是 。

【用途】 多用于非频繁地接通和分断电路，接通电源和负载，测量三相电压以及控制小容量异步电动机的正反转和星-三角启动等。

【分类】 ① 按用途可分，有单电源开关、两电源或两电路转换开关和控制笼型异步电动机开关（限于10A、25A）。

② 按极数分，有单极、2极、3极和4极。

③ 按接线方式分，有板前接线式和板后接线式。

④ 按手柄形式分，有旋钮和手柄式（含带定位、带钥匙和带信号灯）。

【结构】 由手柄、转轴、弹簧、凸轮、绝缘杆、接线柱和多节动静触头等组成（图2-4）。

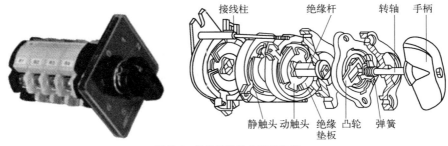

图 2-4 转换开关的外形和构造

【型号识别】 有三种不同的方法：

① 国产 HZ 系列有两种方式：

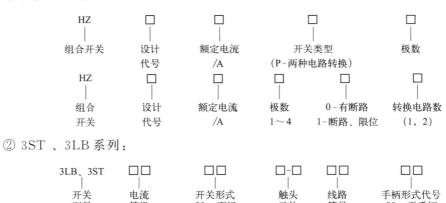

② 3ST 、3LB 系列：

【工作原理】 接触系统主要是由数个装嵌在绝缘壳体内的静触头座与可动支架中的动触头构成，采用多层绝缘壳体组装。动触头是指双断点对接式触桥，在附有手柄的转轴上，随转轴改变至不同位置使电路接通或是断开。在定位机构上一般采用滚轮卡棘轮结构，配置有不同限位件，可出现不同挡位的开关效果。

【产品数据】 见表 2-3。

表 2-3 HZ10 系列转换开关主要技术数据

型号		HZ10-10	HZ10-25	HZ10-60	HZ10-100
额定电压/V		AC380，DC220			
额定电流/A		10	25	60	100
电寿命/h	用作配电电器	10000	15000	10000	5000
	控制电动机	5000		—	
控制电动机功率/kW	交流	2.2	4	—	
	直流	0.6	1.1	—	
通断能力 $\times I_e$	交流	5	4	2.5	
	直流	1.5			
操作力/N		35	45	100	110

注：I_e——额定工作电流。

【检测】 转换开关的检测方法有两种：

1. 使用万用表

将万用表置于检测模式并将两个表笔连接到开关的引脚。当开关打开时，读数应显示为无穷大（OL），而关闭时则应该显示为零（0）。否则说明开关存在问题。

2. 使用示波器

将示波器连接到开关的引脚，并将触发电路连接到相应的位置。打开开关后，应该能够看到正确的波形，否则说明开关可能存在故障。

【选型】 主要根据用电设备型号、技术要求和工作环境。

① 按用电设备的电压等级、容量和所需触头数量选择。用于控制电动机时，其额定电流取电动机额定电流的 1.5～2.5 倍。

② 按操作需要选定手柄形式和定位特征。

③ 按用途选择是主令控制用还是电动机控制用。

④ 选用合适的极数、转换时间和接线方式。

⑤ 操作频率超过 300 次/h 时，需要适当增加其容量。

⑥ 有过载和短路保护要求者，需另设保护电器。

⑦ 有自动转换要求者，需采用自动转换开关。

【安装】 ① 安装前，仔细核对转换开关的技术数据是否符合控制电路的实际要求。

② 一般应水平安装在绝缘板上，但也可倾斜或垂直安装；周围要留一定的接线空间。

③ 面板要从屏板正面插入，双头螺栓上的螺母要旋紧，使面板紧固于屏板上。

④ 安装接线时，应注意转换开关手柄的转换角度不同，触点的状态也不同，避免接线错误。

【运行和维修】 ① 用于控制电动机做可逆运转时，必须待电动机完全停止后才可反向接通。

② 操作频度一般不宜过高，转换次数不超过 15～20 次/h。

③ 操作频率过高或负载功率较低时，要降低容量使用。

④ 因本身无过载保护，故要另设保护电器。遇有故障时，要立即切断电源进行检查排除。

⑤ 经常检查动静触头的接触情况，固定螺钉不能松动。

⑥ 更换或修理完毕时，要在转动零件表面上涂凡士林，经调试后再行使用。

【故障和排除】 见表 2-4。

表 2-4 普通转换开关常见故障及排除方法

故障现象	可能的原因	排除方法
手柄转动 90°后，内部触头无动作	1. 手柄上的轴孔磨损变形 2. 绝缘杆变形(由方形磨为圆形) 3. 手柄与方轴，或轴与绝缘杆配合松动 4. 操动机构损坏	1. 调换手柄 2. 更换绝缘杆 3. 紧固松动部件 4. 修理更换
手柄转动后，动、静触头不能同时动作	1. 组合开关型号选用不正确 2. 触头角度装配不正确 3. 触头失去弹性或接触不良	1. 更换开关 2. 重新装配 3. 更换触头或清除氧化层或尘污
接线柱间短路	铁屑或油污附着在接线柱间，形成导电层，将胶木烧焦，绝缘损坏而形成短路	更换开关
内部短路，烧毁	1. 严重受潮、进水，使用环境中有导电介质 2. 绝缘垫板磨损严重，不起作用 3. 内部元件损坏，导电触头互通 4. 负载无保护，短路	1. 提高绝缘等级，改善环境条件 2. 更换绝缘垫板 3. 更换内部元件甚至整个开关 4. 负载电路加装保护
触头起弧烧蚀	1. 开关内部动、静触头接触不良 2. 负载过大 3. 负载无保护，短路	1. 调整动、静触头，修整其表面 2. 减轻负载或更换大容量触头 3. 负载电路加装保护
外部连接点放电，烧蚀或断路	1. 开关固定螺钉松动 2. 旋转操作过频繁 3. 导线压接处松动	1. 紧固松动螺钉 2. 适当减少操作次数 3. 压紧导线接头
接点位置改变，控制失灵	开关内部转轴上的弹簧断裂或失去弹力	更换弹簧
开关漏电或炸裂	使用环境恶劣，潮湿或有水和其他介质入侵	改善环境，加强维护

【相关链接】 隔爆型转换开关，用于交流 50Hz、额定电压至 660V（或直流至 220V）、额定电流至 63A 的工厂爆炸性气体环境和煤矿井下，作为手动不频繁地接通和分断电路及转换电路和控制照明灯、信号灯及测量电路的开关电器。隔爆型转换开关的技术要求见表 2-5。

表 2-5 隔爆型转换开关的技术要求（JB/T 9650—1999）

项目		技术要求		
工频耐压试验 （1min）		额定绝缘电压 U_i	交流电压有效值	无击穿或 闪络现象
		$60V<U_i\leqslant300V$	2000V	
		$300V<U_i\leqslant660V$	2500V	
在额定电流 下的温升	接线端 子材料	裸铜	60K	其他部位由产品 技术条件另行规定
		裸黄铜	65K	
	铜(或 黄铜)	镀锡	65K	
		镀银或镀镍	70K	
	易近部件	金属	15K	
		非金属	25K	

项目		技术要求							
		接通				分断			
	使用类别	I/I_e	U/U_e	$\cos\varphi$	L/R /ms	I_c/I_e	U_f/U_e	$\cos\varphi$	L/R/ms
接通和分断能力	AC-21	1.5		0.95	—	1.5		0.95	—
	AC-22	3	1.05	0.65	—	3	1.05	0.65	—
	AC-3	10		0.65	—	8		0.65	—
	DC-21	1.5			1	1.5			1
转换开关的额定短时耐受电流		为额定工作电流的 20 倍,通电持续 1s,试验后应满足 GB/T 14048.1—2023 中 8.2.5 要求,转换开关应能继续使用							
机械寿命		在不通电的情况下,操作频率 120 次/h,可为 1、3、10、30、100 万次							

注:I—接通电流;I_e—额定工作电流;I_c—分断电流;U—接通前电压;U_e—额定工作电压;U_f—分断后恢复电压。

2.2.2　双电源手动转换开关

双电源手动转换开关是用在企业配电系统中,手动切换两条低压电路或两个负载的设备（图 2-5）。

【用途】　当一路电源发生故障时,手动把电源系统接到另一路电源上。

【结构】　由弹簧蓄能加速机构、并联双断点分离触头面、片状弹簧和外壳等组成。

【产品数据】　见表 2-6。

图 2-5　双电源手动转换开关

表 2-6　SYS1 双电源手动转换开关的技术数据

约定发热电流 I_{th}	20	40	63	80	100	125	160	250	0.4	0.63	0.8	1.0	1.25	1.6	2.0	2.5	3.2
	A								kA								
额定绝缘电压 U_i	750V								1000V								
额定冲击耐受电压 U_{imp}	8 kV								12kV								
额定工作电压 U_e	AC　440V																
额定工作电流 I_e （AC-31、AC-33）	20	40	63	80	100	125	160	250	0.4	0.63	0.8	1.0	1.25	1.6	2.0	2.5	3.2
	A								kA								
额定接通能力 额定分断能力	$10I_e$ $8I_e$																
额定限制短路电流 I_s/kA	100							70		100		120		80			
额定短时耐受电流 I_{cw}/kA	7					9		13	26	50							

生产商:江苏溯扬电器有限公司。

2.2.3　双电源自动转换开关

双电源自动转换开关是一、二级负荷的供电系统中,当一路电源发生故障时,自动把设备或系统尽快接到另一路电源上的设备（图 2-6）。

【用途】　用于自动监测双电源电路,能自行判断电源的好坏,必要时从一路电源断开负载

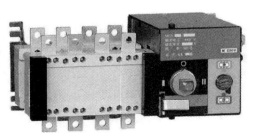

图 2-6　双电源自动转换开关

电路并连接至另外一路电源上。典型用途见表 2-7。

表 2-7 双电源自动转换开关的典型用途

用电电源	使用类别		典型用途	
	频繁操作	不频繁操作		
交流	AC-31A	AC-31B	无感或微感负载	
	AC-32A	AC-32B	阻性和感性的混合	感性负载不超过 30%
	AC-33A	AC-33B	负载,包括中度过载	感性负载不超过 70%
	AC-33A	AC-33B	电机负载或高感性负载	
	AC-35A	AC-35B	放电灯负载	
	AC-36A	AC-36B	白炽灯负载	
直流	DC-31A	DC-31B	电阻负载	
	DC-33A	DC-33B	电机负载或包含电机的混合负载	
	DC-36A	DC-36B	白炽灯负载	

注:使用类别由开关本体(触头材料、触头压力、分离速度、灭弧方式、触头开距等材料和结构要素)决定。

【分类】 ① 按短路能力分,有 PC 级、CB 级和 CC 级三种。

a. PC 级能够接通和承载,但不用于分断短路电流(如果能满足 PC 级的试验要求,接触器可用于 PC 级)。

b. CB 级:能够接通、承载并分断短路电流,配备过电流脱扣器。

c. CC 级:能够接通和承载,但不用于分断短路电流,主要由满足 GB/T 14048.4 要求的电器构成。

② 按控制转换方式分,有手动操作、远程操作和自动转换开关三种。

③ 按结构分,有专用型和派生型两种。

④ 按用电电源分,有直流和交流两种。

【工作原理】 常用电源任意一相出现故障的时候,双电源自动转换开关就从常用电源转换到备用电源,并在常用电源恢复正常的时候,自动转换到常用电源进行供电。

如果检测出备用电源出现了故障,报警器就会发出警报,提醒用户尽快地检修备用电源,保证电源能够正常地供电。

【结构】 由一个(或几个)转换开关电器和其他必需的电器组成(图 2-7)。

① 电控部分:检测电源状态,输出控制信号和其他信号,控制电路的转换。

② 转换机构:由驱动机构、传动机构组成,实现本体的分断和接通。

③ 本体:由触头、触头机构、灭弧罩构成。

④ 辅助部分:各种端子、开关支架、指示灯和安全防护板等。

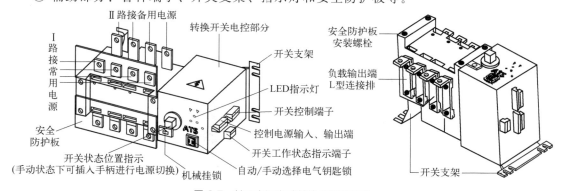

图 2-7 某双电源自动转换开关的结构

【型号】 识别方法是:

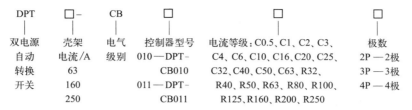

【产品数据】 见表 2-8。

表 2-8 ABB DPT-CB010/011 双电源转换开关技术数据（CB 级）

型号			DPT63-CB010/011	DPT160-CB010/011	DPT250-CB010/011
额定绝缘电压及额定工作电压(50/60Hz)		/V	220/380	380	
绝缘强度(50Hz,60s)[①] Ⅲ 级污染		/kV	2.5	3	
额定冲击耐受电压[①]		/kV	4	8	
额定工作电流 最高 415V		/A	0.5～63	32～160	63～250
额定极限短路分断能力 I_{cu} /kA	690V		—	6	8
	380/415V		6	36	50
	220/230V		6	50	85
额定短时接通能力 I_{cm} /kA	690V		—	9.2	13.6
	380/415V		9.18	75.6	105
	220/230V		9.18	105	187
转换时间(控制器不设定延时)		/s	≤2		
转换开关正常操作时最大操作频率		/(次/min)	1		
转换开关短时操作时最大操作频率		/(次/min)	≤10		
机械寿命操作次数		/次	10000		
工作环境温度		/℃	-5～+40		
储存温度		/℃	-40～+70		
接线端子螺栓拧紧力矩		/(N·m)	2.8	7	8
转换断路器操作力矩		/(N·m)	2	4	
质量(不带附件)	2 极断路器	/kg	7.6	—	—
	3 极断路器	/kg	7.9	10.3	11.5
	4 极断路器	/kg	8.2	11	12.5

① 为断路器参数（不包括电动操作机构）。

【选用】 分四种情况:

1. 一般情况

① 断路器额定电压要大于等于线路额定电压。

② 断路器额定电流要大于等于线路计算负荷电流。

③ 断路器脱扣器额定电流要大于等于线路计算负荷电流。

④ 断路器极限通断能力要大于等于线路中最大短路电流。

⑤ 线路末端单相对地短路电流不小于1.25倍的自动开关瞬时（或短延时）脱扣整定电流。

⑥ 断路器欠电压脱扣器额定电压等于线路额定电压。

2. 配电用断路器的选型

① 长延时动作电流整定为导线允许载流量的 0.8～1 倍。

② 3 倍长延时动作电流整定值的可返回时间不小于线路中最大启动电流的电动机的启动时间。

③ 短延时动作电流整定值不小于 1.1 $(I_{jx}+1.35kI_{edm})$。I_{jx} 为线路计算负荷电流；k 为电动机启动电流倍数；I_{edm} 为最大一台电动机额定电流。

④ 短延时时间按被保护对象的热稳定校验。

⑤ 无短延时时，瞬时电流整定值不小于 1.1 $(I_{jx}+1.35k_1I_{edm})$。k_1 为电动机启动电流的冲击系数，取 1.7～2。如有短延时，则瞬时电流整定值不小于 1.1 的下级开关进线端计算短路电流值。

3. 电动机保护用自动开关的选型

① 长延时电流整定值＝电动机额定电流。

② 6 倍长延时电流整定值的可返回时间要大于等于电动机启动时间。

③ 笼型瞬时整定电流为 8～15 倍脱扣器额定电流。绕线型瞬时整定电流为 3～6 倍脱扣器额定电流。

4. 照明用自动开关的选型

① 长延时电流整定值不大于线路计算负荷电流。

② 瞬时电流整定值等于 6 倍的线路计算负荷电流。

【故障及排除】 见表 2-9。

表 2-9　双电源转换开关常见故障及排除方法

故障现象		可能原因	排除方法
接入电源后，双电源自动转换开关不工作	控制板灯不亮	1. 线未接好 2. 安装接线不正确 3. 熔断器熔芯熔断	1. 检查断路器进线端有无脱落和接虚，如有，重新接好 2. 3 极 ATS(自动转换开关)中性线应接入中性端子上 3. 更换熔断器
	控制板灯亮	1. 自动/手动转换开关处在手动位置 2. 自动转换开关置在自投不自复或互为备用状态下 3. 自动转换开关延时调整过长	1. 调整 2. 如需改为自投自复状态时，要重新调整拨码开关及控制器设置 3. 重新调整延时拨码开关及控制器的设置
自动转换开关脱扣灯亮		1. 运输原因造成自动转换电器断路器脱扣 2. 使用中造成自动转换电器的断路器脱扣	1. 如果是运输原因造成,可手动扣后再自动转换到自动状态,同时需要按复位键 2. 如果是使用中造成,首先要检查断路器负载情况 ①若因短路:首先排除短路现象,再进行手动或自动转换(在未排除短路故障时不得进行,以免造成二次短路或出现人身伤害) ②若因过载:首先检查用电设备负载,同时要检查 ATS 使用塑壳断路器额定电流是否能满足负载,如不满足应尽可能更换塑壳断路器,否则会引起断路器频繁脱扣造成断路器动静触头烧损,影响供电系统
控制器电源灯闪烁		1. 电源超压 2. 电源线路接触不良 3. 控制器故障 4. 电源灯闪烁,蜂鸣器报警	1. 重新调整进线电源电压 2. 检查进线电源是否有断开或虚接,如有要接好(包括自动转换电器的采样线) 3. 重新接插控制器插件或更换控制器 4. 进线电源端中性线与相线接反,重新正确接线
控制器工作灯正常,ATS 不转换		1. B 型控制器面板指示灯接线故障 2. 控制器部位插件虚接 3. 控制器不工作	1. 拔下面板指示灯插件,对 ATS 通电试验,如果切换正常,重新正确接好面板指示灯线 2. 拔下 A 型或 B 型控制器插件,重新插好、插实后再进行试验 3. 若因现场电压超压等造成控制器损坏,更换同规格控制器

第**3**章 控制电器

3.1 主令电器

主令电器可分为机械类和电子类，前者包括按钮开关、行程开关、万能转换开关、接近开关、脚踏开关和倒顺开关等；后者包括薄膜开关、触摸开关、微动开关、光电开关、定时开关、电子调速开关和 CPS 控制保护开关等。

3.1.1 按钮开关

按钮开关（图 3-1）简称按钮，是用手或机械发出信号，控制接触器、继电器、变阻式启动器等，通过按钮帽推动传动机构，使动触点与静触点接通或断开并实现电路换接的开关。其文字代号是 SB，图形符号见图 3-2。

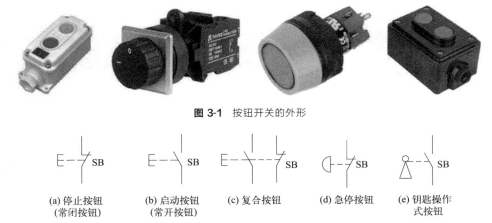

图 3-1 按钮开关的外形

(a) 停止按钮 (b) 启动按钮 (c) 复合按钮 (d) 急停按钮 (e) 钥匙操作
（常闭按钮） （常开按钮） 式按钮

图 3-2 按钮开关的图形符号

【用途】 用于交流 50Hz 或 60Hz、额定电压至 660V、直流额定电压至 440V 的电路中，短时间接通或分断较小电流。

【涂色】 为了防止误操作，通常在按钮上做出不同的标记或加以区分。其含义是：红色—紧急，黄色—异常，绿色—安全，蓝色—强制性的，白色、灰色和黑色—未赋予特定含义。

【分类】 主要有停止按钮、启动按钮和复合按钮三种，通常做成复合式（图 3-3）。还有一种自持式按钮，按下后即可自动保持闭合位置，断电后才能打开。

【结构】 一般是采用积木式结构，由按钮帽、复位弹簧、静触头、动触头和外壳等组成，有一对常闭触头和常开触头（有的产品可通过多个元件的串联增加触头对数）。

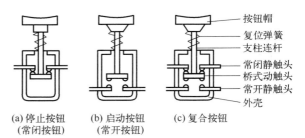

(a) 停止按钮 (常闭按钮)　(b) 启动按钮 (常开按钮)　(c) 复合按钮

图 3-3　按钮的结构

【工作原理】 按钮中有一个电磁铁的吸附装置，当把按键按下去之后，里边的电磁铁就带电产生磁性，然后通过这个吸附装置把电路接通或者断开，从而可以实现线路的控制等功能。按下按钮，常闭触头断开，常开触头闭合；松开按钮，在复位弹簧的作用下恢复原来的工作状态。

【额定值】 ① 额定电压推荐值为：

a. 交流：36V、48V、110V、127V、220V、380V、660V。

b. 直流：48V、110V、220V、440V。

② 额定绝缘电压推荐值为：690V、500V、320V、250V、160V、63V。

③ 按钮开关的约定自由空气发热电流的推荐值为：15A、10A、5A、2.5A、1A。

【型号识别】 方法如下：

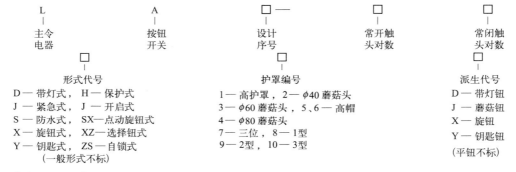

L — 主令电器
A — 按钮开关
□ — 设计序号
□ — 常开触头对数
□ — 常闭触头对数

□ 形式代号
D — 带灯式，　H — 保护式
J — 紧急式，　J — 开启式
S — 防水式，　SX一点动旋钮式
X — 旋钮式，　XZ一选择钮式
Y — 钥匙式，　ZS — 自锁式
（一般形式不标）

□ 护罩编号
1 — 高护罩，2 — φ40 蘑菇头
3 — φ60 蘑菇头，5、6 — 高帽
4 — φ80 蘑菇头
7 — 三位，8 — 1 型
9 — 2 型，10 — 3 型

□ 派生代号
D — 带灯钮
J — 蘑菇钮
X — 旋钮
Y — 钥匙钮
（平钮不标）

【产品数据】 见表 3-1。

表 3-1　LA18 系列按钮开关的技术数据

型号	形式	触头数量		额定电压 /V	额定电流 /A	额定控制容量/W	按钮颜色
		常开	常闭				
LA18-22	一般式	2	2	交流 380 直流 220	5	交流 300 直流 60	红、绿 黄、白 黑
LA18-44		4	4				
LA18-66		6	6				
LA18-22J	紧急式	2	2				红
LA18-44J		4	4				
LA18-66J		6	6				
LA18-22X2	旋钮式	2	2				黑
LA18-22X3		2	2				
LA18-44X		4	4				
LA18-66X		6	6				
LA18-22Y	钥匙式	2	2				锁芯 本色
LA18-44Y		4	4				
LA18-66Y		6	6				

【检测】　① 检查外观是否完好；

② 测阻值：用万用表检查按钮的常开和常闭（动合、动断）工作是否正常。对于常闭按钮，当用万用表（欧姆挡）表笔分别接触按钮的两接线端时 $R=0$，按下按钮其 $R=\infty$；对于常开按钮，当用万用表（欧姆挡）表笔分别接触按钮的两接线端时 $R=\infty$，按下按钮其 $R=0$。

【使用与维护】　①用于高温场合的按钮，要防止塑料变形老化而导致松动，引起接线螺钉间相碰短路，可在接线螺钉处加套绝缘塑料管。

② 带指示灯的按钮，要防止灯泡发热，长期使用后塑料灯罩变形，应降低灯泡电压，延长使用寿命。

【选用】　① 按钮的种类　根据使用场合和具体用途。例如嵌装在操作面板上的按钮可选用开启式；需显示工作状态的选用光标式；在非常重要的场合，为防止无关人员误操作，宜用钥匙操作式；在有腐蚀性气体处要用防腐式。交直流电路中开关能力差异很大，要确认额定值。

② 按钮（或指示灯）颜色　根据工作状态指示和工作情况要求。例如启动按钮可选用绿（优先）、白色；停止按钮可选用红（优先）、灰、黑色；急停按钮应选用红色。

③ 按钮的数量　根据控制回路的需要。如单联钮、双联钮和三联钮等。

【安装】　① 安装在面板上时，应布置整齐，排列合理，可根据启动的先后次序，从上到下或从左到右排列。面板厚度要能够承受操作力。

② 将钮罩打开，卸下螺母，将打开的开关下部套入面板孔中。保持触头清洁，以免有油污等发生短路故障。

③ 拧上螺母，嵌入钮罩，按相关要求接线，牢固固定。

④ 安装按钮的按钮板或按钮盒的材质必须是金属的，并设法使它们与机床总接地母线相连接；悬挂式按钮必须要有专用接地线，不得用金属管代替。

⑤ 停止按钮优先选红色，急停按钮必须是红色蘑菇头式，启动按钮优先选绿色，且必须有防护挡圈（应高于按钮头），以防意外触动使设备误动作。

⑥ 高温场合的按钮开关，可在接线螺钉处加套绝缘塑料管；带指示灯的按钮开关，灯泡功率应尽量小。

【接线】　有 4 个方案，见表 3-2。

表 3-2　接线方案

| 方案一：按下开关，LED 灯亮，负载通电；再次按下开关，LED 灯灭，负载断电 | 1. 电源正极与公共插脚（C）连接；
2. 开关的常开插脚（NO）与 LED 插脚（－）连接，然后接在负载正极上；
3. 电源负极与 LED 插脚（＋）连接，然后接在负载负极上 | |
| 方案二：LED 灯常亮不受开关影响；按下开关，负载通电；再次按下开关，负载断电 | 1. 电源正极与公共插脚（C）连接，然后与 LED 插脚（－）连接；
2. 开关的常开插脚（NO）与负载的正极连接；
3. 电源负极与 LED 插脚（＋）连接，然后接在负载负极上 | |

方案三：LED 灯与负载默认通电；按下按钮后，LED 灯熄灭，负载断电；再次按下按钮后，LED 灯亮，负载通电	1. 电源正极与公共插脚(C)连接； 2. 开关的常闭插脚(NC)与 LED 插脚(－)连接，然后接在负载的正极上； 3. 电源负极与 LED 插脚(＋)连接，然后接在负载负极上	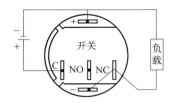
方案四：LED 灯常亮不受开关影响，负载默认通电；按下按钮后，负载断电；再次按下按钮后，负载通电	1. 电源正极与公共插脚(C)连接，然后与 LED 插脚(－)连接； 2. 开关的常闭插脚(NC)与负载的正极连接； 3. 电源负极与 LED 插脚(＋)连接，然后接在负载负极上	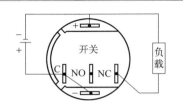

【故障和排除】 见表 3-3。

表 3-3 按钮开关的常见故障及排除办法

现象	可能的原因	解决办法
漏电	1. 使用环境恶劣，周围潮湿或有酸、碱介质 2. 内部污垢严重	1. 改善使用环境，采取密封措施 2. 经常清洁
按钮过热	1. 环境温度过高 2. 工作电流过大 3. 带灯按钮的电压高，灯罩过热	1. 加强通风 2. 降低负载电流 3. 加大灯泡串联的限流电阻，降低电压
触头烧毛甚至粘连	1. 触点接触不良 2. 工作电流过大 3. 线路短路	1. 用刀刃或细锉修平 2. 降低负载电流 3. 消除短路并检查修理触点
按下按钮，接点不动作	1. 触头烧损 2. 触头表面有尘垢，或周围有有害气体，接点表面产生了化学膜，或焊接时焊剂进入 3. 触头弹簧失效 4. 可能是操作速度太慢，导致接点的切换不稳定	1. 修整触头或更换产品 2. 清洁触头表面 3. 重绕弹簧或更换产品 4. 适当提高操作速度
按下按钮时有触电感觉	1. 按钮的防护金属外壳带电 2. 按钮帽的缝隙间有铁屑	1. 检查按钮内部的连接导线 2. 清洁按钮去除杂物
松开按钮，接点不复位	1. 按钮有瞬时动作和交替动作 2. 接点熔接	1. 正确操作 2. 负载超过了接点的负载容量，电弧导致接点熔接了；浪涌电流超过了开关所能承受的最大电流；开关频率超过了允许操作频率范围
启动按钮控制失灵	1. 接线错误或线头脱落 2. 触头磨损松动或接触不良 3. 动断触头弹簧失效	1. 正确接线 2. 检修触头或更换按钮 3. 更换弹簧或按钮
停止按钮控制失灵	1. 接线错误 2. 按钮的线头松动或接触不良 3. 灰尘或油污使动断触头短路 4. 动断触头弹簧失效 5. 胶木烧焦短路	1. 正确接线 2. 检查按钮的接线或更换按钮 3. 清理按钮 4. 更换弹簧或按钮 5. 更换按钮
带灯按钮接点动作，显示灯不亮	1. 显示灯的极性错误 2. 电源电压与灯的电压不符	1. 检查是否正确连接了灯的极性 2. 检查施加的电源电压是否适合灯的电压规格

现象	可能的原因	解决办法
触头间短路	1. 塑料受热变形，导致接线螺钉相碰短路 2. 杂物或油污在触头间形成通路	1. 更换产品，并查明发热原因，如为灯泡发热所致，可降低电压 2. 清洁按钮内部
被控电器不动作	1. 按钮接触不良 2. 按钮复位弹簧损坏 3. 被控电器损坏	1. 清理或更换按钮 2. 修理复位弹簧 3. 检修被控电器

3.1.2 行程开关

行程开关（又叫限位开关），是利用生产机械运动部件（如连杆）的碰触，来控制触头接通或分断控制电路的开关电器。其文字代号为SQ，图形符号见图3-4。

【用途】 主要用于在交流 50Hz（或 60Hz）、电压至 380V 及以下，或直流电压至 220V 及以下的控制电路或辅助电路中，作为控制、限位、定位和行程、信号或程序转换的开关电器。

图3-4 行程开关的图形符号

【分类】 ① 按触头复位方式，可分为自动复位和非自动复位。

② 按触头元件用途，可分为速动触头元件、从动触头元件和从动交叉触头元件。

③ 按触头元件数，可分为 2 极、3 极和 4 极。

④ 按保护方式，可分为开启式和防护式。

⑤ 按操动器形式，可分为直动柱塞型、直动滚动型、滚动转臂型、滚动叉型、可调滚轮转臂型、万向型、侧压滚轮型、正压滚轮型、可调金属摆杆式和弹性摆杆式等。

⑥ 按形式可分为普通型和组合型。

⑦ 按用途和结构，可分为通用型和专用（机床、船舰和煤矿专用等）型。

【结构】 行程开关的结构随形式而异。

① 微动式行程开关，主要是由顶杆、动断触点、接触桥、触点弹簧、复位弹簧、动合触点等组成［图3-5（a）］。

② 直动式行程开关，主要由顶杆、复位弹簧、触头弹簧、常开触头、常闭触头、触头弹簧和壳体等组成［图3-5（b）］。

③ 滚轮式行程开关，主要由滚轮、上下转臂、盘形弹簧、压缩弹簧、复位弹簧、滑轮、横板、压板和触头等组成［图3-5（c）］。

【工作原理】 ① 微动式行程开关 当外力向下碰压顶杆时，顶杆向下运动，压紧触点弹簧，使其储存一定能量。当顶杆运动到一定位置时，弹簧的弹力改变方向，储存的能量得以释放，迫使接触桥（动触点）向上急弹，与动断触点分断，继而与动合触点接通，完成跳跃式快速换接动作。当外力消除后，在复位弹簧的作用下，顶杆上升，动触点又向下跳跃，恢复原位。

② 直动式行程开关 当外界运动部件上的撞块碰压顶杆使其触头动作，当运动部件离开后，在弹簧作用下，其触头自动复位（与按钮开关相似），不宜用于速度低于 0.4m/min 的场所。

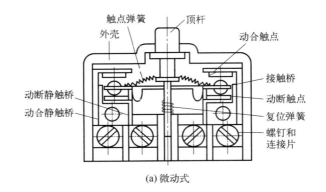

(a) 微动式

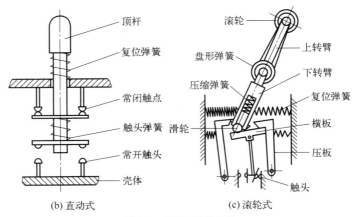

(b) 直动式　　　　　(c) 滚轮式

图 3-5　行程开关的结构

③ **滚轮式行程开关**　其滚轮即为触头。当被控机械上的撞块撞击带有滚轮的杠杆时，杠杆带动滑轮转动，顶下推杆，使微动开关中的触点迅速动作。当运动机械返回时，在复位弹簧的作用下，各部分动作部件复位（对于双轮旋转式行程开关，依靠运动机械反向移动时，撞块碰撞另一滚轮才能将其复原）。

【**型号标注**】　常见的方法是：

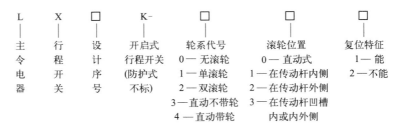

注：用于机床上的行程开关，其标注有如下两种：

J	L	X	□	□-	□	□	□
机床电器	主令电器	行程开关	K-快速 W-微动	设计序号	轮系代号 1—单轮 2—双轮 3—直动不带轮 4—直动带轮	常开触头对数	常闭触头对数

```
J      W      2      A-      1        1        □/                    □
│      │      │      │       │        │        │                     │
机     微     设     特       常        常        W1—直进式             组
床     动     计     殊       闭        开        W2—横进式             合
电     式     序     派       触        触        L—带滚轮直动式         元
器            号     生       头        头        G—带滚轮杠杆传动式      件
                    代        对        对        (无字母为开启式)        数
                    号        数        数        Z—组合式，H—保护式
                                                 R—简易保护式
```

【技术数据】 一些行程开关的技术数据见表 3-4。

表 3-4 一些行程开关的技术数据

型号	额定电压	额定电流	结构形式			触头对数		工作行程	超行程
			滚轮	滚轮位置	自动复位	常开	常闭		
LX19K-001	交流380V	5A	无	微动式行程开关	能			3mm	1mm
LX19-001			无	仅用传动杆	能			<4mm	>3mm
LX19K-111			1	传动杆内侧	能				
LX19-121			1	传动杆外侧	能	1	1	−30°	−20°
LX19-131	直流220V		1	传动杆凹槽内	能				
LX19-212			2	U形传动杆内侧	否				
LX19-222			2	U形传动杆外侧	否			−30°	−15°
LX19-232			2	U形传动杆内外侧各1	否				
JLXK1-111			1	单轮防护式	能			12°～15°	<30°
JLXK1-211	交流500V	5A	2	双轮防护式	能	1	1	−45°	<45°
JLXK1-311			0	直动防护式	能			1～3mm	2～4mm
JLXK1-411			1	直动滚轮防护式	能			1～3mm	2～4mm

【检测】 ① 产品表面不应有气泡、开裂、麻点、流漆、严重变形；外壳铆合紧密，无松动现象；接线端子不应有裂纹、麻点、锈斑、镀层脱落。

② 手动操作：用万用表检查行程开关的常开和常闭（动合、动断）工作是否正常。方法是用万用表（欧姆挡）：

a. 常闭触点：当表笔分别接触常闭触点的两接线端时 $R=0$；手动操作后其 $R=\infty$。

b. 常开触点：表笔分别接触常开触点的两接线端时 $R=\infty$；手动操作后其 $R=0$。

【选用】 主要考虑行程开关的使用类别、动作要求、安装位置和触头数量，具体如下：

1. 根据控制回路的电流种类和典型负载选择使用类别（表 3-5）

表 3-5 行程开关的使用类别

电流种类	典型负载	使用类别
交流	电阻性负载和光电耦合隔离的固态负载	AC-12
	具有变压器隔离的固态负载	AC-13
	小型电磁铁负载（≤72VA）	AC-14
	电磁铁负载（>72VA）	AC-15
直流	电阻性负载和光电耦合隔离的固态负载	DC-12
	电磁铁负载	DC-13
	电路中具有经济电阻的电磁铁负载	DC-14

2. 根据使用场合及控制对象选择种类

① 当生产机械运动速度不是太快时，通常选用一般用途的行程开关。

② 当生产机械行程通过的路径不宜装设直动式行程开关时，应选用凸轮轴转动式的行程开关。

③ 在工作效率很高、对可靠性及精度要求也很高而工作电流不大时，应选用微动式行程开关。

3. 根据安装环境选择防护形式

工作条件良好时，选择开启式，否则选择防护式（含500V电压）。

4. 根据行程开关的传力与位移关系选择合理的操作头形式

【安装】 ① 安装位置要准确，安装要牢固。

② 滚轮的动作方向不能装反。

③ 挡铁与其碰撞的位置应符合控制线路的要求，并确保动作可靠。

【维护】 ① 定期清理开关触头，除去油垢及粉尘。

② 经常检查其动作是否灵活、可靠，紧固件有无松动，发现故障及时排除。

③ 及时更换磨损零部件。

【故障和排除】 见表3-6。

表3-6 行程开关的常见故障及排除方法

故障现象	可能原因	排除方法
控制失灵	1. 安装不当,碰块或撞杆(顶杆)对行程开关的作用力及动作行程过大,甚至损坏开关 2. 使用日久,因受碰块或撞杆的反复作用,造成安装螺钉松动,行程开关位移 3. 行程开关破损,灰尘、油垢进入内部,使机械卡阻 4. 触点接触不良,触点被灰尘、油垢黏着,如密封垫老化、破损	1. 正确安装,作用力及动作行程均不应大于允许值 2. 加强巡视检查,发现松动应及时紧固 3. 对行程开关进行定期检查,发现问题及时修复或更换 4. 清洁触点,更换密封垫,做好行程开关的密封工作
不能复位	1. 同"控制失灵"第3项 2. 复位弹簧失效 3. 长期不用,行程开关内的油泥干涸 4. 碰块或撞杆长期压迫行程开关,使弹簧失效 5. 触头连接线脱落 6. 调节螺钉太长,顶住按钮	1. 按"控制失灵"排除方法第3项处理 2. 更换复位弹簧 3. 用汽油清洗行程开关,待干燥后加一些润滑油 4. 清除内部杂物,或改变设计方法,不让行程开关长期受压 5. 拧紧连接线 6. 检查调节螺钉
复位后,动断触点不能正常工作	1. 动触点脱落或偏斜 2. 同"控制失灵"第4项 3. 弹簧失去弹力或被卡住 4. 弹簧卡住 5. 撞杆被杂物卡住	1. 重新调整动触点或整个行程开关 2. 按"控制失灵"排除方法第4项处理 3. 更换弹簧 4. 清除杂物,重新装配 5. 清扫开关
杠杆偏转,但触点不动作	1. 工作行程不到 2. 行程开关内有杂物,机械卡阻 3. 触点变形或损坏 4. 接线松脱 5. 安装位置不正确 6. 触头弹簧失效	1. 调整行程开关或碰块位置 2. 清除杂物,加注润滑油 3. 修理触点或更换 4. 拧紧接线螺钉 5. 调整安装位置 6. 更换触头弹簧
挡铁碰撞开关,触点不动作	1. 开关位置安装不当 2. 触点接触不良 3. 触点连接线脱落	1. 调整开关的位置 2. 清洗触点 3. 紧固连接线

3.1.3 万能转换开关

万能转换开关是一种多挡位、多段式、控制多回路的主令电器，其文字符号是 SA，图形符号是 ⊶⊶⊶ 。

【用途】 多用于非频繁地接通和分断电路，接通电源和负载，测量三相电压以及控制小容量异步电动机的正反转和星-三角启动等。

【分类】 ① 按切换形式分，有如下 4 种。

a. 开路切换型：为先分离后接切换模式，切换过程会造成负载断电。

b. 旁路隔离型：在自身维修时带有旁路功能，由手动转换开关和自动转换开关两部分组成。

c. 延时切换型：将所连接的负载从一个电源转换到另一个电源之前有可调的断开时间。

d. 闭路切换型：先接切换模式后分离，切换过程短暂并联，负载不停电。

② 按操作方式分，有定位型和自复型两种。

③ 按手柄外形分，有旋钮式和球形捏手式两种。

④ 按用途分，有主令控制用和直接控制电动机用两种。

【结构】 万能转换开关主要由接触系统、操作机构、转轴、定位机构等部件，用螺栓组成一个整体（图 3-6）。

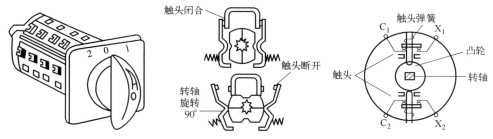

图 3-6 LW5 万能转换开关的外形和结构

接触系统由多个接触元件组成，每一个接触元件均有一个胶木触头座，中间装有一对或三对触头，分别由凸轮通过支架操作，操作时手柄带动转轴和凸轮一起旋转，凸轮即可推动触头接通或断开。

触头为双断点桥式结构，其通断由凸轮控制。动触头能自动调整，以保证通断时的同步性；静触头装在触头座内。触头座用胶木压制，内可装 1～3 对触头；每组触头上均装有隔弧装置。

定位机构采用滚轮卡棘轮辐射形结构。操作时滚轮与棘轮之间做相对滚动。

【型号】 ① 主令控制用识别方法是：

L	W	□-	□	□	□	□
主令电器	万能转换开关	设计序号	约定自由空气发热电流/A	定位特征代号	接线图编号	触头系统挡数

② 直接控制电动机用识别方法是：

【工作原理】　操作转换开关时，手柄带动转轴和凸轮一起旋转。利用凸轮顶开和靠弹簧力恢复动触头，可以控制它与静触头的分与合。由于凸轮形状不同，所以，手柄处于不同的操作位置时，触头分合也不同，从而达到对电路断开和接通的目的。

万能转换开关的手柄操作位置是以角度表示的，型号不同时，手柄有不同的触点。LW5 万能转换开关电路图中的图形符号如图 3-7 所示。但由于其触点的分合状态与操作手柄的位置有关，所以，除在电路图中画出触点图形符号外，还应画出操作手柄与触点分合状态的关系。该图中当万能转换开关打向左 45°时，触点 1-2、3-4、5-6 闭合，触点 7-8 打开；打向 0°时，只有触点 5-6 闭合；右 45°时，触点 7-8 闭合，其余打开。

触头编号		45°	0°	45°
⌐	1-2	×		
⌐	3-4	×		
⌐	5-6	×	×	
⌐	7-8			×

(a)　　　　(b)

图 3-7　LW5 万能转换开关的电路图符号

【产品数据】　见表 3-7。

表 3-7　LW39-25 系列转换开关的技术数据

项目			数据	项目		数据			
额定绝缘电压 U_i			690V		串联触头数量	1	2	3	4
交流额定工作电流 I_e	AC-21 通断电阻性负载[①]		25	DC-21 通断电阻性负载[①] $T_{0.95}=$ 1ms	电压/V	24 48	48 60 110 220 440	70 95 110 220 440	95 110 300
	AC-15 控制电磁铁负载	24V	25						
		48V	22						
		110V	18						
		220V	12						
		380V	8						
	AC-3 笼式感应电动机的启动、运转中断开 三相三极 380V		5.5kW	直流额定工作电流 I_e/A				20 8 2.5 1.25 0.5	
	AC-4 笼式感应电动机的启动、制动、反转、点动 三相三极 380V		4kW						
约定发热电流 I_{th}			25A	DC-13 控制电磁铁负载 $T_{0.95}=$ 300ms	串联触头数量	1	2	3	4
直流额定工作电流 I_e/A			25 22 5 2.5 1.25		电压/V	24 48	48 60 110 220 440	70 95 110 220 440	95 110 300

注：生产商：上海二工电气有限公司。
① 包括通断适中过载。

【选用】　主要根据用途、通断能力、接线方式、所需触头挡数和额定电流、电压（表 3-8）。

表 3-8　LW2 系列万能转换开关的选用

型号	形式	用途举例
LW2	普通型	作电气测量仪器及其他电气线路的转换开关
LW2-H	钥匙型	带定位及可取出手柄的开关,用作同期线路中的转换开关
LW2-Y	信号灯型	传送各种配电设备开关的命令,并真实地反映到屏板上
LW2-W	自复型	作为伺服电动机(转速、电压的调整)的控制开关
LW2-Z	定位自复型	作为带远距离电动操作机构的配电设备的控制开关
LW2-YZ	自复信号灯型	在电动操作机构配电设备的控制下,操作自动油断路器

【安装】　① 安装位置应与其他电气元件或机床的金属部件有一定的间隙,以免在通断过程中因电弧喷出而发生对地短路故障。

② 一般应水平安装在屏板上,但也可以倾斜或垂直安装。

【使用】　① 万能转换开关的通断能力不高,当用来控制电动机时,LW5 系列只能控制 5.5kW 以下的小容量电动机。若用以控制电动机的正反转,则只有在电动机停止后才能反向启动。

② 万能转换开关本身不带保护,使用时必须与其他电器配合。

③ 当万能转换开关有故障时,必须立即切断电路,检查有无妨碍可动部分正常转动的故障,检查弹簧有无变形或失效、触头工作状态和触头状况是否正常等。

万能转换开关的使用见表 3-9。

表 3-9　万能转换开关的使用

用途		主令控制			直接控制电动机		
额定绝缘电压 U_i/V		500					
约定发热电流 I_{th}/A		16					
额定工作电压 U_e/V		110	220	380	440	500	380
额定工作 电流 I_e/A	AC-15		4.6	2.6		2.0	
	AC-3						12
	AC-4						12
	DC-13 双断点	0.55	0.27		0.41		
	DC-13 四断点	0.82	0.41		0.20		

注: 机械寿命为 1000 次, 操作频率为 300 次/h, AC-4 时操作频率为 120 次/h。

【故障及排除】　见表 3-10。

表 3-10　万能转换开关的常见故障及排除办法

故障现象	可能原因	解决办法
手柄转动 90°后内部触头不动	1. 手柄上的三角形或半圆形磨成圆形 2. 操作机构损坏 3. 绝缘杆由方形磨成圆形 4. 轴与绝缘杆装配不紧	1. 调换手柄 2. 修理操作机构 3. 更换绝缘杆 4. 紧固轴与绝缘杆
手柄转动后静触头和动触头不能同时接通或断开	1. 开关型号不对 2. 修理后触头角度装配不正确 3. 触头失去弹性或有尘污	1. 更换开关 2. 重新装配 3. 更换触头或清除尘污
开关接线柱短路	接线柱间有铁屑或油污,形成导电层,胶木被烧焦,破坏绝缘短路	清洁或更换开关
外部连接点放电,烧蚀或断路	1. 开关固定螺栓松动 2. 旋转操作过于频繁 3. 导线压接处松动	1. 紧固固定螺栓 2. 适当减少操作次数 3. 处理导线接头,压紧螺钉
接点位置改变,控制失灵	开关内部转轴上的弹簧松软或断裂	更换弹簧

故障现象	可能原因	解决办法
触头起弧烧蚀	1. 开关内部的动静触头接触不良 2. 负载过重	1. 调整动静触头,修整触头表面 2. 减轻负载或更换容量大一级的开关
开关漏电或炸裂	使用环境恶劣,受潮气、水及导电介质的侵入	改善环境条件、加强维护

3.1.4　接近开关

接近开关（无触点行程开关），是一种无需与运动部件进行机械直接接触而可以操作的位置开关。靠移动物体与接近开关的感应头接近，使其输出一个电信号来控制电路的通断，可完成行程控制和限位保护。此外还是一种非接触型的检测装置，用作检测零件尺寸和测速等，也可用于变频计数器、变频脉冲发生器、液面控制和加工程序的自动衔接。接近开关文字代号、图形符号和外形见图 3-8。

常开触点　　　常闭触点

图 3-8　接近开关的文字代号、图形符号和外形

【分类】　有电感式、电容式和霍尔式接近开关三种。

【工作原理】　分别叙述如下：

1. 电感式接近开关

电感式接近开关由振荡器、开关电路及放大输出电路三大部分组成。振荡器产生交变磁场，当金属目标接近磁场，并达到感应距离时，在金属目标内产生涡流，从而导致振荡衰减，以至停振。振荡器振荡及停振的变化被后级放大输出电路处理并转换成开关信号，触发驱动控制器件，从而达到非接触式之检测目的。

2. 电容式接近开关

电容式接近开关是无触点传感元件，感应面由两个同轴金属电极构成，很像"打开的"电容器电极，该两个电极构成一个电容，串接在 RC 振荡回路内。电源接通时，RC 振荡器不振荡，当一目标朝着电容器靠近时，电容器的容量增加，振荡器开始振荡，通过后级电路的处理，将不振和振荡两种信号转换成开关信号，从而起到了检测有无物体（不论是金属物体还是非金属物体）存在的目的。可供各行业中的行程控制和限位保护、物料的计数、测长、测速等。

3. 霍尔式接近开关

它的作用距离大于电感接近开关。当一个磁性目标（永久磁铁或外部磁场）接近时，线圈铁芯的导磁性变小，线圈的电感量也减小，Q 值增加，激励振荡器振荡，并使振荡电流增加。用于检测磁场，一般用磁钢作为被检测体。其内部的磁敏感器件仅对垂直于传感器端面的磁场敏感，当磁极 S 极正对接近开关时，接近开关的输出产生正跳变，输出为高电平；若磁极 N 极正对接近开关时，输出为低电平。

【型号】　标注方法是：

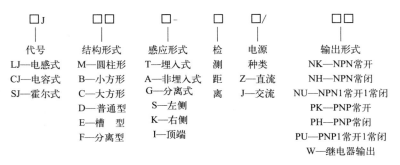

【选用】　应考虑工作电压、负载电流、响应频率、检测距离等各项指标的要求。因为电感式接近开关和电容式接近开关对环境的要求条件较低，所以在一般工业生产场所广泛应用。

① 当被测对象是导电物体或可以固定在一块金属物上的物体时，一般都选用电感式接近开关，因为它的响应频率高、抗环境干扰性能好、应用范围广、价格较低。

② 若所测对象是非金属（或金属）液位高度、粉状物高度或材料为塑料、烟草等，则应选用电容式接近开关。

③ 电容式接近开关能检测金属物体，也能检测非金属物体，对金属物体可以获得最大的动作距离，对非金属物体动作距离取决于材料的介电常数，材料的介电常数越大，可获得的动作距离越大。但电容式接近开关比电感式的防干扰能力要差，周围不能有大功率设备。

④ 在环境条件比较好、无粉尘污染的场合，可采用光电接近开关。在防盗系统中，自动门通常使用热释电接近开关、超声波接近开关、微波接近开关。为了提高识别的可靠性，可复合使用。

⑤ 若被测物为导磁材料，或者为了区别和它在一同运动的物体而把磁钢埋在被测物体内时，应选用霍尔式接近开关，其价格也最低。

【接线图】　接近开关的接线分两线制和三线制，两线制接近开关又分为直流二线型和交流二线型（图3-9），三线制接近开关又分为NPN型和PNP型（图3-10）。

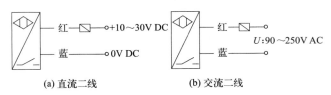

图 3-9　两线制接近开关接线图

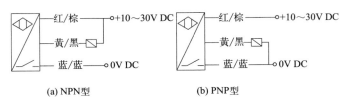

图 3-10　三线制接近开关接线图

① 两线制接近开关的接线比较简单，接近开关与负载串联后接到电源即可。

② 三线制接近开关的接线：红（棕）线接电源正端，蓝线接电源0V端，黄（黑）线为

信号，应接负载。而负载的另一端，对于 NPN 型接近开关，应接到电源正端；对于 PNP型接近开关，则应接到电源 0V 端。

③ 接近开关的负载可以是信号灯、继电器线圈或可编程控制器（PLC）的数字量输入模块。

④ PLC 数字量输入模块一般可分为两类：一类的公共输入端为电源 0V，电流从输入模块流出（日本模式），此时，一定要选用 NPN 型接近开关；另一类的公共输入端为电源正端，电流流入输入模块，即阱式输入（欧洲模式），此时，一定要选用 PNP 型接近开关。

⑤ 两线制接近开关受工作条件的限制，导通时开关本身产生一定压降，截止时又有一定的剩余电流流过，选用时应予考虑。三线制接近开关虽多了一根线，但不受剩余电流之类不利因素的困扰，工作更为可靠。

【使用方法】 ① 接近开关不能用于 20mT 以上的直流磁场环境，以免造成误动作。

② 不能用于有化学溶剂，特别是在强酸、强碱的环境中。

③ 电感式接近开关的接通时间为 50ms，使用时务必先接通接近开关的电源，然后接通负载的电源。

3.1.5 脚踏开关

脚踏开关（图 3-11）是一种通过脚踩或踏来进行操作电路通断的开关，本质上就是一种内置行程开关。

【用途】 使用在双手不能及的设备控制电路中。

【结构】 脚踏开关由外壳（工程塑料、钢板或铝合金等材料制成）、内置微动开关和弹簧，还有连接螺栓、导线等组成（图 3-12）。

图 3-11 脚踏开关的外形

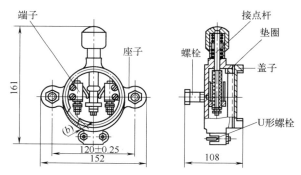

图 3-12 KJ 型直流电锁器脚踏开关

【工作原理】 脚踏开关有一组常开、一组常闭触点，脚踏下去时常开触点闭合（类似于启动按钮），常闭触点断开（类似于停止按钮）。如此反复循环，达到开启关闭的目的。

【检测】 脚踏开关出来有三条导线：一条是公共线，一条常开接线，一条是常闭接线。用万用表检测时，踩下脚踏开关，其中两条通的就是常开触头，放开了就断开。没有万用表时，也可用手电筒来试：把电池、灯泡、脚踏开关组成串联电路。踏下灯亮，放开灯灭那两条就是公共触头和常闭触头。

【选用】 ① 根据负载的性质和电流值的不同，选择产品的额定负载。

② 根据使用场合（是否有水、油、粉尘等）选择产品的防护等级。

【使用方法】 ① 脚踩的时机要准确。

② 脚踩时不要将手伸到模具危险区域内；用手放料的，最好加装光电装置，形成多层保护。

③ 使用时要避免重压和冲击。

④ 搬运以及移动时，要注意防止发生内部配线的短路、断路等现象。

⑤ 要经常检查开关使用情况，拧紧复位弹簧及紧固螺钉，对触点疲劳损坏的要及时更换。

【接线】 找出开关要连接的两条线后，将插头的两条线中的一条，直接接到电机没有电容的那个头，另一条接到电机有电容的一条线上，再把剩下的那一条绝缘好即可。

3.1.6 倒顺开关

倒顺开关是单相、三相电动机线路中控制正反转用的电气元件。

【用途】 连通、断开电源或负载，主要应用在设备需正、反两方向旋转的场合，如电动车、吊车、电梯、升降机等。现在已近乎淘汰，大部分都改成用接触器组合控制。

【分类】 可有 3 种方法：

① 按工作状态分，有立式和卧式两种（图 3-13）。

② 按适用电源分，有单相和三相两种。

③ 按适用场所分，有普通型和防爆型两种。

【结构】 由外壳、拨钮和 12 块触片（动触片为六块形状各异的导电部件，静触片为六块形状相同的导电部件）及电子线路组成。

图 3-13 立式倒顺开关和卧式倒顺开关

【工作原理】 ① 对单相电机：一般电机中有两个线圈：一个是运转线圈（主线圈），一个是启动线圈（副线圈）。启动线圈电阻比运转线圈电阻大，且串接了电容器。它与运转线圈并联，再接到 220V 电源上，其头尾的接法决定了电机转动的方向。通过改变电容在电机线圈的串联位置，即可改变转子线圈的电压提前角，达到控制电机正反转的目的（图 3-14）。

② 对三相电机：由于电机转动时会产生磁场，改变电机电源的任意两相相序，磁场即可改变转向。如原来的相序是 L1、L2、L3，只需改变为 L1、L3、L2 或 L2、L1、L3。一般的倒顺开关有两排六个端子，通过中间触头换向接触，达到换相目的。以三相电机倒顺开关为例：设进线 L1、L2、L3 三相，出线也是 L1-L2-L3，因 L1、L2、L3 三相各相隔 120°，连接成一个圆周，设这个圆周上的 L1、L2、L3 是顺时针的，连接到电机后，电机为顺时针旋转（图 3-15）。

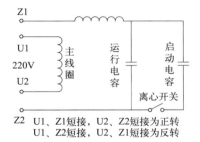

图 3-14 单相电机倒顺开关

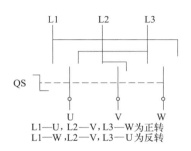

图 3-15 三相电机倒顺开关

【产品数据】 下面介绍两种倒顺开关。

1. HY2 倒顺开关

HY2 倒顺开关适用于交流 50Hz 或 60Hz、额定工作电压至 380V 的电路中，HY2 倒顺开关作为直接通断单台异步电动机，使其启动、运转、停止及反向的器件使用。

HY2-30 系列倒顺开关适用于交流 50Hz（或 60Hz）、额定工作电压至 380V、额定工作电流至 20A 的电路中。

型号识别的方法是：

HY2 倒顺开关主要技术数据见表 3-11。

表 3-11 HY2 倒顺开关主要技术数据

型号	额定工作电流/A	约定发热电流/A	额定控制功率/kW		连接导线截面/mm²	最大操作力矩/(N·m)
			380V	220V		
HY2-8	8	15	3	1.8	2.5	1.96
HY2-12	12	30	5.5	3	6	2.94
HY2-20	20	30	10	5.5	6	2.94

2. QS 型系列倒顺开关

适用于交流 50Hz，电压至 500V 及以下，容量 7.5kW 以下，三相笼式异步电动机做正向或反向的直接启动和停止，还可作为两种电路转换之用。其技术数据见表 3-12。

表 3-12 QS 型系列倒顺开关技术数据

型号	额定电流/A	控制电机功率/kW	操作频率/(次/min)	定位特征	用途
QS-15	15	4			
QS-30	30	5.5	2	0°、60°	直接启动
QS-60	60	7.5			
QS-15N	15	4			
QS-30N	30	5.5	2	60°、0°、60°	可逆启动
QS-60N	60	7.5			

3.1.7 薄膜开关

薄膜开关是集按键功能、指示元件、仪器面板为一体的一个操作系统。其外形美观，结构严谨，密封性好。具有防潮湿、使用寿命长等特点。广泛应用于电子通信、电子测量的仪器，以及工业控制、医疗设备、汽车工业、智能玩具、家用电器等领域。

【分类】 按制作材料分，有软性薄膜开关和硬性薄膜开关两种；按面板造型分，有平面型、窝仔型和鼓泡型三种（图 3-16）。

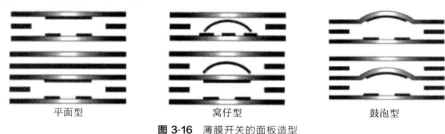

平面型　　　　　　　　　窝仔型　　　　　　　　　鼓泡型

图 3-16 薄膜开关的面板造型

【结构】 薄膜开关由面板、上电路板、隔离层、下电路板四部分组成（图 3-17）。

【工作原理】 正常情况下薄膜开关的上、下触点呈断开状态。按下薄膜开关，上电路板的触点向下变形，与下电路板的极板接触导通；手指松开后，上电路板触点反弹回来，电路断开，回路触发一个信号。

【性能】 薄膜开关的性能见表 3-13。

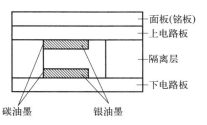

图 3-17 薄膜开关的结构

表 3-13 薄膜开关的性能

项目	数值	项目	数值
工作电压	≤50VDC	回路电阻	50Ω、150Ω、350Ω
工作电流	≤100mA	回弹时间	≤6ms
接触电阻	0.5～10Ω	开关行程	0.1～0.08mm
绝缘电阻	≥100MΩ	键操作力	0.3～7.5N
基材耐压	500V(60s)	最大功率	1.5W
绝缘油墨耐压	100VDC	可靠性使用寿命	＞100 万次

3.1.8 触摸开关

触摸开关是指应用触摸感应芯片原理设计的一种开关（图 3-18），其特点是外观美观新颖，操作面板坚固、耐磨损，可绝缘、隔尘、隔水，而且操作舒适、手感极佳、控制精准且没有机械磨损。在开关用电器的过程中，人体不需要近距离接触高压电源。

【分类】 按开关原理分，有电阻式触摸开关和电容式触摸开关。按接线方式分，有单火线触摸开关和双线制触摸开关（火线和零线）。

【结构】 由顶盖、柱塞、拱形触头和模制树脂底座四部分组成（图 3-19）。

图 3-18 触摸开关外形

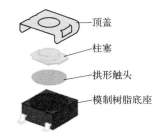

图 3-19 触摸开关结构

顶盖：该部件保护开关的内部机构，可用金属或其他材料制成。

柱塞：是用户操作部件，位于顶盖下方和拱形触头的上方，以使拱形触头弯曲，激活开关。

拱形触头：外形呈弧形，与底座相配合，当与柱塞接触时，会发生偏转或反转。弯曲时会产生"咔哒"声和"咔哒"触感，同时与底座上的两个固定触头连接，接通电路。一旦按压力消失，拱形触头就会恢复原来的形状并断开电路。

模制树脂底座：容纳触摸开关内部部件，含有连接开关与印制电路板的端子和触头。

【工作原理】 当人体的某一部位（比如手指）接近开关时，会产生电容或电阻的波动，给芯片传递指令，由芯片控制开关电路，实现电器的开启或关闭。

【检测】 触摸开关的检测有多种方法：

① 潮湿环境测试法：用水蒸气蒸待测触摸感应面板，待面板上结满露水时，观察有没有误动和反应迟钝的现象。

② 温度测试法：用烘箱或电吹风加热，或用冰箱或冰柜制冷测试。

③ 电源干扰测试法：电气设备长期工作会被电网上的噪声干扰，尤其是打雷和附近有较大的电气设备启、停时更是有强烈的干扰。

④ 电磁干扰测试法：

a. 手机是最常见的射频干扰源。将其取消振动，放在触摸感应面板的绝缘面板上，给触摸感应面板通电，反复拨打该手机号码，观察触摸感应面板的反应。

b. 400W以上的交流手持电钻工作时，电刷产生的电火花对电子设备有严重的电磁干扰。故可将电钻停在触摸感应面板的绝缘面板上方，反复开关电钻观察触摸感应面板的反应。

c. 同理，也可用17英寸❶以上的CRT（阴极射线管）显示器或CRT电视，因为它们的高压偏转线圈本身有很强的电磁辐射（尤其是显示器消磁时）。

【选用】 可按下面几个方面选用触摸开关：

① 功能需求：根据实际需求，选择适合的类型（是开关还是控制）、规格、型号和功率。

② 外观：符合个人喜好，同时考虑安装环境，选择与墙面颜色相同或相近的触摸开关。

③ 质量：质量可靠、耐用性强、操作手感好、可靠性高。

④ 安装：是采用表面安装还是嵌入安装。

⑤ 性价比：综合考虑使用寿命和可靠性，选择性价比较高的产品。

3.1.9 微动开关

微动开关是具有微小接点间隔和快动机构，能用规定的行程和力进行开关动作，外部有驱动杆的一种开关。电气文字符号为SM，原理图符号是 ⊸⏦⊸ 。

【用途】 广泛应用在电子设备、仪器仪表等领域。

【分类】 ① 按体积分，有普通型、小型、超小型。

② 按防护性能分，有防水型、防尘型、防爆型。

③ 按分断型式分，有单联型、双联型、多联型。

④ 按分断能力分，有普通型、直流型、微电流型、大电流型。

⑤ 按使用环境分，有普通型、耐高温型（250℃）、超耐高温陶瓷型（400℃）。

⑥ 按形式分，有无辅助按压附件（基本型）和有辅助按压附件两种，后者又可分为按钮式、簧片滚轮式、杠杆滚轮式、短动臂式、长动臂式等各种形式。

【结构】 微动开关的基本零件有操作钮、弹簧、簧片、动断触头、静断触头、拉钩和外壳等（图3-20）。

【工作原理】 作用力通过传动元件（按钮、操作钮等）将力作用于动作拉钩、弹簧，直至簧片上，使动作簧片末端的动断触头与动合触头快速动作（接通或断开）。当传动元件

---

❶ 1in（英寸）＝0.0254m。

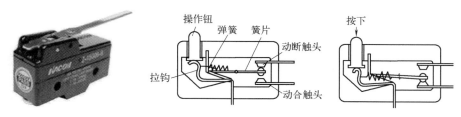

图 3-20 JW 系列微动开关的外形和结构

上的作用力消失后，动作簧片产生反向动作力，瞬时完成反向动作。

【检测】 可以有两种方法：

① 使用万用表 先断开微动开关的接线，将万用表打到×1k 电阻挡，就可以测量出开关的好坏。

② 用小灯泡串联组 手动闭合开关，若灯亮说明开关正常，灯不亮说明开关有故障。

【选用】 选择微动开关需要考虑 5 个关键因素：即外形尺寸、电气要求、开关寿命、环境因素和机构认证。

1. 外形尺寸

这是直接影响开关电流范围、操作力和行程的因素。一般来说，开关尺寸越小，其行程和能够分断的电流也就越小，反之亦然。

2. 电气（电压/电流）要求

选择合适的开关需要知道具体应用所需的（DC/AC）额定电压和电流。从降低能耗的角度，微动开关要能够在低电流及直流电压下工作。

3. 开关寿命

开关的触点材料、端子和外壳，决定了它的机械和电气寿命。高品质的微动开关，在电气失效前可工作五万至十万次，在机械失效前可工作一千万至两千万次。

4. 环境因素

不同的使用环境需要选择不同参数规格的微动开关。潮湿的环境需要拥有良好的防水性能，至少 IP67 级别；高温环境就需要拥有抗高温能力，低温环境就需要拥有抗低温能力；等等。高品质的微动开关可在－54～177℃范围内工作。

【接线】 如图 3-21 所示，微动开关上有三个引脚（端子），分别是共用端子（COM）、常闭端子（N.C）和常开端子（N.O）。微动开关未压下时与 COM 导通，压下时断开。N.O 两边的接线触头接上线后是不通的，而常闭 N.C 则是通的。微动开关的行程到触发位置后，开点 N.O 变闭点 N.C，闭点 N.C 则变开点 N.O，这样的动作可以给出信号，或者直接控制小设备，或是做出联动动作。

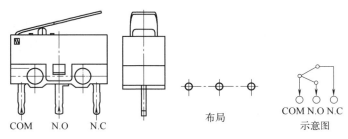

图 3-21 微动开关的接线

【安装】 ① 固定开关主体时，要使用指定的小螺钉和垫圈，在平滑面上用轻微扭矩固定。

② 作用在按钮的力应为垂直方向。

③ 动作后的动作设定，以超程（O.T）值的 70% 以上为标准。开关的情况下，请勿将动作体设定在动作限度位置上，以免冲击所伴随的开闭、过行程缩短寿命。

④ 关于动作特性的变化，要求在动作特性规格值的 ±20% 发生变化也不应引发故障。

⑤ 手动焊接时，要使用带温度调节的焊接设备（最高 320℃），在 3s 内完成作业，并注意作业中不要在端子上施加力量。

⑥ 在微小电流电压下使用时，建议使用小功率电路型（AU 包层触点，即复合银点），不建议使用铜点。如果在高温高湿环境中使用，建议使用复合银镀金点。

⑦ 户内环境建议用 PBT 塑料材质（聚对苯二甲酸丁二酯为主体所构成的一类塑料），户外用 PA66 尼龙板材质。

⑧ 在不太潮湿及不带腐蚀气体的环境下使用。

⑨ 在开关安装和耐久测试后，建议静置 1h 以上，以释放应力。

⑩ 安装地点海拔不超过 2000m。

3.1.10 光电开关

光电开关是将光信号（通常为不可见的红外光），用光电变换元件组成的投光器和受光器，转变成电信号，以实现开关作用的器件。

【用途】 常用作物位检测、液位控制、产品计数、宽度检测、速度检测和安全防护等诸多领域。

【分类】 ① 根据光电开关的接收管接收光源的有无来决定开关是否动作，分为亮通型和暗通型。

② 根据输出电路的形式，分为 PNP 型和 NPN 型。

③ 根据感知元件，分为电感式和电容式。

④ 根据目的物和发光器、接收器的相对位置，分为穿透式、反射式和散射式。

【结构】 光电开关由投光器、受光器和检测电路三部分组成。投光器发射的光束一般来源于半导体光源，如发光二极管（LED）、激光二极管及红外发射二极管。受光器由光电管、光电池组成。在受光器的前面，装有光学元件如透镜和光圈等，在其后面有检测电路（图 3-22）。

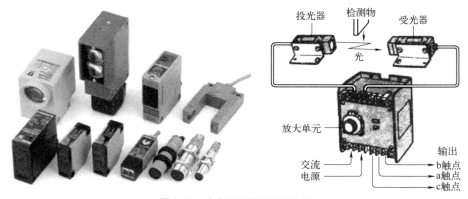

图 3-22 光电开关的外形和结构

【工作原理】 它将输入电流在发射器上转换为光信号射出，接收器再根据接收到的光线的强弱或有无，对目标物体进行探测。

【额定工作电压】 ① 有接点输出：交流：220V；直流：12V、24V、48V。

② 无接点输出：交流：220V；直流：12V、24V。

【额定工作电流】 ① 有接点输出（交流或直流）：0.1A、0.2A、0.3A、0.5A、1A、2A、3A、5A。

② 无接点输出（交流或直流）：10mA、20mA、30mA、50mA、100mA、200mA、300mA、500mA。

【选型和应用】 ① 光电开关检测对象不限种类，所有能反射光线的物体均可以被检测。

② 当光电开关便于接近被测物体且不易被损坏时，检测金属物体使用电感式；检测非金属物体使用电容式。

③ 安防系统中常见的光电开关用于烟雾报警器和安全门检查。

④ 工业中经常用它来计数机械臂的运动次数。

⑤ 在不同的场合使用不同类型的光电开关，例如在电磁振动供料器上经常使用光纤式光电开关，在间歇式包装机包装膜的供送中经常使用漫反射式光电开关，在连续式高速包装机中经常使用槽式光电开关。

【安装】 ① 电阻、电容、半导体等元器件应安装接线正确、牢固、无虚焊。

② 外壳及其他零件表面应光滑、平整，不得有气泡、毛刺、裂纹等缺陷。

③ 以螺钉、铆钉紧固的导电部分应加以固封，对使用时会导致故障的绝缘层，应在清除后加以固紧。

④ 紧固件应有防松措施；金属部件应有防腐措施。

⑤ 交流额定电压超过 36 V 时，其金属外壳应设接地螺钉，并应有明显的接地符号标志。

⑥ 光电开关的使用环境条件为污染等级 1～3（按 GB/T 16935.1—2023）；一般情况下，光电开关在污染等级 3 的环境条件下使用。

⑦ 光电开关应能承受使用环境照度（受光面照度）0 lx 及下列优选数值，其动作应正常：100 lx、200 lx、300 lx、500 lx、1000 lx、2000 lx、3000 lx、5000 lx、10000 lx。

【故障及排除】 见表 3-14。

表 3-14 光电开关的常见故障及排除方法

常见故障	故障原因	排除方法
发射端指示灯亮，接收端指示灯不亮	1. 光电开关固定螺钉是否松动 2. 接收端光电开关距发射端距离偏远 3. 接收端供电电源12V不正常	1. 调整紧固 2. 将连接线加长，使接收端光电开关距发射端距离近一些 3. 检查供电线路或供电电源
指示灯两边全不亮	光电开关供电不正常	检查供电线路或供电电源
挡住时没有 5V 电压输出	1. +5V 公共端电压不正常 2. 常开常闭线路接反 3. 光电开关触点坏	1. 检查 +5V 供电电源和线路 2. 电压正常时常闭端同 GND 间的电压应为 5V；没有电压时再量常开端同 GND 间的电压，如有 5V 电压，更换常、开闭线 3. 常开常闭两个端子均无 5V 电压，说明光电开关触点坏，需更换光电开关

常见故障	故障原因	排除方法
开机便烧坏保险,输出电压为零	开关管被击穿,发射极和集电极短路	若发射极和集电极对地电阻为零或很小,则应予换掉
光栅呈现"S"形歪曲	1. 有一只二极管断路,全波整流变成半波整流 2. 滤波电容容量减小	1. 连接或更换二极管 2. 更换滤波电容
220V 整流滤波电路短路,且开机烧坏保险	1. 整流二极管短路 2. 滤波电容漏电严重 3. 消磁热敏电阻短路	1. 更换整流二极管 2. 更换滤波电容 3. 更换消磁热敏电阻
开机无光栅、无显现、电源指示灯不亮,但未烧保险	1. 互感变压器开路 2. 整流电路的限流电阻开路(烧断) 3. 整流二极管断路	1. 更换互感变压器 2. 更换限流电阻 3. 更换整流二极管
无光栅、无显现,且机内出现异常声音	1. 出现"吱吱"声-与振动有关元件出现问题 2. 出现"嗒嗒"声-过流维护电路出现问题	1. 排除与振动有关元件的问题 2. 检查过流维护电路
车没上检测台,检测软件已经开始检测	1. 光电开关没有对上 2. 一端或两端光电开关电源未连接	1. 重新对好 2. 连接光电开关电源
车上检测台后或规定位置后灯屏没有提示到位,不继续检测	光电开关工作正常,但计算机没有接收到光电开关发回的 5V 信号,线路断开或转换板上通道损坏	检修线路和通道

3.1.11　定时开关

定时开关是一种需要按时自动开启和关闭的电气设备。

【用途】　广泛适用于企事业单位和家庭,尤其是对人体有伤害的环境中,如紫外线消毒间、化工场所及含辐射区域。

【分类】　按功能分,主要有机械式和电子式两种;按类型分,有单进单出和双进双出开关两种。

【结构】　① 机械式定时开关一般是由旋钮、接触簧片、弹簧、接触轮、转轴、油盒、阻力板组成,采用钟表原理进行定时通断。

② 电子式定时开关是以单片微处理器为核心,配合电子电路等组成的电源开关控制装置,能以天或星期循环且多时段地控制家电的开闭。此外,还有智能控制的不定时开关。

【产品数据】　见表 3-15 和表 3-16。

表 3-15　EH 系列机电、模拟定时开关型号和技术数据

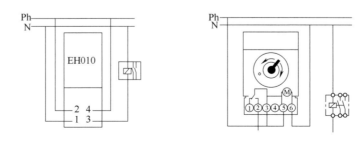

型号	EH011	EH110	EH171	EH710	EH715	EH771
宽度/mm	17.5	10.5	10.5	72×72×48		
周期	天	天	周	天	天	周
电源电压	230V±10%,50/60Hz			48V DC	230V	
功率损耗	0.5VA					
输出	1NO	1个转换触点		1NO	1个转换触点	
AC1负载	16A/250V					
感性负载	4A/250V					
白炽灯	900W			1000W		
信号源	用石英钟晶体振荡器作为信号源					
时间周期	24h		7d	24h		7d
时间设定	—	—	—	10min	10min	1h
最小开关时间	15min		2h	20min		2h
误差	±1s/d					
失电程序保留时间	200h	—	200h	200h	—	200h
连续工作时间	120h	—	120h	120h	—	120h
手动选择	自动/闭合	自动/闭合/断开		暂时闭合或断开		
工作温度	−10～+50℃					
存储温度	−20～+60℃					
接线	0.5～4mm²			1～6mm²		

表 3-16 EG系列数字定时开关的技术数据

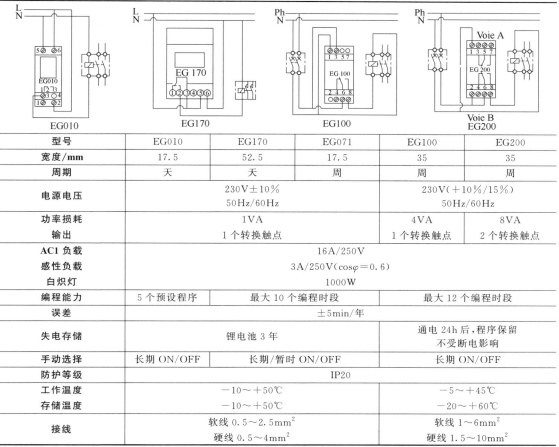

EG010　　　　EG170　　　　EG100　　　　Voie B EG200

型号	EG010	EG170	EG071	EG100	EG200
宽度/mm	17.5	52.5	17.5	35	35
周期	天	天	周	周	周
电源电压	230V±10% 50Hz/60Hz			230V(+10%/15%) 50Hz/60Hz	
功率损耗	1VA			4VA	8VA
输出	1个转换触点			1个转换触点	2个转换触点
AC1负载	16A/250V				
感性负载	3A/250V(cosφ＝0.6)				
白炽灯	1000W				
编程能力	5个预设程序	最大10个编程时段		最大12个编程时段	
误差	±5min/年				
失电存储	锂电池3年			通电24h后,程序保留 不受断电影响	
手动选择	长期ON/OFF	长期/暂时ON/OFF		长期ON/OFF	
防护等级	IP20				
工作温度	−10～+50℃			−5～+45℃	
存储温度	−10～+50℃			−20～+60℃	
接线	软线0.5～2.5mm² 硬线0.5～4mm²			软线1～6mm² 硬线1.5～10mm²	

注：φ指电压与电流的相位差。

3.1.12 电子调速开关

电子调速开关是采用电子电路或微处理芯片去改变电机等设备的级数、电压、电流、频率等方法控制其转速，以使电机达到较高的使用性能的一种电子开关。

【分类】 ① 按适用对象分，有交流电机用和直流电机用两种。

② 交流电机按调速方式分，有电感式调速、抽头式调速、电容式调速、晶闸管调速和变频式调速；直流电机按调速方式，有电枢回路电阻调速、电枢电压调速、晶闸管变流器供电的调速、大功率半导体器件的直流电动机脉宽调速和励磁电流调速。

③ 按操作方式分，有旋钮调速开关、按键调速开关、调速插座开关。

④ 按负载功率分，有常规功率、中等功率和超大功率。

⑤ 按接线方式分，有单线式和零火线式。

【工作原理】 让一个方波去控制多用晶闸管。当方波处于高电平时，晶闸管开启；方波处于低电平位置的时候，晶闸管截止。这样改变电路导通和截止的时间比例。当全程导通时，调速对象就全速运行；而全程不导通时，调速对象就停止工作。同样，可以实现半速、1/4 速、3/4 速等不同转速运行方案。

【型号】 电动工具电子调速开关识别方法是：

【额定值】 JB/T 6526—2006 规定的电动工具额定值是：

① 最高额定电压优先值：50V、125V、230V、250V。

② 最大额定电流（包括电阻性负载额定电流和电动机负载额定电流）优先值为：1A、2A、3A、4A、6A、10A、16A、20A、25A、32A。

【产品数据】 见表 3-17。

表 3-17　BRT-704 按键调速开关产品数据

项目	数值	项目	数值
工作电压/V	220～240	安装孔距/mm	60
频率/Hz	50/60	质量/g	89
负载功率/W	150	尺寸/mm	86×88×43
供电方式	零、火(1,n)线接入		

【检测】 检测开关的方法如下：

① 直观检测法：看开关操纵手柄是否活动自如，是否有松动，是否能够正常转换到位。观察紧固螺钉是否松动，引脚是否有折断，触点表面是否有污垢和损坏。

② 电压表检测法：将待检测开关的两端接入电压表，当开关处于闭合状态时，电压表应显示电压，当开关处于断开状态时，电压表显示电压为 0。

③ 万用表检测法：将万用表调到 $R×1$ 挡，待检测开关的两端接入万用表，当开关处于闭合状态时，电阻应近乎为 0；当开关处于断开状态时，电阻值无穷大或者为开路电阻。

④ 测量刀触点与其他触点之间的电阻：将万用表调到 $R \times 10k$ 挡，一支表笔接开关的刀触点引脚，另一支表笔接其他触点引脚，让开关处于接通状态，所测阻值应在 $0.1 \sim 0.5\Omega$ 以下，否则说明触点之间存在故障。

⑤ 测量开关的断开电阻：将万用表调到 $R \times 10k$ 挡，一支表笔接开关的刀触点引脚，另一支表笔接其他触点引脚，让开关处于断开状态，所测阻值应大于几百 $k\Omega$，否则说明触点之间存在漏电。

⑥ 测量开关各触点间电阻：将万用表调到 $R \times 10k$ 挡，测得各触点间的阻值应为无穷大，各触点与外壳间的阻值也应为无穷大，否则说明触点与触点或触点与外壳之间存在漏电。

【选用】 选用开关时应注意以下几点：

① 根据负载的性质选择开关的额定电流值。

开关的启动电流是很大的，例如白炽灯负载的冲击电流是稳态电流的 $10 \sim 15$ 倍，水银灯负载的冲击电流是稳态电流的约 3 倍，而电机负载的冲击电流是稳态电流的 6 倍。如果选择的开关在要求的时间内承受不了启动电流的冲击，其触点就会出现电弧，使开关触点烧焊，或因电弧飞溅而造成开关的损坏。

② 开关电路最高电压应小于开关额定电压。

③ 市电电源的开关应注意它的绝缘电阻，最好选用非金属操作零件的开关。

④ 开关在开断电路时，触点接合的好坏会直接影响电路负载。在设计电路时应选用接触电阻小的开关；在设计小功率电路时，必要时应选用带金的触点开关。

⑤ 频繁开断且负载不大时，选择开关时应着重于它的机械寿命；对承受较大功率的开关，则选择开关时应着重于它的电气寿命。

⑥ 根据开关的安装位置，选择其外形尺寸和安装方式。

⑦ 选择开关时，要注意产品的结构：活动触片最好是无滑动结构，选用银合金触点，下壳体空间要尽可能大，易于散热、降低温度、减少电弧、延长使用寿命。

3.1.13 CPS（控制保护开关）

CPS 是一种多功能集成化的控制保护开关，其电气图形符号见图 3-23。

(a) 不带隔离功能　　(b) 带隔离功能　　(c) 不带隔离功能　　(d) 带隔离功能

图 3-23 CPS 的电气图形符号

【用途】 ① 主要的控制功能：就地与远程的手动控制、自动控制等。

② 主要的保护功能：与电流相关的过载、断相、短路等保护功能，以及与电压相关的欠电压、过电压等保护功能。

【分类】 ① 按构成形式分，有整体式和组合式两种。

② 按用途分，有用于电动机控制与保护和用于配电保护两种。

③ 按实现保护功能的方式分，有热磁式和电子式两种。

④ 按使用级别分，有 A、B 两种。

⑤ 按实现的功能分，有标准型、高级型和多功能型三种。

此外，还可以按电流种类、极数、控制方式、过载后的再扣方式等分类。

【结构】　①国产 VK60 系列 CPS：由隔离模块、电压模块、电源模块、动力底座、控制保护模块、辅助触头模块和可逆模块构成。

②国产 KBO 系列 CPS：由主体（动力底座）、过载脱扣器、辅助触头模块、分励脱扣器和远距离再扣器构成。

③国外 TeSys U 系列 CPS：由动力底座、控制保护模块、通信接口模块、辅助触头模块构成。

④国外 3RA6 系列 CPS：由手柄、电路板、控制电磁系统、操作机构、快速动作电磁铁、主电路触头灭弧系统、电流互感器、辅助（信报）触头和剩余寿命感测元件构成（图 3-24）。

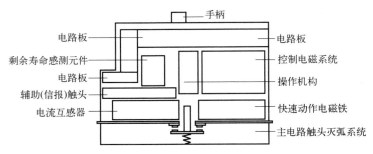

图 3-24　国外 3RA6 系列 CPS 结构

【工作原理】　①热磁式：过载保护功能基于双金属片，定时限和瞬时短路保护功能分别采用各相安装的电磁脱扣器和快速螺线管电磁铁，具有多套传动机构。内部的电气原理框图如图 3-25。

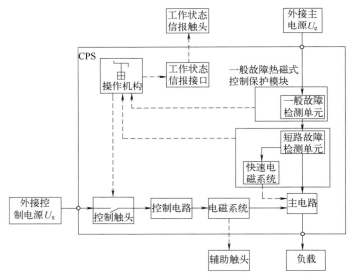

图 3-25　基于热磁式保护形式的 CPS 的内部电气原理框图

②电子式（全功能电子式）：过载保护、定时限保护和短路保护功能，均由电子电路实现，按照具体产品构成的不同，其中的功能单元可以拆分或合并，例如电源适配单元可内置于全功能电子式控制与保护模块，也可置于其外。内部的电气原理框图如图 3-26。

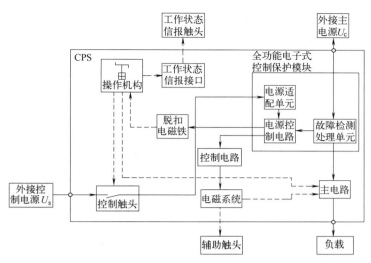

图 3-26 基于全功能电子式保护形式的 CPS 的内部电气原理框图

③ 电子式：短路保护采用快速螺线管电磁铁，对其他一般故障基于电子电路进行保护。内部的电气原理框图如图 3-27。

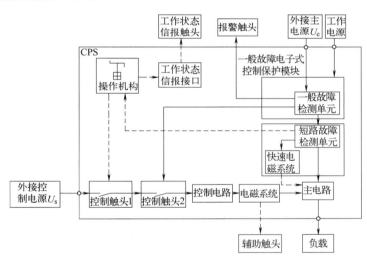

图 3-27 短路保护基于快速螺线管电磁铁的电子式保护形式的 CPS 的内部电气原理框图

【**产品数据**】　见表 3-18 至表 3-21。

表 3-18　电子式 VK60 系列产品的基本规格及参数

壳架等级	额定电流 I_e（AC-43/400V）/A	整定电流范围/A	额定控制功率 P_e（400V）/kW	主体额定电流 I_n/A	I_{cs}（400V）/kA	电寿命 400V（AC-43）/万次	机械寿命/万次
1	0.63	0.16～0.63	0.06～0.18	18	50	50	200	1000
	1.4	0.35～1.4	0.09～0.55					
	5	1.25～5	0.37～2.2					
	12	3～12	11～5.5					
	18	4.5～18	1.5～7.5					
	32	8～32	3～15	—			150	
	50	12.5～50	5.5～22	—				

壳架等级	额定电流 I_e (AC-43/400V)/A	整定电流范围/A	额定控制功率 P_e (400V)/kW	主体额定电流 I_n/A		I_{cs} (400V)/kA	电寿命 400V(AC-43)/万次	机械寿命/万次
2	16～63	16～63	7.5～30	63	100	35	100	500
	25～100	25～100	11～55	—				

注：I_{cs}(400V) 指 400V 分断能力。

表 3-19　热磁式 KBO 系列产品的基本规格及参数

壳架等级	保护类别代号	额定电流 I_e(AC-43/380V)/A	热保护整定电流范围/A（F 型无）	额定控制功率 P_e/kW（380V）（L 型无）	主体额定电流 I_n/A	电寿命（380V）（AC-43）/万次	机械寿命/万次
C	M P F L	0.25	0.16～0.25	0.05～0.08		120	1000
		0.4	0.23～0.4	0.08～0.12			
		0.63	0.35～0.63	0.12～0.20			
		1	0.6～1	0.20～0.33	12		
		1.6	0.8～1.6	0.33～0.53	16		
		2.5	1.5～2.5	0.53～1	18		
		4	2.3～4	1～1.6	32		
		6.3	3.5～6.3	1.6～2.5	45		
		12	6～12①	2.5～5.5			
		16	10～16	5.5～7.5			
		18	10～18	5.5～7.5	—		
		25	16～25	7.5～11	—		
		32	23～32	11～15	—		
		40	28～40	15～18.5	—		
		45	35～45	18.5～22	—		
D	M P F L	13	10～13	3.7～5.5		100	500
		18	13～18	5.5～7.5			
		25	18～25	7.5～11	45		
		32	23～32	11～15	63		
		40	28～40	15～18.5	100		
		45	32～45	16～22	125		
		50	35～50	17.5～25	—		
		63	45～63	22～30	—		
		80	60～80	30～37	—		
		100	75～100	37～45	—		
		125	92～125	45～55	—		

注：M（不频繁启动电动机保护）：磁保护整定电流范围为 $6I_e$～$12I_e$。

　　P（不频繁启动电动机保护）：磁保护电流不可调整为 $15I_e$。

　　F（频繁启动电动机保护）：磁保护整定电流可调范围为 $6I_e$～$12I_e$。

　　L（配电保护）：磁保护整定电流范围为 $3I_e$～$6I_e$。

　　I_{cs}（380V 分断能力）：C 壳架等级包括 35kA（C 型）和 50kA（Y 型）两种分断能力；D 壳架等级包括 35kA（C 型）、50kA（Y 型）和 80kA（H 型）三种分断能力。

　　① L 型的整定范围为 6.3～12A。

表 3-20 电子式 KBO 系列产品的基本规格及参数

壳架等级	类别代号	额定电流/A	电流整定范围/A	控制功率范围/kW	可配用主体额定电流/A			
C	B F E	0.4	0.16~0.4	0.05~0.12	12	16	32	45
		1	0.4~1	0.12~0.33				
		2.5	1~2.5	0.33~1				
		6.3	2.5~6.3	1~2.5				
		12	4.8~12	2.2~4				
		16	6.4~16	2.5~7.5	—			
		18	7.2~18	3.3~7.5	—			
		32	12.8~32	5.5~15	—			
		45	18~45	7.5~18.5	—	—	—	
D		50	20~50	11~22	50	63	100	125
		63	25~63	11~30	—	63	100	125
		100	40~100	18.5~45	—	—	100	125
		125	50~125	22~55	—	—	—	125
C	T	0.63	0.16~0.63	0.05~0.20	12	16	32	45
		2.5	0.63~2.5	0.20~75				
		6.3	1.6~6.3	0.75~2.5				
		25	11.2~45	5.5~22	—			
		45	18~45	7.5~18.5	—			
D		32	8~32	2.5~11	50	63	100	125
		50	12.5~50	5.5~22	—	63	100	125
		100	25~100	11~45	—	—	100	125
		125	32~125	15~55	—	—	—	125

注：1. 分断能力和机电寿命同热磁式 KBO 系列。

2. B—数字型，F—消防型，E—液晶高级型，T—通信型。

表 3-21 TeSysU 系列产品的基本规格及参数

额定电流 I_e (AC-43 /400V)/A	电流设定范围 /A	额定控制功率 P_e (400V)/kW		主体额定电流 I_n/A	I_{cs} (400V) /kA	电寿命 (440V) (AC-43) /万次	机械寿命 /万次
0.6	0.15~0.6	0.09	—	12	50	200	1500
1.4	0.35~1.4	0.25	0.09①				
5	1.25~5	1.5	0.25①				
12	3~12	5.5	1.5①				
18	4.5~18	7.5	5.5①	32		140	
32	8~32	15	7.5①				

① 用于三相电动机保护、脱扣等级为 20 的高级型产品功率。

【故障与排除】 见表 3-22。

表 3-22 CPS（控制保护开关）常见故障及排除方法

故障现象	原　因	排除方法
铁芯吸不上 或吸力不足	1. 电源电压过低或波动过大 2. 接线错误或有断线 3. 控制触头接触不良 4. 线圈断线或烧毁，动铁芯被骨架卡住，机械可动部分被卡住等	1. 调节电源电压 2. 检查线端电压，更换电路 3. 修理、调节触头 4. 拆开安装盘，更换线圈，排除卡住故障

故障现象	原　因	排除方法
线圈过热 或烧毁	1. 电源电压过高或过低 2. 线圈控制电压参数与实际使用条件不符 3. 交流铁芯极面不平或中间气隙过大 4. 使用环境条件不良,如空气潮湿、含有腐蚀性气体或环境温度过高	1. 调整电源电压 2. 更换线圈,符合使用条件下的电压值 3. 取出铁芯,消除极面的不平处或更换铁芯 4. 干燥空气,排除腐蚀性气体,调节环境温度
电磁铁 (交流)噪声	1. 电源电压过低 2. 极面生锈或油垢、尘埃等进入铁芯极面 3. 电磁系统歪斜后机械卡住,使铁芯不能吸平 4. 短路环断裂 5. 铁芯极面过度磨损	1. 提高控制电压 2. 清理铁芯极面 3. 排除机械卡住故障 4. 更换铁芯 5. 更换铁芯
派生双电源 自动转换开关 电器不能切换 (自投自复)	1. 常用电源或备用电源电压过低或波动过大 2. 电压继电器采电电路未接到常用电源端或断线 3. 联锁用辅助触头不能正常通断或接触不良	1. 调节电源电压至要求值 2. 更换电路,检查电压继电器应有信号指示 3. 拆下辅助触头模块,清洗触头,调整触头形状,保证动静触头接触良好
派生双电源 自动转换开关 电器不停地转换	1. 用于电压监测的电压继电器采电电路相序接错 2. 控制回路中,接线端子松动 3. 操作机构内导电夹触头接触不良,有尘埃	1. 正确接线,保证相序 2. 紧固接线端子 3. 取下操作机构,清理导电夹触头,增大接触压力
启动电动机时 开关立即分断	1. 整定电流太小,选择开关容量过小 2. 负载有短路故障	1. 增大整定电流,或更换容量大的同类产品 2. 排除电路故障后再通电
CPS闭合后, 过一定时间 (约2h)自行分断	1. 过电流脱扣器长延时整定值不对或选择开关容量过小 2. 控制保护模块与主体紧固螺钉松动,接触不良 3. 出线端紧固导线松动	1. 增大整定电流或更换容量大的同类产品 2. 紧固螺钉 3. 紧固螺钉
操作手柄不 能接通电源	1. 操作机构失灵 2. 控制触头接触失灵 3. 复位时间未到	1. 取下操作机构,在活动部位涂润滑膏,或更换机构 2. 清理或更换触头 3. 待复位时间达到后操作
主电路断相 或不通	1. 主触头动作机构失灵,无触头压力 2. 触头弹簧失效 3. 触头烧毁 4. 控制保护模块与主体连接不良	1. 取出接触组进行修复,调整超程压力 2. 取出接触组更换弹簧 3. 更换触头或接触组 4. 重新安装到位
辅助触头 发生故障	1. 辅助触头的动触桥卡死或脱落 2. 辅助触头支持件断裂 3. 辅助触头弹簧失效	1. 校正或重新装好触桥 2. 更换触头支持件 3. 更换弹簧
接线端 温度过高	1. 接线端子螺钉未紧固 2. 螺钉滑牙	1. 拧紧螺钉至导线不松动 2. 更换螺钉,如导线夹滑牙,则应取出接触组,更换导线夹
CPS不能再扣	1. 操作机构扣量过小 2. 复位时间未到	1. 更换操作机构 2. 待冷却后再扣
触头过热或 时通时不通	1. 触头弹簧压力过小 2. 触头上有油污或表面高低不平,有金属粒凸起 3. 操作频率过高或工作电流过大 4. 触头的超程太小	1. 调高触头弹簧压力 2. 清理触头表面 3. 改用容量较大的CPS 4. 调整超程或更换触头

故障现象	原　因	排除方法
星-三角等减压 启动器不能 正常转换	1. 启动按钮接触不良或常闭按钮接触不良 2. 时间继电器电压线圈断线或接错 3. 电路接错或断线	1. 检查按钮中的触头接触情况 2. 检查继电器的电路 3. 恢复电路
不能自锁	自锁辅助触头接触不良	调整自锁辅助触头接触压力和清理触头
手柄复位后, 不能再扣合闸	热磁式控制保护模块中的机构失灵,不能复位 再扣使主体的操作机构复位	对热磁式控制保护模块的机构进行修复,或更 换模块

3.1.14　遥控开关

遥控开关（射频遥控器或红外线遥控器）是一种可以无线控制的方式，将指令发送到接收器，从而控制开关状态的装置（图 3-28）。

图 3-28　几种遥控开关

【分类】　按输出动作方式的不同可分为互锁型、非锁型（跟随型）和双稳型三种。

1. 互锁型

当按下遥控器某一按键时对应的开关闭合，再次按下另一个按键对应的开关闭合，同时第一次闭合的开关恢复到断开状态，再按下其他键时对应该按键的开关闭合，同时上次按键对应的开关恢复到断开状态，如此循环互相锁定。

2. 非锁型

当按下某一按键时对应该按键的开关闭合，松开按键时该组开关自动恢复到断开状态。跟随型开关的各组开关自动跟随遥控器的动作而动作。

3. 双稳型

当按下某一按键时对应该按键的开关闭合，再次按下该按键，对应的开关恢复到断开状态。双稳型开关的各组开关相互独立，互不影响，每组都可以单独进行开关操作。

【工作原理】　遥控开关分发射机（遥控器）和接收机（开关）两部分。发射机把控制的电信号先编码，然后再调制（红外调制或者无线调频、调幅），转换成无线信号发送出去。接收机收到载有信息的无线电波后，经过放大、解码，得到原先的控制电信号，把这个电信号再进行功率放大，用来驱动相关的电气元件，实现无线的遥控（图 3-29）。

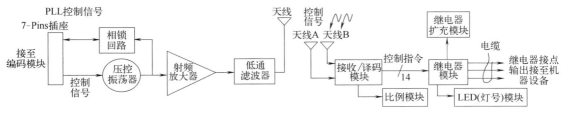

图 3-29　发射机和接收机工作流程

【检测】 有下列检测方法：

1. 利用光电鼠标

在计算机正常工作时，将鼠标的光标移到屏幕中部，然后再将鼠标底面朝上，此时发红光处由亮变暗光。将正常的遥控器发射窗对鼠标的底面发红光处，按下任意一键时，鼠标的底面发红光处会增加亮度。当轻微晃动遥控器时，显示屏幕中的光标也会跟随遥控器一起晃动，说明遥控器工作正常。

2. 利用指针式万用表

首先将遥控器外壳打开，万用表置于 DCV 挡直接测量电路板上的红外线发射管两端。红表笔接红外线发射管正极，黑表笔接红外线发射管负极。按下任意一键时，若表针有偏转并抖动，说明电路能起振，遥控器基本工作正常。但不能判断遥控器内部的红外线发射二极管是否良好。

3. 利用手机

在拍照状态下，将手机对准遥控器的发射窗口（距离 200mm 左右最佳）。然后，按动遥控器上的每一个按键，此时，在手机屏上肉眼能看见，从遥控器发射管（发射窗口）内有光射出来（这种光就是肉眼不可见的红外光），类似像微型小手电一样发光（在环境光线较暗时效果更好）。

【选用】 一般需要考虑以下几个因素：

① 根据使用场景选择合适的遥控开关，例如适用于家庭或办公室的无线遥控开关，或者适用于工业环境的远程控制开关。

② 根据自己的预算进行筛选，选择价格合理且质量可靠的遥控开关。

③ 考虑到功能需求，例如是否需要定时开关、延时开关等附加功能，以及开关的灵敏度和稳定性。

④ 选择知名品牌的遥控开关，以确保产品的质量和售后服务得到保障。

总之，选择具有多种控制方式、操作简单、反应灵敏、功能齐全、品牌信誉好的产品。

3.2　接触器

接触器是工业生产中，利用电流流过线圈产生磁场，使触头闭合，以达到控制负载为目的的电器。

主要用于中远距离频繁接通或分断交、直流电路，具有控制容量大，配合继电器可以实现定时操作、联锁控制、各种定量控制和失压及欠压保护。其主要控制对象是电动机，也可用于控制其他电力负载，如电热器、照明设备、电焊机、电容器组等。

接触器按形式分，有直流接触器、交流接触器、真空接触器等；按操作力的种类分，有机械式接触器、电磁式接触器、气动式接触器、电气气动接触器和锁扣接触器。其文字代号和图形符号见图 3-30。

(a) 线圈　(b) 常开主触点　(c) 常闭主触点　(d) 常开辅助触点　(e) 常闭辅助触点

图 3-30　接触器的文字代号和图形符号

3.2.1 直流接触器

直流接触器是用于频繁接通或分断直流电路的电器,有立体布置和平面布置两种形式。

【结构】 由电磁机构、触点系统和灭弧装置三大部分组成,其主要元件见图 3-31。

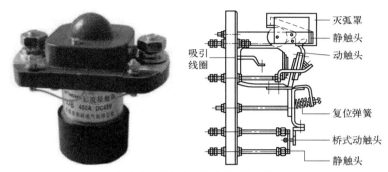

图 3-31 直流接触器的外形和结构

【工作原理】 当接触器线圈通电后,线圈电流产生磁场,使静铁芯产生电磁吸力吸引动铁芯,并带动触点动作:常闭触点断开,常开触点闭合(两者联动)。当线圈断电时,电磁吸力消失,衔铁在释放弹簧的作用下释放,使触点复原:常开触点断开,常闭触点闭合。

【型号】 识别方法是:

【产品数据】 见表 3-23 至表 3-24。

表 3-23 CZ18 系列直流接触器的技术数据

型号	额定电压/V	额定发热电流/A	操作频率/(次/h)	使用类别	常开主触头数	辅助触头 常开	辅助触头 常闭	约定发热电流/A
CZ18-40/10 CZ18-40/20	440	40(20、10、5)	1200	DC-2	1 2	2	2	6
CZ18-80/10 CZ18-80/20		80	1200		1 2			
CZ18-160/10 CZ18-315/10 CZ18-630/10 CZ18-1000/10		160 315 630 1000	600		1			10

生产商:上海约瑟电器科技有限公司,下同。

表 3-24 CZ22 系列直流接触器的技术数据

型号	额定电压/V	额定电流/A	常开主触头数	辅助触头 常开	辅助触头 常闭 AC	辅助触头 常闭 DC	额定发热电流/A	主触头额定分断能力	操作频率/(次/h)	机械寿命/万次	电寿命/万次
CZ21-16 CZ21-25 CZ21-40 CZ22-63	440	16 25 40 63	2	2	2	1	5	64 100 160 252	1200	300 300 500 1000	30 30 50 100

【选用】 ① 接触器的类型 应根据负载电流的类型和负载的轻重，触头数量、种类应满足控制线路要求。

② 主触头的额定电流 ≥1.3 倍负载额定电流。如果其控制的电动机启动、制动或反转频繁，一般将接触器主触头的额定电流降一级使用。

③ 主触头的额定电压 主触头的额定电压应不小于负载的额定电压（铭牌上所标电压系指主触头能承受的额定电压，并非吸引线圈的电压）。

④ 操作频率 若操作频率超过规定数值，应选用额定电流大一级的直流接触器，否则，当通断电流较大及通断频率过高时，会引起触头严重过热，甚至熔焊。

⑤ 线圈额定电压 当线路简单、使用电器少时，可直接选用 380V 或 220V 的电压；如线路复杂、使用电器超过 5h，可用 36V 或 110V 电压的线圈。

⑥ 按控制性质 见表 3-25。

表 3-25 按控制性质选择接触器

回路类别	负荷性质	选用产品类别	选用
主回路	DC-1,DC-3 DC-5	二常开或二 常闭主触头	按产品额定工作电流选用 按产品额定工作电流的 30%～50% 选用
能耗回路	DC-3,DC-5	一常开主触头	按产品额定工作电流选用
启动回路	DC-3,DC-5	一常开主触头	按产品额定工作电流选用
动力制动回路	DC-2,DC-4	二常开主触头	按产品额定工作电流选用
高电感回路	电磁铁	二常开主触头	选用比回路电流大一级电流等级产品

【选用】 接触器的选用按照其用途：

1. 控制照明设备

照明设备的类型很多，不同类型的照明设备，启动电流和启动时间也不一样。启动时间稍长以及功率因数较低的，可选择其约定发热电流比照明设备的工作电流更大一些。

2. 控制电热设备

这类设备有电阻炉、调温加热器等，其负载的电流波动范围很小。因此，选用时只要按接触器的约定发热电流等于或大于电热设备的工作电流的 1.2 倍。

3. 控制电焊变压器

电焊变压器因二次侧的电极短路而出现陡峭的大电流，在一次侧出现较大的电流，所以，必须按变压器的额定功率、额定工作电流、电极短路时一次侧的短路电流及焊接频率选用。

【安装】 1. 安装前检查

① 检查产品的铭牌及线圈上的技术数据（如额定电流、电压、操作频率和通电持续率等）是否符合实际使用要求。

② 将铁芯极面上的防锈油擦干净。

③ 用手分合接触器的活动部分，要求产品动作灵活无卡顿现象。

④ 检查和调整接触器触头的工作参数（如开距、超程、初压力、终压力等），并使各极触头动作同步。

2. 安装调试

① 安装时，螺钉、垫圈、接线头等零件不能落入接触器内部；螺钉要拧紧，以防振动松脱。

② 接线应正确无误，然后在主触头不带电的情况下，先使线圈通电分合数次，动作应

可靠。

③ 用于可逆转换的接触器，为保证联锁可靠，除安装有电气联锁外，还应加装机械联锁机构。

【检测】 ① 外观检查：看整机是否完好无缺，各接线端和螺钉是否完好。

② 用万用表 $R \times 1$ 挡检测各触点的分、合情况是否良好。方法是用手或旋具同时用力均匀按下动触头（旋具切忌用力过猛，以防触点变形或损坏器件）：

a. 常闭触点：当用万用表表笔分别接触常闭触点的两接线端时 $R = 0$；手动操作后其 $R = \infty$。

b. 常开触点：当用万用表表笔分别接触常开触点的两接线端时 $R = \infty$；手动操作后其 $R = 0$。

③ 用万用表 $R \times 100$ 挡检测接触器线圈直流电阻是否正常（一般 $1.5 \sim 2 \mathrm{k}\Omega$）。

④ 检查接触器线圈电压与电源电压是否相符。

【运行维护】 接触器的维护有以下几个方面：

1. 外部维护

① 清扫外部灰尘。

② 检查各紧固件是否松动，特别是导体连接部分，防止接触松动而发热。

2. 电路系统维护

① 分合信号指示是否与电路状态相符。

② 测量相间绝缘电阻，阻值不低于 $10 \mathrm{M}\Omega$。

3. 传动部分维护

要求传动零部件无损伤，动作不卡顿，紧固件无松动脱落。零部件如有损坏，应及时更换。

4. 触点系统维护

① 动、静触点表面应该经常保持清洁，不允许涂油；要求位置对正，三相同时闭合，如有问题应调节触点弹簧。

② 触点轻微烧损时，一般不影响使用。触点磨损深度超过 1mm 或开焊脱落时，须及时更换。当触头表面因电弧作用而形成金属小珠时，应及时清理（不允许使用砂纸，应使用整形锉）。但银及银基合金触头表面，在分断电弧时生成的黑色氧化膜接触电阻很低，不会造成接触不良，因此不必锉修，以免大大缩短触头寿命。

③ 检查辅助触点动作是否灵活，触点行程应符合规定值，检查触点有无松动脱落，发现问题时，应及时修理或更换。

5. 铁芯部分维护

① 清扫灰尘，特别是运动部件及铁芯吸合接触面间。

② 检查铁芯的紧固情况，铁芯松散会引起运行噪声加大。

③ 铁芯短路环有脱落或断裂要及时修复。

6. 电磁线圈维护

① 测量线圈绝缘电阻。

② 检查线圈绝缘物有无过热（线圈表面温度不应超过 65℃）、变色、老化现象，电磁铁的短路环有无异常。

③ 检查线圈引线连接，如有开焊、烧损应及时修复。

7. 灭弧罩部分维护

① 检查灭弧罩有无松动和破损。

② 检查灭弧罩有无松脱和位置变化。

③ 清除灭弧罩缝隙内的金属颗粒及杂物。

8. 运行过程维护

检查运行声音是否正常，有无因接触不良而发出放电声。检查周围环境有无不利运行的因素，如振动过大、通风不良、尘埃过多等。

【故障和排除】　见表 3-26。

表 3-26　直流接触器的常见故障及排除办法

故障现象	可能原因	排除方法
吸不上或吸不足（即触点已闭合而铁芯尚未完全闭合）	1. 电源电压过低或波动太大 2. 操作回路电源容量不足或发生断线、配线错误及控制触点接触不良 3. 线圈技术参数及使用技术条件不符 4. 产品本身受损（如线圈断线或烧毁、机械可动部分被卡住、转轴生锈或歪斜等） 5. 触点弹簧压力与超程过大	1. 调高电源电压 2. 增加电源容量，更换线路，修理控制触点 3. 更换线圈 4. 更换线圈，排除卡住故障，修理受损零件 5. 按要求调整触点参数
不释放或释放缓慢	1. 触点弹簧压力过小 2. 触点熔焊 3. 机械可动部分被卡住，转轴生锈或歪斜 4. 反力（复位）弹簧损坏 5. 铁芯极面有油污或尘埃黏着 6. E 形铁芯寿命终了时去磁气隙消失，剩磁增大，使铁芯不释放	1. 调整触点参数 2. 排除故障，修理或更换触点 3. 排除卡住现象，修理受损零件 4. 更换反力弹簧 5. 清理铁芯极面 6. 更换铁芯
电磁铁（交流）噪声大	1. 电源电压过低 2. 触点弹簧过硬或压力过大 3. 磁系统歪斜或机械上卡住，使铁芯不能吸平 4. 极面生锈或有异物侵入铁芯极面 5. 短路环断裂或脱落 6. 铁芯极面有灰尘、生锈或磨损过度	1. 提高固定回路电压 2. 调整触点弹簧压力 3. 排除机械卡住现象 4. 清理铁芯极面 5. 调换铁芯或短路环 6. 更换铁芯
线圈过热或烧损	1. 电源电压过高或过低 2. 线圈技术参数（如额定电压、频率、通电持续率及适用工作制等）与实际使用条件不符 3. 操作频率（交流）过高 4. 线圈制造不良或机械损伤、绝缘损坏 5. 使用环境条件特殊，如空气潮湿，含有腐蚀性气体或环境温度过高 6. 运动部分卡住 7. 交流铁芯极面不平或中肢气隙过大 8. 交流接触器派生直流操作的双线圈，因常闭联锁触点熔焊不释放，而使线圈过热	1. 调整电源电压 2. 调换线圈或接触器 3. 选择其他合适的接触器 4. 更换线圈，并排除故障 5. 采用特殊设计的线圈 6. 排除卡住现象 7. 清除极面或调换铁芯 8. 调整联锁触点参数及更换烧坏线圈
触点熔焊	1. 操作频率过高或产品过负载使用 2. 负载侧短路 3. 触点弹簧压力过小 4. 触点表面有金属颗粒凸起或异物 5. 操作回路电压过低或机械卡住，致使吸合过程中有停滞现象，触点停顿在刚接触的位置	1. 调整电源电压 2. 排除短路故障，更换触点 3. 调整触点弹簧压力 4. 清理触点表面 5. 提高操作电源电压，排除机械卡住故障，使其吸合可靠

故障现象	可能原因	排除方法
触点过热 或灼伤	1. 触点弹簧压力过小 2. 触点上有油污，或表面高低不平 3. 环境温度过高或使用在密闭的控制箱中 4. 铜触点用于长期工作制 5. 环境温度过高，或工作电流过大，触点的断开容量不够 6. 触点的超程量太小	1. 调高触点弹簧压力 2. 清理触点表面 3. 接触器降容使用 4. 接触器降容使用 5. 调换容量较大的接触器 6. 调整触点超程量或更换触点
触点过度磨损	1. 接触器选用欠妥，在反接制动、有较多的密接操作或操作频率过高时容量不足 2. 三相触点动作不同步 3. 负载侧短路	1. 接触器改用适用于繁重任务的接触器 2. 调整至同步 3. 排除断路故障，更换触点
运转时间短或相间短路	1. 可逆转换的接触器联锁不可靠时，由于误动作，致使两台接触器同时投入运行而造成相间短路，或因接触器动作过快，转换时间短，致使电弧短路 2. 接触器堆积尘埃太多或粘有水汽、油垢使绝缘破坏 3. 灭弧罩破裂，或接触器零部件被电弧烧损而碳化 4. 永久磁铁磁吹接触器的进、出口极性接反，导致电弧反吹	1. 检查电气联锁与机械联锁；在控制线路上加中间环节延长可逆转换时间 2. 经常清扫接触器，保持清洁、干燥 3. 更换灭弧罩，或更换损坏的零部件 4. 改接进、出口极性

3.2.2 交流接触器

交流接触器是一种适用于频繁远距离接通和分断交直流电路及交流电动机的电器，其文字代号和图形符号见图 3-32。常见交流接触器的外形见图 3-33。

KM（带灭弧装置的动合触点）　　KM（不带灭弧装置的动合触点）　　KM（不带灭弧装置的动断触点）　　KM 线圈

图 3-32 常见交流接触器的文字代号和图形符号

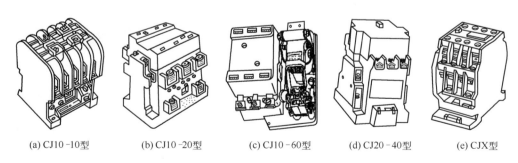

(a) CJ10-10型　　(b) CJ10-20型　　(c) CJ10-60型　　(d) CJ20-40型　　(e) CJX型

图 3-33 常见交流接触器的外形

【用途】　主要用作频繁远距离操作交流电动机的启动、停止、反转、调速，并可与热继电器或其他适当的保护装置组合，保护电动机可能发生的过载或断相，也可用于控制其他电力负载，如：电热器、电照明、电焊机、电容器组等。

【分类】　按负荷种类分，一般为一类（AC1）、二类（AC2）、三类（AC3）和四类（AC4）。

【**工作原理**】 见图 3-34。当线圈通电后，线圈电流产生磁场，在磁力作用下，动静铁芯相互吸引在一起，带动动触点与静舭点（含主触点和辅助触点）闭合或断开，完成合闸。当断开电源时，线圈电磁力消失，动铁芯在复位弹簧的作用下离开静铁芯，回到初始位置，完成跳闸。

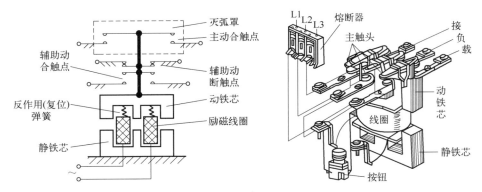

图 3-34 交流接触器的工作原理

【**结构**】 CJ10-40 和 CJ20 的结构见图 3-35。CJ10-40 交流接触器有上下两段结构，上段为热固塑料罩壳，其上固定着辅助触头（点）、主触头和灭弧装置；下段为热塑性塑料底座，其上安装电磁系统和缓冲装置，底座有螺钉固定孔，下部还装有用于 IEC 标准 35mm槽轨的锁扣。

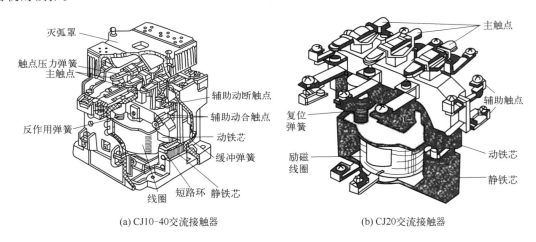

(a) CJ10-40交流接触器　　　　　　　　(b) CJ20交流接触器

图 3-35 交流接触器的结构

① 电磁系统　由线圈、E 形静铁芯和衔（动）铁芯组成，静铁芯头部装有短路环，用于防止交流电流过零时衔铁振动。

② 触头　包括三对主触头和四对辅助触头。主触头由三组桥式动触头和上下两侧三组静触头组成，触头材料为银基合金。静触头、静铁芯、线圈成一体，桥式动触头和衔铁成一体。触头分成常开触头（NO，线圈未通电时处于分断状态）和常闭触头（NC，线圈未通电时处于闭合状态）两类。该接触器四对辅助触头中常开（NO）、常闭（NC）触头数量可任意组合，辅助触头只允许用于电流较小的控制电路中。

③ 灭弧罩　电流 40A 以上的交流接触器中设有灭弧罩，以限制主触头分断时产生电弧，

避免触头烧结或熔焊。

④ 其他零部件　包括反作用弹簧、缓冲弹簧、触点压力弹簧、传动机构和外壳等。

【型号】　识别方法是：

C—————□—————□-—————□—————□
接触器　　J—交流，G—高压　　设计　　主触头　　主触头
　　　　　K—真空，M—灭磁　　序号　　额　定　　数目
　　　　　P—中频，S—时间　　　　　电　流　　(极数，
　　　　　T—通用，Z—直流　　　　　　　　　三极不标)

现在接触器的型号也有用 AC 系列划分的：

① AC-1 类接触器　用来控制无感或微感电路的。

② AC-2 类接触器　用来控制绕线式异步电动机的启动和分断的。

③ AC-3 和 AC-4 接触器　用于频繁控制异步电动机的启动和分断。

【检测】　① 外观检查：整机是否完好无缺，各接线端和螺钉是否完好。

② 用万用表 $R \times 1$ 挡检测各触点的分、合情况是否良好。方法是：用手或旋具同时用力均匀按下动触头（旋具切忌用力过猛，以防触点变形或损坏器件）：

a. 常闭触点：当用万用表表笔分别接触常闭触点的两接线端时 $R = 0$；手动操作后其 $R = \infty$。

b. 常开触点：当用万用表表笔分别接触常开触点的两接线端时 $R = \infty$；手动操作后其 $R = 0$。

③ 用万用表 $R \times 100$ 挡检测接触器线圈直流电阻是否正常（一般 $1.5 \sim 2\text{k}\Omega$）。

④ 检查接触器线圈电压与电源电压是否相符。

【选用原则】　① 类型选择　应根据负载电流的类型和负载的轻重选择。触头数量、种类应满足控制线路要求。

② 主回路触点的额定电流　应大于或等于被控设备的额定电流，控制电动机的接触器还应考虑电动机的启动电流。如果接触器控制的电机启动、制动或正反转频繁，一般将接触器主触头的额定电流降一级使用。此外，主触头的额定电流可根据经验公式计算：

$$I_{e\text{主触头}} \geqslant P_{N\text{电动机}} / [(1 \sim 1.4)U_{N\text{电动机}}] \text{（A）}$$

式中，P_N 为电动机的额定功率；U_N 为电动机的额定电压。

③ 主触头的额定电压　应大于或等于负载的额定电压（接触器铭牌上所标电压系指主触头能承受的额定电压，并非电磁线圈的电压）。

④ 操作频率　当通断电流较大及通断频率过高时，会引起触头严重过热，甚至熔焊。操作频率若超过规定数值，应选用额定电流大一级的接触器。

⑤ 线圈额定电压　接触器的电磁线圈额定电压有 36V、110V、220V、380V 等，电磁线圈允许在额定电压的 $80\% \sim 105\%$ 范围内使用。接触器的电磁线圈电压可直接选用 380V 或 220V。

【安装】　① 安装前先检查线圈的额定电压是否与实际需要相符。

② 一般为垂直安装，对有散热孔者，散热孔应处于上下位置。

③ 安装触头：将触头分别装入罩壳中的指定位置并予以固定，然后取出固定螺钉组合

件分次装入触头的螺钉孔内，用电动旋具拧紧。

④ 安装接线座：将接线座分别装入罩壳的指定位置，再将螺钉分别套入接线座的螺钉孔内，用电动旋具拧紧。

⑤ 安装触头支持件：反转罩壳，将舵头支持件装入罩壳中指定位置，在支持件上装入弹簧4只，再将指定线圈放入，使线圈上的凸缘分别插入各弹簧，将线圈出线头上的插座分别插入接线座的插孔内，取出4只弹簧分别装入线圈的支持孔内。

⑥ 安装磁扎底板：在工作板面上涂少许防锈油，然后把磁扎插入线圈。取出底板在底板的长方座内依次楔入缓冲件，再在底板上装上衬垫。把装好衬垫的底板盖在罩壳上，接着取出组合件螺钉4只，将它们分别套入罩壳螺钉孔内，用电动旋具拧紧。

⑦ 校验：

a. 调同步：调整三相触头，使其不同步不大于0.5。

b. 调主触头超行程（超程）：给吸引线圈通电，使两极面完全重合，用专用塞规测量触头超程。若不合格，用衬垫调整。

c. 调主触头开距：调松停挡两侧螺母并转动停挡，使衔铁完全处在停挡位置。用开距塞规测量触头分开距离，合格后再紧固停挡螺母。

d. 调试接触组：卸下罩壳，用百分表测量接触组内触头的开距和超程。若不合格可通过增减垫圈来调整。

e. 耐压：对接触器进行2500V、1min的耐压试验，应无击穿、闪络现象。

f. 检查：电源电压的85%～110%均应可吸合，接触器释放动作电压为29%～75%。若不合格，则退回返修。

⑧ 运行中检查和维护：同直流接触器。

【故障及排除】 见表3-27。

表3-27 交流接触器常见故障及排除方法

故障现象	可能原因	处理方法
线圈通电后，接触器不动作或动作不正常	1. 线圈供电线路断路 2. 线圈额定电压高于线路电压 3. 线圈损坏 4. 热继电器动作后未复位 5. 触点压力弹簧（触头弹簧）压力或释放弹簧（缓冲弹簧）压力过大 6. 按钮触头或辅助触头接触不良 7. 主触头超程过大 8. 电压过低或波动过大 9. 操作回路电源容量不足或发生断线、接线错误及控制触头接触不良 10. 控制电源电压与线圈电压不符 11. 电源离接触器太远，连接导线太细 12. 产品本身受损（如线圈断线或烧毁、机械可动部分被卡死、转轴歪斜等）	1. 如有断线更换相应导线，如有松脱紧固相应接线端子 2. 更换适当的线圈 3. 用万用表测线圈的电阻，如电阻为+∞，则更换线圈 4. 用万用表电阻挡测热继电器的两个常闭点之间的阻值，如为+∞，则按下热继电器的复位按钮 5. 调整弹簧压力或更换弹簧 6. 清理触头或更换相应触头 7. 调整触头超程 8. 调节电源电压 9. 增加电源容量，纠正、修理控制触头 10. 更换线圈 11. 更换较粗的连接导线 12. 更换线圈，排除卡住故障

故障现象	可能原因	处理方法
线圈断电后，接触器不释放或延时释放	1. 磁系统中柱无气隙，剩磁过大 2. 启用的接触器铁芯表面有油或使用一段时间后有油腻 3. 触头抗熔焊性能差，在启动电动机或线路短路时，大电流使触头焊牢而不能释放，其中以纯银触头较易熔焊 4. 触头熔焊 5. 控制线路接错 6. 触头弹簧压力过大 7. 机械可动部分被卡死，转轴歪斜 8. 反作用弹簧损坏 9. E型铁芯使用时间太长，去磁气隙消失，剩磁增大，使铁芯不释放	1. 将剩磁间隙处的极面锉去一部分，使间隙为0.1～0.3mm，或在线圈两端并联一只0.1μF电容 2. 将铁芯表面防锈油脂擦干净，铁芯表面要求平整，但不宜过光，否则易于造成延时释放 3. 交流接触器的主触头应选用抗熔焊能力强的银基合金，如银铁、银镍等 4. 排除熔焊故障，修或换触头 5. 按控制线路图更正 6. 调整触头参数 7. 排除卡死故障，修理受损零件 8. 更换反作用弹簧 9. 更换铁芯
线圈过热，烧损或损坏	1. 线圈的操作频率和通电持续率超过技术要求 2. 铁芯极面不平或中柱气隙过大 3. 机械损伤，运动部分被卡住 4. 触头接触压力不够或超程太小 5. 线圈制造不良或由于机械损伤、绝缘损坏等 6. 环境温度过高，或空气潮湿或含有腐蚀性气体使线圈绝缘损坏 7. 电源电压过高或过低 8. 线圈技术数据（如额定电压、频率、负载因数及适用工作制等）与实际使用条件不符 9. 交流接触器派生直流操作的双线圈，因常闭联锁触头熔焊不释放而使线圈过热	1. 更换为相应操作频率和通电持续率的线圈 2. 清理极面或调铁芯，更换线圈 3. 修复机械部分，更换线圈 4. 调整或更换触头弹簧，调整触头超程直至更换触头 5. 更换线圈，排除引起线圈机械损伤的故障 6. 更换安装位置，更换线圈 7. 调整电源电压 8. 调换线圈或接触器 9. 调整联锁触头参数及更换烧坏线圈
电磁铁噪声过大	1. 短路环断裂 2. 触头弹簧压力过大，或触头超行程过大 3. 衔铁与机械部分的连接销松，或夹紧螺钉松动 4. 电源电压过低 5. 磁系统歪斜或机械上卡住，使铁芯不能吸平 6. 极面生锈或异物（如油垢、尘埃）黏附铁芯极面 7. 铁芯极面磨损过度而不平	1. 更换短路环或铁芯 2. 调整弹簧触头压力或减小超行程 3. 装好连接销，紧固夹紧螺钉 4. 提高操作回路电压 5. 排除机械卡住故障 6. 清理铁芯极面 7. 更换铁芯
相间短路	1. 接触器堆积灰尘太多或粘有水汽、油垢使绝缘破坏 2. 在仅用电气联锁时，可逆转换接触器的切换时间短于燃弧时间 3. 灭弧罩破裂，或接触器零部件被电弧烧损而碳化 4. 可逆转换的接触器联锁不可靠时，由于误动作，致使两台接触器同时投入运行而造成相间短路，或因接触器动作过快，转换时间短，致使电弧短路	1. 经常清扫接触器，保持清洁、干燥 2. 增加机械联锁 3. 更换灭弧罩，或更换损坏的零部件 4. 检查电气联锁与机械联锁；在控制线路上加中间环节延长可逆转换时间

故障现象	可能原因	处理方法
触头过热 或有熔焊	1. 操作频率过高或超负荷使用 2. 指令不确切,主触头闭合时弹跳次数太多 3. 负载侧短路 4. 工作电流过大或操作频率过高 5. 主触头弹簧压力过小 6. 主触头通断能力不足 7. 铜触头用于长期工作制 8. 环境温度过高或处于密闭箱内 9. 触头、连接板、导线松动 10. 触头表面有金属颗粒凸起或有异物 11. 操作回路电压过低或机械上卡住,致使吸合过程中有停滞现象,触头停顿在刚接触的位置上 12. 有卡绊吸合或断开不到位	1. 调换合适的接触器触头 2. 保证指令确切,增大接触器容量 3. 排除短路故障,更换触头 4. 调换容量较大的接触器 5. 调整触头弹簧压力 6. 使用高一级通断能力的接触器 7. 清理触点氧化层,或在空载下连续分合触头数次,或降低容量使用 8. 接触器降容使用 9. 拧紧相关零件 10. 清理触头表面 11. 提高操作电源电压,排除机械卡住故障,使接触器吸合可靠 12. 消除机械卡绊的原因
短时内触头 过度磨损	1. 接触器选用欠妥,在反接制动、有较多的密接操作或操作频率过高时容量不足 2. 三相触头不同时接触 3. 负载侧短路 4. 接触器不能可靠吸合	1. 接触器降容使用或改用适于繁重任务的接触器 2. 调整至触头同时接触 3. 排除短路故障,更换触头 4. 常见不动作或动作不正常处理办法

3.2.3 真空接触器

(1) 概述

真空接触器是利用真空灭弧室灭弧,可频繁接通和切断正常工作电流的电器 (图 3-36)。

【用途】 真空接触器具有通过正常工作电流和频繁切断工作电流时可靠灭弧两个作用,但不能切断过负荷电流和短路电流。用于远距离接通和断开中、低压频繁启停的 6kV、380V (660V、1140V) 交流电动机。

【分类】 按灭弧室真空度的高低,可分为高压真空接触器和低压真空接触器。

【结构】 真空接触器通常为上下布置方式,由绝缘隔电框架、金属底座、真空泡、绝缘子、触头、限位板、方扣、衔铁、弹簧等部件组成 (图 3-37)。真空灭弧室的外壳用玻璃或陶瓷绝缘材料制成;触头材料一般用铜、锑、铍等合金制成。动触头与外壳下端用波纹管连

图 3-36 真空接触器

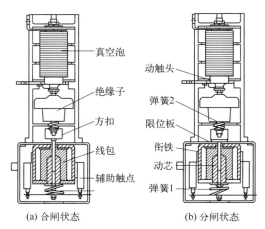

(a) 合闸状态　　(b) 分闸状态

图 3-37 真空接触器的外形和结构

接，可以上下运动又不会漏气。

【工作原理】 ① 合闸过程：当电磁铁得电产生吸力，吸引动芯向上运动，带动芯内螺杆向上移动，螺杆顶部的方扣推动合闸弹簧，继而推动绝缘子和动触头一起向上合闸。与此同时压缩分闸弹簧（分闸弹簧在合闸之前已有一定的压缩量，合闸过程中再次压缩，为分闸进行储能）。

② 分闸过程：当电磁铁失电，磁力吸引消失，动芯在分闸弹簧的反拉力作用下坠落，顺势把动触头向下拉开，分闸完成。

【型号】 识别方法是：

【检测】 真空接触器质量检测前需要断开电源。

① 使用万用表或示波器测量其线圈电阻。如果电阻值为无穷大，说明线圈损坏。

② 使用万用表测量接点电阻。如果电阻值较大，说明接点已经烧坏。

③ 使用万用表或示波器测量接点的开合情况。如果接点无法正常闭合或开启，说明接点已经损坏。

④ 使用绝缘电阻表测量真空接触器的绝缘电阻。如果绝缘电阻值较低，说明绝缘性能已经下降。

⑤ 检查接触器的机械部件是否能正常运转，如弹簧、杆、接点等是否正常，如果有损坏，需要更换。

【选用】 真空接触器的选用必须注意：

① 主回路触点的额定电流 应大于或等于被控设备的额定电流，控制电动机的真空接触器还应考虑电动机的启动电流。为了防止频繁操作的真空接触器主触点烧蚀，频繁动作的真空接触器额定电流可降低使用。

② 电磁线圈额定电压 有 36V、110V、220V、380V 等，电磁线圈允许在额定电压的 80%～105% 范围内使用。

【安装】 ①安装前检查可动衔铁及拉杆的灵活和可靠性；辅助触头应随绝缘摇杆的动作而可靠动作，且触头接触应良好；其真空度应符合说明书要求；两触头间距应符合标准；用 8kV 电压三次检查后应无击穿和闪络现象。

② 根据安装尺寸进行安装，并注意安装面的平整和与水平面的垂直度，螺栓连接处加防松垫圈。

③ 将主回路线接入接触器主回路接线端，控制回路接入控制电源，如有接地时应使接地良好。

④ 装好后，空载动作若干次，动作应轻便，各运动部件无阻滞和松动。

【运行维护】 同直流接触器。

【故障及排除】 见表 3-28。

表 3-28　真空接触器常见故障及排除办法

故障现象	可能原因	排除办法
通电后不动作	1. 线圈供电线断路 2. 线圈本身短路或烧毁 3. 辅助触头接触不良 4. 电源的电压过低 5. 电源的电压不符合 6. 线路接线错误或接线头松脱 7. 控制触点接触不良 8. 熔断器熔体熔断 9. 二极管击穿 10. 开关管损坏	1. 检查线路,找出断开点重接 2. 更换线圈 3. 清理辅助触头或换新的 4. 应测量并提高电源的电压 5. 若铭牌的电压不符合,可改正 6. 核对并纠正接线或紧固螺栓 7. 检查接触电阻,清洁触点 8. 更换熔体 9. 检查并更换二极管 10. 检查开关管是否有负压并更换
接触器误动作	1. 电源电压太低 2. 电源电压不符合 3. 线路接线错误 4. 线圈损坏	1. 提高电源电压 2. 改正电源电压 3. 改正接线 4. 更换线圈
通电后不能完全合闸而有电磁声	1. 控制电路电源电压低于85%额定值 2. 电源模块击穿(属半波整流状态) 3. 主回路触头超程过大 4. 可动部分被卡住	1. 调整电源电压 2. 更换电源模块 3. 调整主回路触头超程 4. 检查互相会卡住的零部件位置
接触器合闸后不能保持	1. 辅助触头常闭触点过早打开 2. 线圈的保持绕组电路断路 3. 线圈保持绕组断路	1. 调整辅助触头常闭触点(接触器在合闸状态,触点开距为1.5~2mm) 2. 检查保持绕组电路 3. 更换线圈
合闸后铁芯噪声过大或发生振动	1. 控制电路电压过低 2. 铁芯极面有污垢或生锈 3. 铁芯固定螺栓松动	1. 调整控制电源电压 2. 清理极面,必要时可修整或更新 3. 将螺栓紧固
接触器合闸动作过于缓慢	1. 铁芯与衔铁之间的间隙过大 2. 线圈电压过低 3. 分闸弹簧作用力过大	1. 调整铁芯与衔铁之间的间隙 2. 调整线圈电压 3. 调整分闸弹簧作用力度
接触器动作快速击穿	辅助开关触点损坏或者不动作	重复地检查并更换辅助开关
线圈温升过高或烧毁	1. 控制电路电压不符 2. 因空气潮湿或腐蚀性气体损坏线圈绝缘 3. 辅助触头常闭触点在接触器合闸后未打开 4. 线没有接好,螺栓松动	1. 检查控制电路电压并调整 2. 更换线圈 3. 调整辅助触头 4. 接好线并紧固螺栓
电源模块击穿	1. 控制电路电压不符 2. 分、合闸频率过快	1. 检查控制电路电压并调整 2. 按使用说明书规定操作
真空开关管表面漏气	开关管表面附有杂物或者水	测量开关管绝缘电阻,清洁开关管外壳
二极管击穿	电源电压不符	改正电源电压

(2) 高压真空接触器

JCZ5-12户外高压真空接触器是利用真空灭弧室灭弧,可频繁接通和切断高压电流的电器。

【用途】　用于交流50/60Hz主回路,额定工作电压为7.2kV、12kV,额定电流为630A以下的电力网络中,供远距离接通和分断及频繁启动和控制交流电动机用,较适宜和熔断器与各种保护装置组合替代真空断路器。

【结构】　由电磁系统、触点系统、灭弧系统及其他部分组成(图3-38)。

① 电磁系统(下部):包括电磁线圈和铁芯,用于带动触点的闭合与断开。

② 触点系统(上部):包括主触点和辅助触点。前者用于接通和分断主回路,控制较大的电流;后者在控制回路中,用于满足各种控制方式的要求。

③ 灭弧系统:灭弧装置一般采用半封式纵缝陶土灭弧罩,并配有强磁吹弧回路。

④ 其他部分:有绝缘外壳、弹簧、短路环和传动机构等。

【工作原理】　① 当电磁线圈通过控制电压时,衔铁带动拐臂转动,使真空灭弧室内主触头接通;电磁线圈断电后,由于分闸弹簧作用,使主触头分断。

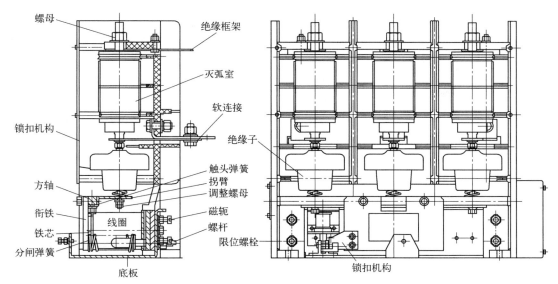

图 3-38 JCZ5-12 户外高压真空接触器

② 真空灭弧室由上封盖、下封盖、金属波纹管和陶瓷管等组成，内封装一对动静触头，当金属波纹管轴向运动时带动动触头做分合闸动作。

③ 电磁系统由启动和维持两绕组组成，通过辅助开关切换。为便于交流电源操作带有桥式整流装置。

④ 当闭合线圈通电时，接触器闭合；机械锁扣锁住；当脱扣线圈通电时，机械锁扣脱扣，接触器释放。

【产品数据】　见表 3-29。

表 3-29　JCZ5-12　户外高压真空接触器的技术数据

项　目		数　据	
主电路	额定工作电压(U_e)/ kV	7.2	12
	额定工作电流(I_e)/A	160、250、400、630	
	额定频率/ Hz	50～60	
	额定关合能力/A	$10I_\mathrm{e}$	
	额定开断能力/A	$8I_\mathrm{e}$	
	额定短时耐受电流/A	$10I_\mathrm{e}$	
	额定峰值耐受电流/A	$25I_\mathrm{e}$	
	额定短路持续时间/s	4	
	工频耐 受电压 相对地	32	42
	真空断口	32	42
	雷电冲击耐受电压	60	75
控制电路	额定电压(U_s)/V	AC 或 DC　110/220	
	额定功率(P_s)电保持/(VA)	≤1000/100(吸合/保持)	
辅助电路	形式	3a＋2b	
	额定值	AC380V/10A，DC380V/2A	
控制电路、辅助电路对工频耐受电压/ kV		2	
额定操作频率	长期/(次/h)	300	
	短期/(次/h)	600	
机械寿命/万次 电寿命/万次		100 25(AC-3)、10(AC-4)	
机械特性	合闸时间/ms	≤200	
	固有分闸时间/ms	≤160	
	三相不同期/ms	≤3	
	合闸弹跳/ms	≤10	

生产商：四川蜀越电气有限公司。

【使用维护】 ① 接触器主回路及控制回路的工作电压、电流应符合规定的额定值，以免造成接触器损坏。

② 对新换的真空灭弧室，7.2kV 规格的应能承受 23kV、1min 的工频耐压试验，12kV 规格的应能承受 42kV、1min 的工频耐压试验（经 3 次试验后，不允许有击穿或连续闪络）。

③ 对在使用中的接触器，真空灭弧室要定期检查（用工频耐压法），7.2kV 的真空管耐压应大于 15kV，12kV 的真空管耐压应大于 25kV。

④ 每年要进行一次例行检查和清洁工作。

⑤ 操作 10 万次后要进行维护。

【故障及排除】 见表 3-30。

表 3-30 户外高压真空接触器常见故障及排除办法

故障现象	产生原因	排除方法
通电后 拒合	1. 供电线路或线圈合闸回路断线 2. 线圈断路 3. 辅助开关常闭触点接触不良 4. 桥式整流桥损坏 5. 有异物卡住衔铁 6. 灭弧室损坏漏气	1. 检查线路，找出断点，重新接好 2. 更换线圈 3. 修理或更换辅助开关 4. 更换整流桥 5. 清除异物 6. 更换灭弧室
接触器无法 保持，呈连击现象 （俗称打击枪）	1. 电源电压过低 2. 保持线圈烧坏或其线路断线 3. 辅助开关触头转换不合理 4. 机械锁扣调整不合理	1. 调整到额定电压 2. 更换线圈或找出断点，重新接好 3. 将辅助开关稍向后移 4. 调整机械锁扣位置
接触器动作 过于缓慢、 不利落	1. 电源电压过低 2. 铁芯紧固螺栓松动 3. 方轴转动不灵活 4. 灭弧室动导电杆与导向间摩擦太大 5. 分闸弹簧反力不合适 6. 拐臂与调整螺母摩擦太大	1. 调整到额定电压 2. 紧固螺栓 3. 在转轴部位注入润滑油 4. 在摩擦部位涂润滑油 5. 调整分闸弹簧反力 6. 涂润滑油
线圈烧坏 性损坏	1. 电压不符 2. 线圈长期受潮或腐蚀性气体侵害 3. 辅助开关常闭触点在接触器合闸后未打开	1. 检查线圈电压，采取相应措施 2. 更换线圈并改善环境 3. 调整辅助开关（向前）或修理触头

3.3 继电器

继电器是一种当输入量达到规定值时，使被控制量发生预定阶跃变化，或使被控电路通、断状态发生变化的自动控制器件。其输入信号可以是电流、电压等电量，也可以是温度、速度、时间、压力等非电量。

【分类】 ①按感受元件反应的物理量，可分为电量的和非电量的两种。

② 按动作原理，可分为电磁型、感应型、整流型和晶体管型。

③ 按反应电量性质，可分为电流继电器和电压继电器。

④ 按作用，可分为中间继电器、时间继电器和信号继电器等。

【型号】 识别方法是：

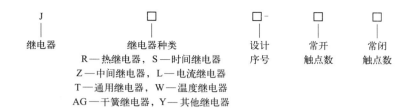

J	□	□-	□	□
继电器	继电器种类	设计序号	常开触点数	常闭触点数

继电器种类
R—热继电器，S—时间继电器
Z—中间继电器，L—电流继电器
T—通用继电器，W—温度继电器
AG—干簧继电器，Y—其他继电器

3.3.1 电磁继电器

电磁继电器是自动控制电路中，用较小的电流、较低的电压去控制较大电流、较高的电压的一种自动开关电器。其文字代号和图形符号见图 3-39。

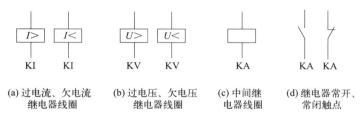

(a) 过电流、欠电流 继电器线圈	(b) 过电压、欠电压 继电器线圈	(c) 中间继 电器线圈	(d) 继电器常开、 常闭触点

图 3-39 电磁继电器的文字代号和图形符号

【用途】 在自动控制电路中起自动调节、安全保护和转换电路等作用。

【分类】 ① 按输出形式可分为有触点和无触点两类。

② 按用途可分为控制用与保护用等。

【工作原理】 电磁铁通电时，吸下衔铁，工作电路闭合。电磁铁断电时失去磁性，弹簧把衔铁拉起，切断工作电路。

【结构】 由电磁系统、触点系统和释放弹簧等组成（图 3-40）。由于控制电路中流过触点的电流比较小（一般 5A 以下），故不需要灭弧装置。

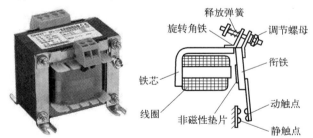

图 3-40 电磁继电器的结构及工作原理

【产品数据】 常用电动机电磁继电器的型号及技术数据见表 3-31。

表 3-31 常用电动机电磁继电器的型号及技术数据

型号	保护功能	动作时间/s	工作电压/V	负载电流或负载功率	触点形式	触点容量	特点
JD-5BHQ-S-J	断相过载	≤2	AC220 AC380 AC660	1～80A 0.5～40kW	1 组常闭 （或 1 组常开， 1 组常闭）	AC220V 3A 阻性	电位器整定，发光二极管（LED）指示
JD-6BHQ-S-C				63～400A 30～200kW			

型号	保护功能	动作时间/s	工作电压/V	负载电流或负载功率	触点形式	触点容量	特点
JD-7CDJ11-80	断相及三相不平衡	≤2	无需外接电源	0.5～5A 5～20A 20～80A	晶闸管输出	AC380V 1A阻性	平面螺钉安装，LED指示或带数码管显示
JD-8CDJ11-80	过载、断相及三相不平衡	≤2		2～5A 4～10A 8～20A 16～40A 32～80A			
JD-9CDJ11-160				32～80A 64～160A			
JD-501	过载、断相及三相不平衡JD-601S还有漏电保护功能	≤2	AC380	1～50A 20～100A	1组常闭	AC380V 3A阻性	LED指示(带S的还有数码管显示)
JD-501S				1～20A 20～50A			
JD-601				10～200A 150～300A		AC380V 5A阻性	
JD-601S				20～100A 100～200A			
BHQ-Y-J	断相	≤2	AC220 AC380	0.5～5A 2～20A	1组转换	AC220V 3A阻性	可导轨安装
BHQ-Y-C				20～80A 10～400kW			平面螺钉安装
XJ2 XJ3-G(N)	断相乱相	≤0.1	AC380 ±38		1组常开 1组常闭	AC250V 3A/5A	装置式安装
XJ5 (XJ3-S)	三相电压不对称						
XJ11 (XJ3-D)	过压、欠压、断相、乱相		AC300～460			AC220V 3A阻性	导轨或底板安装

【检测】 电磁继电器检测有下列几种方法：

① 电阻测量法：用万用表或电阻表测量继电器线圈的电阻值，以判断线圈是否正常。如果线圈开路或短路，电阻值将会非常高或非常低。

② 漏磁测试法：用磁力计或霍尔磁场传感器测量继电器的磁场强度，以判断开关是否正常。如果磁场强度过低，可能是由线圈短路或磁路堵塞引起的。

③ 通断测试法：用直流电源和万用表测试继电器的正常通断状态，以判断继电器是否可以正常开关，是否存在接触不良的问题。

④ 绝缘测试法：用万用表或绝缘电阻测试仪来测试继电器绝缘阻值，以判断继电器是否存在电气绝缘问题。

【选型】 主要包括以下几个方面：

① 电路参数要求：电磁继电器的额定电压、额定电流、继电器寿命等参数，必须符合电路的要求，以免影响电路的安全性和稳定性。

② 负载类型要求：电磁继电器的额定负载类型，必须与实际负载类型相适应，如感性负载、纯阻性负载、电容性负载等。

③ 尺寸要求：根据安装环境和电路要求，选择合适的继电器尺寸，避免因过大或过小

而影响继电器的工作稳定性。

④ 环境要求：根据不同的使用环境，选择合适的电磁继电器，如温度、湿度、防尘防水、耐腐蚀等。

⑤ 安全认证要求：如果需要用于特殊领域或特定应用场合，电磁继电器需要符合相应的安全认证标准，以确保产品的安全性和可靠性。

【故障与排除】 见表 3-32。

表 3-32 电磁继电器的常见故障及排除方法

故障现象	可能原因	排除方法
通电后不闭合	1. 绕圈断线或烧毁 2. 动铁芯或机械部分卡住 3. 转轴生锈或歪斜 4. 操作回路电源容量不足 5. 弹簧反作用力过大	1. 修理或更换线圈 2. 调整零件位置，消除卡住现象 3. 除锈，上润滑油，或更换零件 4. 增加电源容量 5. 调整弹簧压力
通电后衔铁不能完全吸合或吸合不牢	1. 电源电压过低 2. 触头弹簧和释放弹簧压力过大 3. 触头超行程过大 4. 运动部件被卡住 5. 交流铁芯极面不平或严重锈蚀 6. 交流铁芯分磁环断裂	1. 调整电源电压 2. 调整弹簧压力或更换弹簧 3. 调整触头超行程 4. 检查卡住部位，加以调整 5. 修整极面，去锈或更换铁芯 6. 更换铁芯分磁环
线圈过热或烧毁	1. 弹簧的反作用力过大 2. 线圈额定电压、频率或通电持续率等与使用条件不符 3. 操作频率过高 4. 线圈匝间短路 5. 运动部分卡住 6. 环境温度过高 7. 空气潮湿或含腐蚀性气体	1. 调整弹簧压力 2. 更换线圈 3. 更换接触器 4. 更换线圈 5. 排除卡住现象 6. 改变安装位置或采取降温措施 7. 采取防潮、防腐蚀措施
断电后接触器不释放	1. 触头弹簧压力过小 2. 动铁芯或机械部分被卡住 3. 铁芯剩磁过大 4. 触头熔焊在一起 5. 铁芯极面有油污 6. 交流继电器剩磁气隙太小 7. 直流继电器的非磁性垫片磨损严重	1. 调整弹簧压力或更换弹簧 2. 调整零件位置，消除卡住现象 3. 退磁或更换铁芯 4. 修理或更换触头 5. 清理铁芯极面 6. 用细锉将极面锉去 0.1mm 7. 更换新垫片
触头过热或灼伤	1. 触头弹簧压力过小 2. 触头表面有油污或表面高低不平 3. 触头的超行程过小 4. 触头的分断能力不够 5. 环境温度过高或散热不好	1. 调整弹簧压力 2. 清理触头表面 3. 调整超行程或更换触头 4. 更换继电器 5. 改变安装位置或采取降温措施
触头熔焊	1. 触头弹簧压力过小 2. 触头分断能力不够 3. 触头开断次数过多 4. 触头表面有金属颗粒凸起或异物 5. 负载侧短路	1. 调整弹簧压力 2. 更换继电器 3. 更换触头 4. 清理触头表面 5. 排除短路故障，更换触头

3.3.2 电流继电器

电流继电器是一种利用线圈通过电流产生磁场，吸合衔铁控制触点动作，输入量为电流的电器，其文字代号和图形符号见图 3-41。

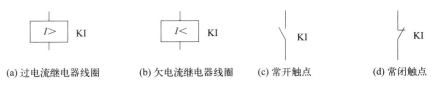

(a) 过电流继电器线圈　　　(b) 欠电流继电器线圈　　　(c) 常开触点　　　　　(d) 常闭触点

图 3-41　电流继电器的文字代号和图形符号

【用途】　主要用于重载或启动频繁的电力系统二次回路继电保护装置线路中，具有自动调节、安全保护、转换电路等作用。

【分类】　① 按结构特点分，有塑壳型和集成电路型。

② 按电流动作分，有过电流继电器和欠电流继电器。

a. 过电流继电器的任务是，当电路发生短路及过流时立即将电路切断，其动作电流整定范围是：交流过流继电器为 $110\% \sim 350\% I_N$，直流过流继电器为 $70\% \sim 300\% I_N$（I_N 为额定电流）。

b. 欠电流继电器的任务是，当电路电流过低时立即将电路切断，其动作电流整定范围是：吸合电流为 $30\% \sim 50\% I_N$，释放电流为 $10\% \sim 20\% I_N$（一般自动复位）。

③ 按工作原理分，有电磁型（DL）、感应型（GL）和静态型（RL）。

④ 按安装方式分，有导轨式和固定式。

⑤ 按时性曲线分，有定时限和反时限电流继电器。

⑥ 按使用特性分，有小型控制类和二次回路保护类。

【工作原理】　继电器电磁线圈串接于主电路中，常闭触头则串接于辅助电路中，当主电路的电流高于允许值时，常闭触头断开，从而切断控制电路。

【型号】　电磁型电流继电器的型号识别方法是：

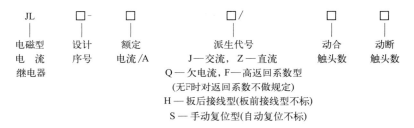

【结构】　一般由铁芯、线圈、衔铁、触点弹簧等组成（图 3-42）。

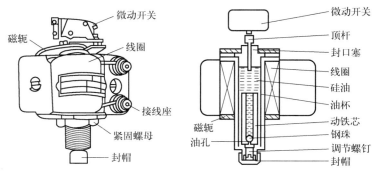

(a) JL12交直流继电器

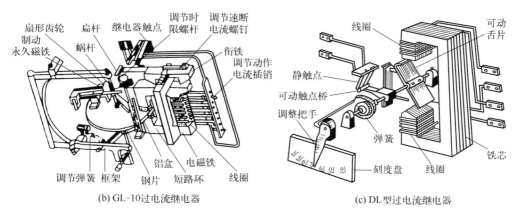

(b) GL-10过电流继电器   (c) DL型过电流继电器

图 3-42　电流继电器的结构

【**产品数据**】　　见表 3-33 至表 3-35。

表 3-33　DL-10 系列电流继电器技术数据

型号	最大整定电流/A	整定电流范围/A	额定工作电流/A		长期允许电流/A		触头组合形式	
			线圈串联	线圈并联	线圈串联	线圈并联	常开	常闭
DL-11 DL-12 DL-13	0.01	0.0025～0.01	0.02	0.01	0.6	1.2	1 0 1	0 1 1
	0.04	0.01～0.04	0.05	0.1	1.5	3		
	0.05	0.0125～0.05	0.08	0.16	2.5	5		
	0.2	0.05～0.2	0.3	0.6	12	24		
	0.6	0.15～0.6	1	2	45	90		
	2	0.5～2	4	8	100	200		
	6	1.5～6	10	20	300	600		
	10	2.5～10						
	20	5～20						
	50	12.5～50						
	100	25～100	20	40	450	900		
	200	50～200						

表 3-34　GL-10（20）系列感应型过电流继电器的型号和技术数据

型号		额定电流/A	整定值		返回系数
			整定电流/A	动作时间[1]/s	
GL-11/10 GL-11/5	GL-21/10 GL-21/5	10 5	4,5,6,7,8,9,10 2,2.5,3,3.5,4,4.5,5	0.5,1,2,3,4	≥0.85
GL-12/10 GL-12/5	GL-22/10 GL-22/5	10 5	4,5,6,7,8,9,10 2,2.5,3,3.5,4,4.5,5	2,4,8,12,16	
GL-13/10 GL-13/5	GL-23/10 GL-23/5	10 5	4,5,6,7,8,9,10 2,2.5,3,3.5,4,4.5,5	2,3,4	
GL-14/10 GL-14/5	GL-24/10 GL-24/5	10 5	4,5,6,7,8,9,10 2,2.5,3,3.5,4,4.5,5	8,12,16	≥0.8
GL-15/10 GL-15/5	GL-25/10 GL-25/5	10 5	4,5,6,7,8,9,10 2,2.5,3,3.5,4,4.5,5	0.5,1,2,3,4	
GL-16/10 GL-16/5	GL-26/10 GL-26/5	10 5	4,5,6,7,8,9,10 2,2.5,3,3.5,4,4.5,5	8,12,16	

注：1. 功率消耗 15VA；

2. 瞬动电流倍数＝电磁元件动作电流/感应元件动作电流＝2～8 倍。

[1] 10 倍动作电流进的动作时间。

表 3-35 　 JL12 交直流继电器的技术数据

额定电压/V	线圈额定电流/A	触头额定发热电流/A
AC380	3、5、10、15、20、30、40、60、75、100、150、200、300	5

注：供绕线转子异步电动机作过电流保护之用。

【检测】 ① 测触点电阻：用万能表电阻挡，测量常闭触点与动点电阻，其阻值应为 0；而常开触点与动点的阻值为 ∞ 。

② 测线圈电阻：可用万能表 $R \times 10$ 挡测量，从而判断该线圈是否存在着开路现象。

③ 测量吸合电压和吸合电流：用可调稳压电源和电流表，输入一组电压，且在供电回路中串入电流表进行监测。慢慢调高电源电压，听到继电器吸合声时，测得吸合电压和吸合电流。

④ 测量释放电压和释放电流：与上述相类似。当继电器发生吸合后，逐渐降低供电电压，当听到再次释放声音时，测得释放电压和释放电流。一般释放电压为吸合电压的 $10\% \sim 50\%$，如果小于 10%，则不能正常使用。

【选用】 ① 过电流继电器线圈的额定电流，一般可按电动机长期工作的额定电流选择，对于频繁启动的电动机，考虑启动电流在继电器中的热效应，额定电流可选大一级。

② 过电流继电器的整定值一般为电动机额定电流的 $1.7 \sim 2$ 倍，频繁启动场合可取 $2.25 \sim 2.5$ 倍。

③ 考虑使用对象：a. 一般用电器，要注意机箱容积。

b. 小型继电器主要考虑电路板安装布局；玩具、遥控装置则应选用超小型产品。

c. 电力保护、二次回路电流继电器，要考虑触点形式（常开点、常闭点和转换点的组数）、辅助电压等级、电流整定范围，以及安装方式（柜内安装、面板开孔式、导轨式）等因素。

【安装】 1. 接线

线圈串接于主电路中，触头系统接于断路器跳闸回路中（图 3-43）。

2. 安装

① 检查额定电流及整定值是否符合实际要求，触点接触是否良好，是否有卡阻现象；铁芯极面不得有油垢。

② 安装方向应利于散热。

③ 保持触头清洁；切勿使螺钉、垫圈落入继电器内部。

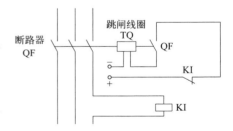

图 3-43 电磁型电流继电器接线图

④ 调整电磁型电流继电器上反力弹簧预紧力，调整好电流整定值。

⑤ 安装后应在触点不通电的情况下，使吸引线圈通电操作几次，检查继电器动作是否可靠。

注意：使用中定期检查各部件有无松动或损坏现象，并保持触点的清洁和可靠；当触头表面因电弧损伤应进行修整。

【故障及排除】 见表 3-36。

表 3-36 电磁型电流继电器的故障及排除

故障现象	可能原因	排除办法
通电后不能动作	1. 线圈断路 2. 线圈额定电压高于电源电压 3. 运动部件被卡住 4. 运动部件歪斜和生锈	1. 更换线圈 2. 更换额定电压合适的线圈 3. 查明卡住地方并加以调整 4. 拆下后重新安装调整及清洗去锈
通电后不能完全闭合或吸合不牢	1. 线圈电源电压过低 2. 运动部件被卡住 3. 触点弹簧或释放弹簧压力过大 4. 交流铁芯极面不平或严重锈蚀 5. 交流铁芯分磁环断裂	1. 调整电源电压或更换额定电压合适的线圈 2. 查明故障处并调整 3. 调整弹簧压力或更换弹簧 4. 修整极面、去除锈蚀或更换铁芯 5. 更换分磁环或更换铁芯
线圈损坏或烧毁	1. 线圈内部断线 2. 线圈在超压或欠压下运行而电压过大 3. 线圈额定电压比其电源电压低 4. 线圈匝间短路 5. 负载电压过大	1. 重绕或更换线圈 2. 检查并调整线圈电源电压 3. 更换额定电压合适线圈 4. 更换线圈 5. 查明原因后对症处理
触点严重烧损	1. 触点积聚尘垢 2. 触点烧损过大,接触面小且接触不良 3. 接触压力太小	1. 清理触点接触面 2. 修整触点接触面或更换新弹簧 3. 调整触点弹簧或更换新弹簧
触点熔焊	1. 闭合过程中振动过烈或发生多次振动 2. 接触压力太小 3. 接触面上有金属颗粒凸起或异物	1. 查明原因,采取相应措施 2. 调整或更换弹簧 3. 清理触点接触面
线圈断电后仍不释放	1. 释放弹簧反力太小 2. 极面残留黏性油脂 3. 运动部件被卡住 4. 触点熔焊	1. 更换合适的弹簧 2. 揩净极面 3. 查明原因并对症处理 4. 撬开熔焊触点并更换

3.3.3 电压继电器

电压继电器是一种利用线圈通过电流产生磁场，吸合衔铁控制触点动作，输入量为电压，可以用较小的电流去控制较大电流的一种"自动开关"，在电路中起着自动调节、安全保护、转换电路等作用，其线圈并联在被测量的电路中，根据线圈两端电压的大小而接通或断开电路。其文字代号为 KV，图形符号见图 3-44。

(a) 过电压继电器线圈   (b) 欠电压继电器线圈   (c) 常开触点   (d) 常闭触点

图 3-44 电压继电器的文字代号和图形符号

【**用途**】   主要用于发电机、变压器和输电线的继电保护装置中，作为过电压保护或低电压闭锁的启动元件。

【**分类**】   按结构分，有塑壳型和集成电路型；按电压高低分，有过电压继电器、欠电压继电器和零电压继电器（其动作电压分别为额定电压的 $110\% \sim 115\%$、$40\% \sim 70\%$ 和 $5\% \sim 25\%$）。

【**结构**】   由动静触头、弹簧、舌片、铁芯、气隙和绕组等组成（图 3-45）。

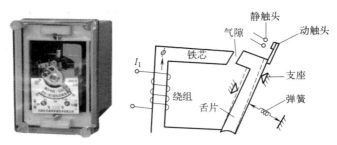

图 3-45 电磁型电压继电器的外形和结构

【型号】 识别方法是：

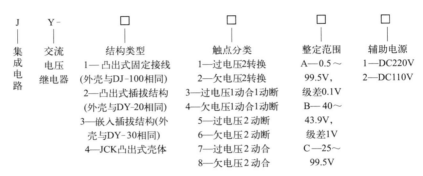

【工作原理】 当电压达到整定值时，铁芯将舌片吸合，继电器动作，触点闭合或断开，控制电路通断。后者由电压形成回路、整流滤波回路、比较回路、执行回路和输出回路组成。

过电压继电器的电磁线圈，与所要保护电路中电压检测点并联。正常电压时，继电器不动作，动断触点（常闭触点）闭合，动合触点（常开触点）断开。根据具体电路用途的不同，继电器的触点使用也不同。常闭触点可以串接在作为跳闸保护的失电保护电器的线圈回路，一旦过电压，常闭触点断开，保护电器线圈失电，跳闸保护。常开触点则可接报警回路（串联），过电压时，常开触点闭合，报警回路接通，发出报警信号。

欠电压继电器的电磁线圈，与被保护或检测电路并联，辅助触点接在控制电路中。电路正常工作时常开触点闭合，而当电压低至其设定值时，由于电磁系统产生的电磁力会减小，在复位弹簧的作用下，常开触点断开，常闭触点吸合，从而使控制电路断电，进而控制主电路断电，保护电器在低压下不被损坏。

【检测】 常用的方法有：

① 测试电压继电器的电阻、电感、电容、绝缘电阻等电气参数，判断继电器的性能是否正常。例如测得电阻过大或电感值偏小，就可能存在继电器线圈绕组开路或短路的问题。

② 观察继电器的操作状态，判断是否正常工作。例如，如果频繁断电或者无法正常工作，可能是由于线圈与触点接触不良或触点接点氧化等原因。

③ 利用温度测试仪或红外线测温仪等设备，检测继电器的温度变化。如果继电器的温度超过规定范围，就可能存在过载、短路等问题。

④ 看继电器的实际工作是否能够正确断开和闭合电路。如果无法准确地断开或闭合电路，可能存在接触不良、触点磨损等问题。

⑤ 对继电器的触点、线圈等各个组件进行检查，判断出哪些部件存在问题。

【选用】　主要考虑触点负载切换能力、环境条件和物理性能参数等方面。

① 必要的条件：主要根据继电器线圈的额定电压、触头的数目和种类进行。

继电器的额定工作电压一般应小于或等于其控制电路的工作电压。

同一种型号的继电器，通常有多种接点的形式可供选用（电磁型电压继电器有单组接点、双组接点、多组接点及常开式接点、常闭式接点等），应选用适合应用电路的接点类型。所选继电器的接点负荷应高于其接点所控制电路的最高电压和最大电流，否则会烧毁继电器接点。

② 确定使用条件后，选择继电器的型号和规格号。

③ 线圈的额定工作电流：用晶体管或集成电路驱动的直流电磁型电压继电器，其线圈额定工作电流（一般为吸合电流的 2 倍）应在驱动电路的输出电流范围之内。

④ 注意器具的容积。对一般用电器，除考虑机箱容积外，小型继电器还要考虑电路板安装布局；对于小型电器（如玩具、遥控装置）则应选用超小型继电器。

【安装】　① 准备工作：a. 先检查电压继电器线圈的电压是否与保护电路电压相符，然后检查触点接触是否良好，是否有卡阻现象。最后检查铁芯极面，避免油垢黏滞造成断电不能释放的故障。b. 电磁型电压继电器的触头应保持清洁，不允许涂油；当触头表面因电弧损伤应进行修缮。

② 接线：将电磁型电压继电器线圈并接于主电路中，触头系统接于断路器跳闸回路（图3-46）。

③ 调整电磁型电压继电器上反力弹簧预紧力的大小，实现对电压整定值大小的调整。

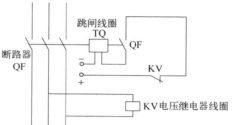

图 3-46　电磁型电压继电器的接线

注意事项：①安装时应注意安装方向，以利于散热。

②安装时切勿让螺钉、垫圈落入继电器内部，避免造成机械卡阻。

【故障和排除】　见表 3-37。

表 3-37　电磁型电压继电器常见故障和解决办法

故障现象	可能原因	解决办法
通电后不能动作	1. 线圈断路 2. 线圈额定电压高于电源电压 3. 运动部件被卡住 4. 运动部件歪斜和生锈	1. 更换线圈 2. 更换额定电压合适的线圈 3. 查明卡住地方加以调整 4. 拆下后重新安装调整及清洗去锈
通电后不能完全闭合或吸合不牢	1. 线圈电源电压过低 2. 运动部件被卡住 3. 触点弹簧或释放弹簧压力过大 4. 交流铁芯极面严重锈蚀 5. 交流铁芯分磁环断裂	1. 调整电源电压或更换额定电压合适的线圈 2. 查明卡住地方并加以调整 3. 调整弹簧压力或更换弹簧 4. 修整极面及去除锈蚀或更换铁芯 5. 更换分磁环或更换铁芯
线圈断电后仍不释放	1. 释放弹簧反力太小 2. 极面残留黏性油脂 3. 运动部件被卡住 4. 触点已熔焊	1. 换上合适的弹簧 2. 将极面揩拭干净 3. 查明原因后做适当处理 4. 撬开已熔焊的触点并更换新的

故障现象	可能原因	解决办法
线圈损坏或烧毁	1. 空气中含粉尘、油污、水蒸气和腐蚀性气体,以致绝缘损坏 2. 线圈内部断线 3. 线圈在超压或欠压下运行而电压过大 4. 线圈额定电压低于其电路电压 5. 线圈匝间短路	1. 更换线圈,必要时还要涂覆特殊绝缘油 2. 重绕或更换线圈 3. 检查并调整线圈电源电压 4. 更换额定电压合适线圈 5. 更换线圈
触点严重烧损	1. 负载电压过大 2. 触点积聚尘垢 3. 触点烧损过大,接触面小且接触不良 4. 接触压力太小	1. 查明原因,采取适当措施 2. 清理触点接触面 3. 修整触点接触面或更换新弹簧 4. 调整触点弹簧或更换新弹簧
触点发生熔焊	1. 闭合过程中振动过烈或发生多次振动 2. 接触压力太小 3. 接触面上有金属颗粒凸起或异物	1. 查明原因,采取相应措施 2. 调整或更换弹簧 3. 清理触点接触面

3.3.4 中间继电器

中间继电器是用于继电保护与自动控制系统中,以增加触点的数量及容量,还被用于在控制电路中传递中间信号的电器。由于它的触头都是辅助触头（一般没有主触点）,只能通过小电流,数量比较多,所以只能用于控制电路中。一般是直流电源供电（少数使用交流）。其文字代号和图形符号见图3-47。

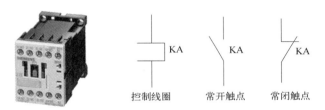

控制线圈　　　常开触点　　　常闭触点

图 3-47 JZ7中间继电器的外形和图形符号

【用途】 将电力系统二次回路中一个输入信号（线圈的通、断）,变成一个或多个输出信号（触头动作）。具体来说,可以代替小型接触器、增加接点数量/容量、转换接点类型、用作开关、转换电压、消除电路中的干扰等。当主电路的电流不超过5A时,也可用来代替接触器开闭主电路,实现主电路的自动控制。

【分类】 ① 按安装方式,可分为凸出式和嵌入式。

② 按接线方式,可分为前接线和后接线。

③ 按结构形式,可分为插入式和非插入式。

④ 按用途,可分为控制中间继电器和保护中间继电器。

⑤ 按输入量的物理性质,可分为电磁式中间继电器和机械式中间继电器。

⑥ 按执行机构的种类,可分为有触点中间继电器和无触点中间继电器。

⑦ 按作用不同,可分为电流中间继电器、电压中间继电器、时间中间继电器、压力中间继电器。

⑧ 按输入电流性质不同,可分为直流中间继电器和交流中间继电器。

⑨ 按工作方式,可分为普通中间继电器、保持中间继电器、快速中间继电器和延时中

间继电器（有延时动作和延时返回两种）4 类，其功能见表 3-38，额定参数见表 3-39。

表 3-38 中间继电器的功能

种类	功 能
普通中间继电器	增加前一级继电器的触点对数
保持中间继电器	增加前一级继电器的触点对数、触点容量或转换电路，并在工作绕组断电后，仍能保持其动作状态
快速中间继电器	增加前一级继电器的触点对数、触点容量或转换电路，适合用作跳闸继电器
延时中间继电器	延迟动作时间或返回时间，并增加前一级继电器的触点对数、触点容量或转换电路

表 3-39 中间继电器的额定参数（JB/T 3777~3780—2002）

名称	额定参数	额定值	额定频率
普通中间继电器	额定直流工作电压 额定直流工作电流 额定交流有效电压 额定交流有效电流	6V、12V、24V、48V、110V、220V 0.25A、0.5A、1A、2A、4A、8A 12V、36V、100V、127V、220V 0.5A、1A、2A、5A	50Hz 60Hz
保持中间继电器	额定直流工作电压 额定直流工作电流 额定保持电压值 额定保持电流值	12V、24V、48V、110V、220V 0.25A、0.5A、1A、2A、4A、8A 12V、24V、48V、110V、220V 0.25A、0.5A、1A、2A、4A、8A	
快速中间继电器	额定直流工作电压 额定直流工作电流 额定保持电压值 额定保持电流值	6V、12V、24V、48V、110V、220V 0.25A、0.5V、1A、2A、4A、8A 6V、12V、24V、48V、110V、220V 0.25A、0.5A、1A、2A、4A、8A	
延时中间继电器	额定直流工作电压 额定直流工作电流	12V、24V、48V、110V、220V 0.25A、0.5A、1A、2A、4A、6A	

【结构】 中间继电器的结构（图 3-48）和原理与交流接触器基本相同，是由电磁系统（静铁芯、动铁芯、线圈）、触点系统（动触点、静触点、接线端子）、复位弹簧和外壳组成。

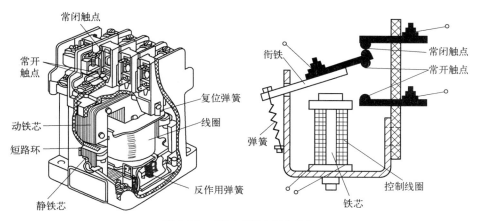

图 3-48 JZ7 中间继电器的结构

【工作原理】 当一个按钮导通后，电流流过继电器，其电磁线圈产生磁力并开始吸合触头，使常闭触点分开，常开触点闭合；线圈断电后，动铁芯在弹簧的作用下带动动触点复位。

【型号】 形式不同，其识别方法也有所不同：

1. 电磁式中间继电器

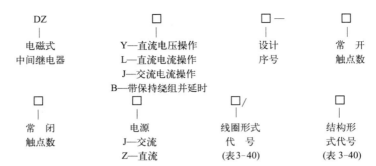

表 3-40 继电器的线圈和结构形式代号

代号	线圈形式	代号	结构形式代号
无	一般单线圈	1	敞开板前安装
		2	带外罩板后安装
S	带保护线圈	3	带外罩板前安装
		4	带外罩和接线底座
P	带电磁复位线圈	5	带外罩和插接式底座

2. 小型和功率型中间继电器

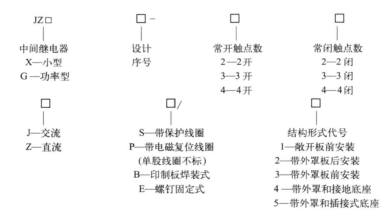

注：有必要时后面加形式特点代号：F—带浪涌抑制回路，L—带动作指示灯，FL—带浪涌抑制回路及动作指示灯（标准型不标）。

【产品数据】 见表 3-41 和表 3-42。

表 3-41 JZ 系列中间继电器的技术数据（Ⅰ）

型号	触头参数						操作频率 /(次/h)	线圈消耗功率 /VA	动作时间 /s	线圈电压（交流）/V
	常开	常闭	电压 /V	电流 /A	分断电流/A	闭合电流/A				
JZ7-44	4	4	380①	5	2.5	13	1200	12	—	12,24,36,48,110,127,220,380,420,440,500
JZ7-62	6	2	220①		3.5	18				
JZ7-80	8	0	127①		4	20				
JZ8-□□J/□Z	6	2	500		1	10	2000	10	0.05	110,127,220,380
	4	4	380		1.2	12				

① 直流。

表 3-42　JZ 系列中间继电器的技术数据（Ⅱ）

| 型号 | 额定工作电压/V | 约定发热电流/A | 触头 | | 额定操作频率/(次/h) | 额定控制容量 | | 吸引线圈电压/V | 线圈消耗功率/(VA) |
			开	闭		AC/(VA)	DC/W		
JZ7-22	AC	5	2	2	1200	300	33	～50Hz	启动:75 吸持:13
JZ7-41	380		4	1					
JZ7-42			4	2				127	
JZ7-44			4	4				220	
JZ7-53	DC		5	3				380	
JZ7-62	220		6	2					
JZ7-80			8	0					

生产商：上海约瑟电器有限公司。

【检测】　中间继电器电气部分由线圈和触点组成，两者检测均使用万用表的电阻挡。

① 控制线圈未通电时检测触点。触点包括常开触点和常闭触点，在控制线圈未通电的情况下，常开触点处于断开，电阻为无穷大，常闭触点处于闭合，电阻接近 0Ω。

② 控制线圈通电后检测触点。给中间继电器的控制线圈施加额定电压，再用万用表检测常开、常闭触点的电阻。正常常开触点应处于闭合，电阻接近 0Ω；常闭触点处于断开，电阻为 ∞。

③ 检测控制线圈。中间继电器控制线圈的检测，一般触点的额定电流越大，控制线圈的电阻越小（线径更粗），才能产生更强的磁场吸合触点。

【选型】　其原则主要是依据被控制电路的电压等级、所需极数、种类、容量和安装方式等。

① 控制电压　一般继电器给出的都是额定控制电压（在其 70%～80% 可以确保继电器动作，在其 15% 以下就可以确保复位），如果控制回路有漏电压，需要考虑这个因素。

② 触点结构　常见的触点结构是单刀双掷结构，即 1 常开 1 常闭组成一组（1 极），在选型中必须要明确需要用到极数。

③ 触点容量或者负载容量　在选择的时候要给出负载电压和负载电流，以便更好地选择继电器。另外也要注意负载类型（如灯负载，容性负载，阻性负载，电机负载，电感器、接触器线圈负载，等）。切换的实际负载与所选用继电器规定的切换负载要一致。

④ 安装方式　因为中间继电器一般是不直接配底座的，而选型的时候选好继电器就需要确认底座型号（工控环境下使用的多为导轨安装方式，其他还有印刷电路板焊接底座、背面连接底座）。

⑤ 环境作用要素　装置关键部位必须选用具有高绝缘、强抗电性能的全密封（金属罩或塑封）型产品。

⑥ 机械作用要素　应考虑抗地震、抗机械应力，宜选用采用平衡衔铁机构的小型中间继电器。

⑦ 激励线圈输入参量　主要是指过激励、欠激励、低压激励与高压（220 V）输出隔离、温度变化影响、远距离有线激励、电磁干扰激励等参量。

【安装】　①实际使用时一般都要加上底座，以便快速安装在导轨上，并能够把继电器的线圈和触点的接点引出到底座的快速连接柱上。

② 接线：图 3-49 是欧姆龙 MY4NJ HH54P 中间继电器的接线图。上面有四组常开和常闭触点组：（1、5、9），（2、6、10），（3、7、11），（4、8、12），其中 9、10、11、12 为公

共端，1-9、2-10、3-11、4-12 为常闭触点，5-9、6-10、7-11、8-12 为常开触点。13、14 是接电源的线圈。

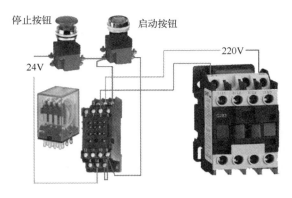

图 3-49 欧姆龙 MY4NJ HH54P 中间继电器的接线

【运行和维护】　1. 外部维护

① 保持清洁，经常清扫外部灰尘。

② 检查各紧固件是否紧固，防止接触松动而发热。

2. 触点系统维护

① 检查各触点的接触是否良好，动作是否灵活，位置是否正确，触点的压力、超程和开距是否符合规定。发现问题时，应及时修理或更换。

② 检查衔铁与铁芯接触是否紧密，应及时清除接触处的尘埃和污垢。

③ 测量相间绝缘电阻，阻值不低于 10MΩ。

【故障及排除】　由于中间继电器的结构与接触器基本相同，故其常见故障也基本相似，见表 3-43。

表 3-43　中间继电器常见故障和解决方法

故障现象	可能原因	解决办法
通电后不能动作	1. 线圈断路 2. 线圈额定电压高于电源电压 3. 运动部件被卡住 4. 运动部件歪斜和生锈	1. 更换线圈 2. 更换额定电压合适的线圈 3. 查明卡住地方并加以调整 4. 拆下后重新安装调整及清洗去锈
通电后不能完全闭合或吸合不牢	1. 线圈电源电压过低 2. 运动部件被卡住 3. 触点弹簧或释放弹簧压力过大 4. 交流铁芯极面不平或严重锈蚀 5. 交流铁芯分磁环断裂	1. 调整电源电压或更换额定电压合适的线圈 2. 查明卡住地方并加以调整 3. 调整弹簧压力或更换弹簧 4. 修整极面及去除锈蚀或更换铁芯 5. 更换分磁环或更换铁芯
线圈断电后仍不释放	1. 释放弹簧反力太小 2. 极面残留黏性油脂 3. 运动部件被卡住 4. 触点已熔焊	1. 换上合适的弹簧 2. 将极面揩试干净 3. 查明原因后作适当处理 4. 撬开已熔焊的触点并更换新触点
线圈损坏或烧毁	1. 空气中含粉尘、油污、水蒸气和腐蚀性气体，以致绝缘损坏 2. 线圈内部断线 3. 线圈在超压或欠压下运行而电压过大 4. 线圈额定电压比其电源电压低 5. 线圈匝间短路	1. 更换线圈，必要时还要涂覆特殊绝缘漆 2. 重绕或更换线圈 3. 检查并调整线圈电源电压 4. 更换额定电压合适线圈 5. 更换线圈
触点严重烧损	1. 负载电压过大 2. 触点积聚尘垢 3. 触点烧损过大，接触面小且接触不良 4. 接触压力太小	1. 查明原因，并采取适当措施 2. 清理触点接触面 3. 修整触点接触面或更换新弹簧 4. 调整触点弹簧或更换新弹簧
触点发生熔焊	1. 闭合过程中振动过烈或发生多次振动 2. 接触压力太小 3. 接触面上有金属颗粒凸起或异物	1. 查明原因，采取相应措施 2. 调整或更换弹簧 3. 清理触点接触面

中间继电器的触头容易产生虚接故障，常发生在电气控制的工作期间，不易判断。一旦发生，便可能造成重大事故。消除故障的最好办法是：

① 尽量避免采用 12V 及以下的低电压作为控制电压，以免发生触头虚接故障。

② 控制回路采用 24V 作控制电压时，应采用并联型触头，以提高其工作可靠性。

③ 控制回路必须用低压控制时，最好采用 48V。

④ 控制回路最好采用 110V 及以上电压作为额定控制电压，以防止触头的虚接。

3.3.5 时间继电器

时间继电器是指利用电磁或机械原理，在施加输入动作信号后，输出电路才按照预定时间，接通或分断电路的一种继电器。其文字符号是 KT，图形符号见图 3-50。

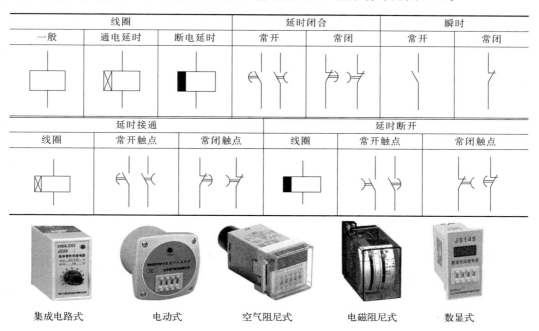

图 3-50 时间继电器的图形符号和种类

【用途】 在较低的电压或较小电流的电路上，以一定延时的方式，接通或切断较高电压、较大电流的电路。

【分类】 ① 按结构形式分有集成电路式、电动（电动机）式、空气阻尼式、电磁阻尼式和数显式五种（图 3-50）。

② 按形式分类，见表 3-44。

表 3-44 时间继电器的形式分类（JB/T 3702—1997）

分类方法	分 类	额定参数
构成原理	机电型、静态型	
输入激励量性质	直流时间继电器、交流时间继电器	
安装方式	嵌入式、凸	1. 交流电压额定值：100V，110V，220V，380V
接线方式	后接线、前接线	2. 频率额定值：50Hz，60Hz
结构形式	非插入式、插入式	3. 直流电压额定值：12V，24V，48V，110V，220V
工作制	长期工作制、短期工作制	
是否带指示器	带动作指示器、不带动作指示器	
延时方式	1. 通电后延时动作，断电后瞬时返回 2. 通电瞬时动作，断电后延时返回 3. 通电后延时动作，断电后延时返回	

【检测】 检测时间继电器质量的好坏，有以下 4 个步骤：

① 外观检查：看整机是否完好无缺，各接线端和螺钉是否完好。

② 用万用表 $R \times 10$ 挡检测各触点的分、合情况是否良好。方法是：手动闭合时间继电器线圈，用万用表 $R \times 10$ 挡检测延时触头和瞬时触头闭合和断开情况，延时闭合常开触头当线圈吸合后过 3s 左右触点闭合电阻由无穷大变为零；延时断开常闭触头当线圈吸合后过 3s 左右触点断开电阻由零变为无穷大。

③ 用万用表 $R \times 100$ 挡检测时间继电器线圈直流电阻是否正常（一般 $1.5 \sim 2k\Omega$ 左右）。

④ 检查时间继电器线圈电压与电源电压是否相符。

【选用】 时间继电器选用原则是：

① 对于延时要求不高的场合，一般选用电磁阻尼式或空气阻尼式时间继电器；否则，可选用电动式或电子（集成电路）式时间继电器。

② 对于电磁阻尼式和空气阻尼式时间继电器，其线圈电流种类和电压等级应与控制电路相同；对于电动式和电子式时间继电器，其电源的电流种类和电压等级应与控制电路相同。

③ 按控制电路要求，选择通电延时型或断电延时型以及触头延时型（是延时闭合还是延时断开）和数量，最后考虑操作频率是否符合要求。

④ 根据受控电路的电压来选择时间继电器吸引绕组的电压。

⑤ 校核触点数量和容量（若不够时，可用中间继电器进行扩展）。

具体可参照表 3-45。

表 3-45 时间继电器的选用

类别			延时范围	精度/%	环境温度/℃	参考型号	注
电磁式			10ms~2s	±10	−20~40	JRB、JR-2	
机械式	钟表式		0.1~10s	±2	−20~40	DS-110、DS-120	
	电动机式		0.5s~数 h	±2	−10~40	JS-10、JS-11	直流产品生产困难
电子式	闸流管式		10ms~600s	±4	−10~50		
	晶体管式	阻容式	10ms~60s	±5	−20~50	JS-12、JSB-3	
		计数式	1~999s	±1	0~40	JSSB	
电热式	热敏电阻式		0.5~100s				
	双金属片式		1~200s	±10	−55~85	JF-7F、JE-10M	
阻尼式	空气阻尼式		0.4~180s	±10		JS-7、JSK-1	
	水银式		0.25~20s			JSS	

【安装】 继电器的安装原则是：

① 核对继电器的额定电压与电源电压是否相符；对于直流型继电器，还要注意电源的极性。

② 按说明书规定的方向安装；按接线端子图接线。

③ 不通电时整定好时间继电器的整定值。通电延时型和断电延时型可在整定时间内自行调换。

④ 金属底板上的接地螺钉，必须与接地线可靠连接。

注意：使用中应经常清除灰尘及油污。

【故障及排除】 常见故障及排除方法见表 3-46。

表 3-46　时间继电器常见故障及排除方法

类型		可能原因	排除方法
延时触头 不动作		1. 电磁线圈断裂 2. 电源电压远远低于线圈额定电压 3. 同步电动机线圈断电 4. 继电器棘爪无弹性，不能刹住棘齿 5. 游丝断裂	1. 更换线圈 2. 更换线圈或调高电源电压 3. 调换同步电动机 4. 调换棘爪 5. 调换断裂游丝
延时 不准确	空气 阻尼式	1. 空气室装配不严，漏气 2. 空气室内部不清洁，灰尘进入空气通道，造成气道阻塞 3. 空气室中橡胶膜破损或使用日久橡胶膜变质老化 4. 使用环境恶劣，使橡胶膜过早老化 5. 安装方向不对，造成空气室工作状态改变	1. 拆开重装，保证空气室密封；平时维修时不要随意拆开空气室 2. 拆开空气室，清除灰尘，重新装配，装配时必须拧紧螺钉 3. 更换橡胶膜，拆装时注意不可使橡胶膜受损 4. 改善环境条件，更换橡胶膜 5. 不能倒装或水平安装
	晶体管式	1. 调节延时的电位器因使用日久，灰尘、油污进入其内，且碳膜磨损 2. 晶体管、稳压管、电容器等元器件损坏、老化 3. 电路板上的电子元器件虚焊 4. 电路板插头与插座接触不良	1. 用少量汽油或高纯酒精沿电位器旋柄或拆开电位器滴入，反复转动旋柄，清洁碳膜；磨损严重的电位器需更换 2. 将元器件的一只脚从电路板上断开测量，不良者更换 3. 检查并重新焊牢 4. 使插头与插座接触紧密
	钟表式	1. 机构故障 2. 拆装时将灰尘、杂物带入钟表机构内 3. 插头与插座接触不良	1. 清洁并加注润滑油，然后检修 2. 检修钟表机构时必须保持清洁，操作要小心，也不要碰伤机构零件 3. 使插头与插座接触紧密
	数显式	1. 同晶体管式时间继电器的 4 项 2. 数显故障，如集成电路引脚虚焊、元器件损坏、引线断线、显示器进水等 3. 使用环境恶劣	1. 同晶体管式时间继电器的 4 项 2. 检修或报废 3. 改善环境条件

现按结构形式分类，介绍各种时间继电器。

（1）集成电路式时间继电器

以 JS20 系列时间继电器为例。其外部具有保护外壳，内部结构采用印刷电路组件，安装和接线采用专用的插接座，并配有带插脚标记的下标牌作接线指示，上标盘上还带有发光二极管作为动作指示。输出形式有两种：有触点式和无触点式，前者是用晶体管驱动小型磁式继电器，后者是采用晶体管或晶闸管输出。

【型号】 识别方法是：

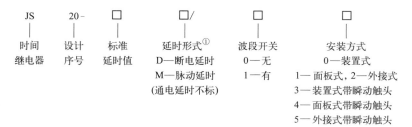

也有的采用如下形式：1—通电延时，2—通电延时及有瞬时动作，3—断电延时，4—断电延时及有瞬时动作。

【**工作原理**】　电源接通后，经整流滤波和稳压后的直流电，经过 RP1 和 R2 向电容 C2 充电。当场效应管 V6 的栅源电压 U_{gs} 低于夹断电压 U_p 时，V6 截止，因而 V7、V8 也处于截止状态。随着充电的不断进行，电容 C2 的电位按指数规律上升，当满足 U_{gs} 高于 U_p 时，V6、V7、V8 导通，继电器 KA 吸合，输出延时信号。同时电容 C2 通过 R8 和 KA 的常开触头放电，为下次动作做好准备。当切断电源时，继电器 KA 释放，电路恢复原始状态，等待下次动作（图 3-51）。调节 RP1 和 RP2 即可调整延时时间。

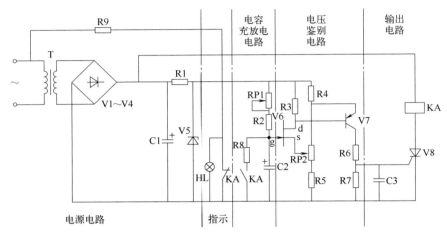

图 3-51　JS20 时间继电器的电路原理图

【**产品数据**】　见表 3-47。

表 3-47　JS20 时间继电器的产品数据

型号	结构形式	延时整定元件位置	延时范围/s	延时触头数量				不延时触头数量		工作电压/V		功率损耗/W	机械寿命/万次
				通电延时		断电延时							
				常开	常闭	常开	常闭	常开	常闭	交流	直流		
JS20-□/00 JS20-□/01 JS20-□/02	装置式 面板式 装置式	内接 内接 外接	0.1~300	2	2	—	—	—	—				
JS20-□/03 JS20-□/04 JS20-□/05	装置式 面板式 装置式	内接 内接 外接		1	1								
JS20-□/10 JS20-□/11 JS20-□/12	装置式 面板式 装置式	内接 内接 外接	0.1~360	2	2	—	—	—	—	36 110 127 220 380	24 48 110	≤5	1000
JS20-□/13 JS20-□/14 JS20-□/15	装置式 面板式 装置式	内接 内接 外接		1	1	—	—	1	1				
JS20-□/00 JS20-□/01 JS20-□/02	装置式 面板式 装置式	内接 内接 外接	0.1~180	—	—	1	1	—	—				

（2）**电动式时间继电器**

以德国西门子公司制造技术生产的 7PR 系列电动式时间继电器（图 3-52）为例。

【**结构**】　由微型同步电动机、减速齿轮组、差动齿轮、离合电磁铁、触头系统、脱扣机构、凸轮和复位游丝和整定装置等组成。

它具有延时范围大、延时精度高、延时时间有指针指示的优点，但缺点是机械结构复杂、不适于频繁操作，且价格较高、延时误差受电源频率的影响较大。

【工作原理】 选择好延时时间（一格是 5s，比如设定 15s，则旋转旋钮 3 格）后，微型同步电动机拖动减速机构，经传动机构获得触点延时动作的时间，然后接通电源。电源通过触头接通电动机，电动机运转，通过齿轮传递给大齿轮。运转一定的圈数后，限位杆就顶开触头而断开电动机电源，达到规定时间停止运转。

【型号】 识别方法是：

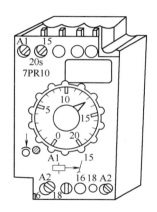

图 3-52 7PR10 时间继电器

```
7PR    □      □      □      □      □      □
基本   结构   延时   触头   电源电压  电源频率  同步电动机与离合
型号  40—单量程  整定   种类   H—110～220V  0—50Hz  器线圈接线方式
     41—多量程  范围/s  和数据  K—120～270V  1—60Hz  0—串联，1—并联
            （表3-48）（表3-49）M—220V            （只用于220V）
```

表 3-48　7PR40 触头延时整定范围

挡位		1	2	3	4	5	6
延时整定范围	7PR4040	0.15～6s	1.5～60s	0.15～60min	1.5～60min	0.15～6h	1.5～60h
	7PR4140	—	—	—	—	—	0.15s～60h

表 3-49　7PR40 触头种类和数据

继电器触头种类		7PR4040(F)	7PR4041(P)
延时动作触头数量	常开	1	2
	常闭	1	1
瞬时动作触头数量	常开	1	1
	常闭	1	—

【产品数据】 见表 3-50。

表 3-50　7PR40 系列时间继电器的技术数据

项目		7PR4040	7PR4140
额定绝缘电压/V		250	
额定发热电流/A		5	
额定工作电流/A	220VAC	3	
	220VDC	0.1	
额定操作电压/V		110～120,120～127,220	
操作频率/(次/h)		2500	
重复误差/%	1、2 挡位	±1	
	3、4 挡位	±0.4	
	5、6 挡位	±0.2	
整定误差/%		±1	
消耗功率/W		0.6	3.4
控制电源电压波动范围/%		800～110	
机械寿命/万次		150	
触头电寿命/万次		30	

（3）空气阻尼式时间继电器

【结构】 由底板、弹簧、铁芯、衔铁、线圈、触点和杠杆等零件组成（图 3-53）。延时方式有通电延时和断电延时两种。

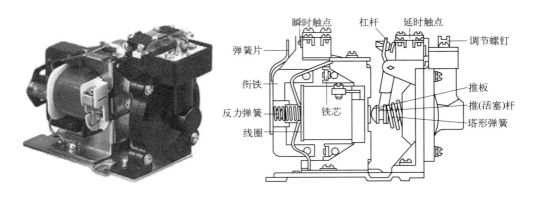

图 3-53 JS7A 型空气阻尼式时间继电器的结构

【工作原理】 继电器触点的动作由电磁机构和空气室中的气动机构驱动。以 JS7A 通电延时时间继电器为例（图 3-54），当线圈得电后，动铁芯克服反力弹簧的阻力与静铁芯吸合。活塞杆在塔形弹簧的作用下向上移动，使与活塞相连的橡胶膜也向上移动，由于受到进气孔进气速度的限制，这时橡胶膜下面形成空气稀薄的空间，与橡胶膜上面的空气形成压力差，对活塞的移动产生阻尼作用。空气由进气孔进入气囊（空气室），经过一段时间，活塞才能完成全部行程而通过杠杆压动微动开关，使其触点动作，起到通电延时作用。

当线圈断电时，动铁芯在反力弹簧的作用下，通过活塞杆将活塞推向下端，这时橡胶膜下方空气室内的空气通过橡胶膜、弱弹簧和活塞的局部所形成的单向阀迅速从橡胶膜上方空气室缝隙中排掉，使活塞杆、杠杆和微动开关等迅速复位，从而使得微动开关的动断触点瞬时闭合，动合触点瞬时断开，在线圈通电和断电时，微动开关在推板的作用下都能瞬时动作，其触点即为时间继电器的瞬动触点。

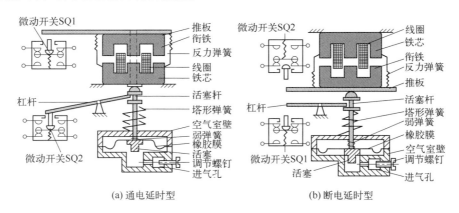

（a）通电延时型   （b）断电延时型

图 3-54 空气阻尼式时间继电器的工作原理

【型号】 识别方法是：

1. 空气阻尼式时间继电器

2. 空气式延时继电器

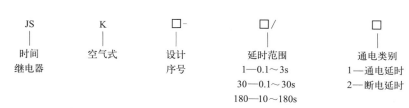

表 3-51　空气阻尼式时间继电器输出触头型式和组合

型式	延时动作触头数量				瞬间动作触头数量	
	线圈通电后延时		线圈断电后延时			
	常开触头	常闭触头	常开触头	常闭触头	常开触头	常闭触头
JS23-1□/□	1	1	—	—	4	0
JS23-2□/□	1	1	—	—	3	1
JS23-3□/□	1	1	—	—	2	2
JS23-4□/□	—	—	1	1	4	0
JS23-5□/□	—	—	1	1	3	1
JS23-6□/□	—	—	1	1	2	2

【产品数据】　见表 3-52。

表 3-52　空气阻尼式时间继电器技术数据

型号	延时范围/s	动作方式	复位方式	触头数量		线圈额定电压/V	产品构成
				延时	瞬动		
JSK□-3/1 JSK□-30/1 JSK□-180/1	0.1～3 0.1～30 10～180	通电延时	自动	1 常开 2 常闭	2 常开 2 常闭	220 380 415 440 550	LA2-D20＋CA2-DN122 LA2-D22＋CA2-DN122 LA2-D24＋CA2-DN122
JSK□-3/2 JSK□-30/2 JSK□-180/2	0.1～3 0.1～30 10～180	断电延时	电动				LA2-D20＋CA2-DN122 LA2-D22＋CA2-DN122 LA2-D24＋CA2-DN122

【故障及排除】　见表 3-53。

表 3-53　空气阻尼式时间继电器的常见故障及排除办法

现象	故障原因	排除办法
动作延时缩短或不延时	1. 由于空气密封不严或漏气 2. 气囊内橡胶膜损坏	1. 重新装配或对漏气地方进行密封处理 2. 更换橡胶膜
动作时间过长	1. 进气通道堵塞 2. 传动机构缺润滑油	1. 清理进气通道 2. 加适量润滑油
线圈损坏或烧毁	1. 空气问题导致绝缘损坏 2. 线圈内部断线 3. 线圈在过压或欠压下运行而电流过大 4. 线圈额定电压低于电源电压 5. 线圈匝间短路	1. 清除空气中的粉尘、油污、水蒸气和腐蚀性气体,必要时还要涂覆特殊绝缘漆 2. 重绕或更换线圈 3. 检查并调整线圈电源电压 4. 更换额定电压合适的线圈 5. 更换线圈

现象	故障原因	排除办法
线圈过热	衔铁与铁芯接触面接触不良或衔铁歪斜	清洗接触面的油污及杂质,调整衔铁接触面
噪声大	1. 短路环损坏 2. 弹簧压力过大	1. 更换短路环 2. 调整弹簧压力,排除机械卡阻

(4) 电磁阻尼式时间继电器

【用途】 用于继电动作较频繁的场合。

【结构】 在直流通用电磁继电器的铁芯柱上套上一个阻尼铜套(其电阻值应尽可能小),就构成了电磁阻尼式时间继电器。

【工作原理】 利用装在铁芯上的阻尼铜套或调节非磁性垫片的厚度,对变化的磁通起阻尼作用,延缓返回时间。调节延时时间的方法如下:

① 调节反作用弹簧的松紧度 当弹簧调紧时,反作用力增强,对应的释放磁通就增大,于是在同样的阻尼作用下延时时间就缩短;反之亦然。

② 调节非磁性垫片的厚度 当非磁性垫片增厚时,衔铁吸合后磁路的磁阻增大,于是线圈断电后,磁通衰减曲线则下移,在同样的释放磁通下,延时时间就缩短;反之亦然。

直流电磁继电器除了采用安装阻尼铜套来获得延时外,还可以在线圈两端并接一个反向二极管,当线圈断电时,通过反向连接的二极管将线圈自身短路,形成一个短路回路来获得延时。

(5) 数显式时间继电器

【型号】 识别方法是:

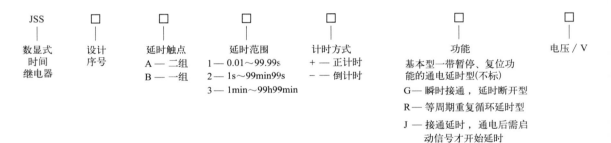

【基本参数】 见表 3-54。

表 3-54 JSS48 型数显式时间继电器技术数据

项目		数值	项目	数值
额定电压 电源频率		AC220V 50/60Hz	复位时间	电源断开复位 $t \leqslant 1s$ 复位端子复位 $t \leqslant 0.02s$
正常电压范围 延时范围		$85\% \sim 110\% U_e$ $0.001s \sim 99h95min$	误差	重复误差:$\leqslant 0.1\%$ 整定误差:$\leqslant 0.5\% + 0.05s$ 电压波动误差:$\leqslant 0.1\%$ 温度误差:$\leqslant 0.5\%$ 综合误差:$\leqslant 0.5\%$
延时触点及 容量(阻性)	JSS48A	AC220V 3A 二组		
	JSS48B	AC220V 5A 一组		
电寿命/万次 功耗/(VA) 质量/kg		$\geqslant 30$ 2.5 约 0.3	防护等级:IP40,介电强度:1500V/min	
			使用环境温度	$-5 \sim 40℃$

3.3.6 热继电器

热继电器是由流入热元件的电流产生热量，使有不同膨胀系数的双金属片发生形变，当形变达到一定距离时，就推动连杆动作，使控制电路断开，接触器失电，从而实现过载保护，是具有热过载保护特性的过电流继电器。热继电器的文字代号为 FR，图形符号见图 3-55。

(a) 热元件　　(b) 常开触点　　(c) 常闭触点

图 3-55 热继电器的文字代号和图形符号

【用途】　用于电动机或其他设备的过载保护和断相保护。

【结构】　一般由热元件、控制触头和动作系统、复位机构、调整整定电流装置和温度补偿元件等部分组成（图 3-56）。

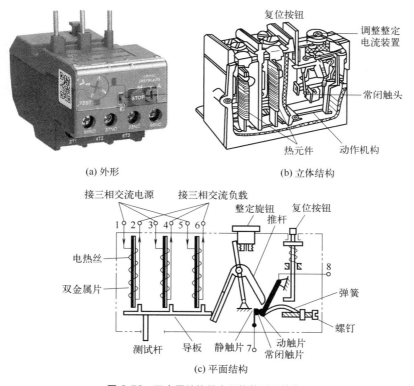

(a) 外形　　　　　　　　(b) 立体结构

(c) 平面结构

图 3-56 双金属片热继电器的外形和结构

【工作原理】　热元件是一段阻值不大的电阻丝，由于流入热元件的电流产生热量，使不同膨胀系数的双金属片发生形变，当形变达到一定程度时，推动连杆动作，使控制电路断开，从而使接触器失电，切断电动机的电源，使电动机停车。双金属片经过一段时间冷却后，按下复位按钮即可复位。

【型号】　识别方法是：

热继电器的型号有 JR、JRS、T（德国 ABB 公司）、3UA（德国西门子）、3RB（德国西门子）和 GR（桂林机床电器公司）等，其中几个常用产品的型号表示方法如下：

1. JR 型热继电器（有两种表示方法）：

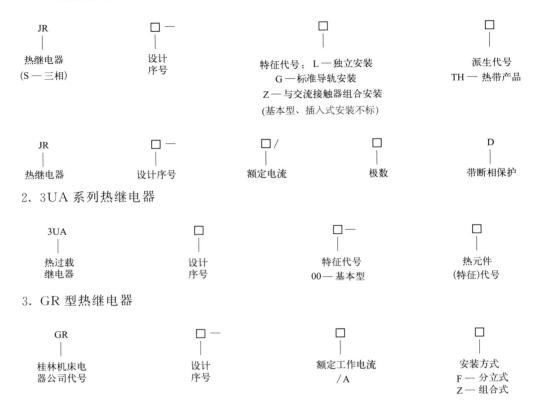

2. 3UA 系列热继电器

3. GR 型热继电器

【产品数据】　见表 3-55。

表 3-55　JR 系列热继电器的技术数据

| 型号 | 额定电压/V | 额定电流/A | 相数 | 热元件 | | | 断相保护 | 温度补偿 | 复位方式 | 动作灵活性检查装置 | 动作后的指示 | 触头数量 |
| | | | | 规格/A | | 挡数 | | | | | | |
				最小	最大							
JR16 (JR0)	380	20 60 150	3	0.25~0.35 14~22 40~110	14~22 10~63 100~160	12 4 4	有			无	无	1常闭 I常开
JR15		10 40 100 150		0.25~0.35 6.8~11 32~50 68~110	6.8~11 30~45 60~100 100~150	10 5 3 2	有	有	手动或自动			
JR20	660	6.3 16 32 63 160 250	3	0.1~0.15 3.5~5.3 8~12 16~24 33~17 83~125	5~7.4 14~18 28~36 55~71 144~170 167~250	14 6 6 6 9 4	有			有	有	

【检测】　① 外观检查：热继电器是否完好无缺，各接线端和螺钉是否完好。

② 触头检测：用万用表 $R \times 10$ 挡检测各主触头、常闭辅助触头进端和出端间接触是否良好，正常情况下应 $R = 0$。

③ 热元件检测：先将万用表的挡位开关选择在 200Ω，将红、黑表笔接在热元件两端，

如果其电阻很小（接近0Ω），表明其电阻正常；如果电阻无穷大（数字万用表显示超出量程符号"1"或"OL"），则为热元件开路。

④ 触点检测：热继电器一般有一个常闭触点和一个常开触点，触点检测包括未动作时检测和动作时检测。

a. 检测热继电器常闭触点好坏：将万用表置于$R \times 1$挡，欧姆调零后，将两表笔分别搭接在常闭触点两端。常态时，各常闭触点的阻值约为0；动作测试之后，再测量阻值，阻值为∞。

b. 检测热继电器常开触点好坏：将万用表置于$R \times 1$挡，欧姆调零后，将两表笔分别搭接在常开触点两端。常态时，各常开触点的阻值约为∞；动作测试之后，再测量阻值，阻值为0。

【选用】 选用原则见表3-56。

表3-56 热继电器的选用原则

项目	选用原则
相数	在大多数情况下,可选用两相热继电器(对于三相电压,热继电器可只接其中两相)。对于三相电压均衡性较差、无人看管的三相电动机,或与大容量电动机共用一组熔断器的三相电动机,应该选用三相热继电器
额定电流	应大于负载(一般为电动机)的额定电流,热元件的额定电流应略大于负载的额定电流
整定电流	一般与电动机的额定电流相等。对于过载容易损坏的电动机,整定电流可调小一些,为电动机额定电流的$60\% \sim 80\%$;对于启动时间较长或带冲击性负载的电动机,所接热继电器的整定电流可稍大于电动机的额定电流,为其$1.1 \sim 1.15$倍
应用场合	在不频繁启动场合,要保证热继电器在电动机的启动过程中不产生误动作。通常,当电动机启动电流为其额定电流6倍以及启动时间不超过6s时,若很少连续启动,就可按电动机的额定电流选取热继电器
工作情况	1. 当电动机为重复短时工作时,首先注意确定热继电器的允许操作频率。因为热继电器的操作频率很有限,保护操作频率较高的电动机,效果很不理想,有时甚至不能使用。对于可逆运行和频繁断电的电动机,不宜采用热继电器保护,必要时可采用装入电动机内部的温度继电器 2. 当电动机长期工作或间断长期工作时: ①按电动机启动时间选择:$t_f = (0.5 \sim 0.7) t_d$(t_f—热继电器在$6I_e$下的可返回时间;t_d—热继电器在$6I_e$下的动作时间) ②按电动机额定电流选择:$I_z = (0.95 \sim 1.05) I_{ed}$($I_z$—热继电器整定电流;$I_{ed}$—电动机额定电流) ③按断相保护要求选择:对于星形接法的电动机,采用三极热继电器即可;对于三角形接法的电动机,应采用带断相运转保护装置的热继电器 3. 特殊工作制电动机保护:正反转及频繁通断工作的电动机不宜采用热继电器来保护。较理想的方法是用埋入绕组的温度继电器或热敏电阻来保护

【安装】 ① 热继电器的安装方向应与规定方向相同，一般倾斜度不得超过5°。如与其他电器装在一起时，尽可能装在其他电器下面，以免受其他电器发热的影响。

② 热继电器连接导线的截面积应满足电流要求（表3-57）。

表3-57 热继电器连接导线截面积的选用

电流等级	应选用的导线截面积	电流等级	应选用的导线截面积
10A	2.5mm^2 单股塑料铜导线	60A	16mm^2 多股铜芯橡胶软线
20A	4mm^2 单股塑料铜导线	150A	35mm^2 多股铜芯橡胶软线

③ 安装螺钉不得松动，防止因发热而影响热元件正常动作。

④ 由于热继电器具有很大的热惯性，因此不能作为线路的短路保护。

⑤ 动作机构应正常可靠，按钮应灵活，调整部件不得松动。

【维护使用】　①检查热元件的额定电流值或刻度盘上的刻度值，是否与电动机的额定电流值相符；如不相符，应更换热元件，并进行调整试验，或转动刻度盘的刻度达到要求。

②不得自行更动热元件的安装位置，以保证动作间隙的正确性。检查热元件是否良好，只能打开盖子从旁边察看，不得将热元件卸下，如必须卸下，装好后应重新通电试验。

③检查本体与外部导线的连接点处有无过热现象。

④检查本体的运行环境温度有无变化，是否超过容许范围（－30～＋40℃）。

⑤大修期间要用布擦净尘埃和污垢，双金属片要保持原有金属光泽，如有锈迹，可用布蘸汽油轻轻擦除，不得用砂纸磨光。

⑥复位方式一般有手动和自动两种，实际应用中要根据具体情况选择。采用按钮控制的手动启动和停止的控制电路，可以设为自动复位形式；采用自动元件控制的自动启动电路，可设为手动复位方式。对于重要设备和电动机过载的可能性比较大的设备，因为热继电器动作后，需要进行检查，宜采用手动复位方式。

⑦热继电器的整定值应为电动机额定电流的 $1/\sqrt{3} = 0.58$ 倍；而星形接法的电动机，线电流与相电流相等，所以热继电器的整定值等于电动机额定电流。

⑧定期校验它的动作可靠性。当热继电器动作脱扣时，应待双金属片冷却后再复位。按复位按钮用力不可过猛。

【故障及排除】　见表3-58。

表3-58　热继电器的常见故障及排除办法

现象	可能原因	排除办法
线路正常，热继电器误动作	1. 规格不当 2. 电动机启动时间过长，导致启动过程中动作 3. 电动机启动操作过于频繁，使热元件经常受到冲击 4. 电动机启动电流过大 5. 可逆运转、反接制动或密接通断 6. 环境温度与被保护设备的周围温度相差太大 7. 连接热继电器主回路的导线过细 8. 接触不良，或主导线在热继电器接线端子上未拧紧 9. 短路电流冲击后双金属片永久变形 10. 受到强烈的冲击振动	1. 更换热继电器，最好选用负载电流最大值处于热继电器能调节的中间范围 2. 按启动时间要求选择合适的可返回时间的热继电器，或启动时将热元件短接 3. 尽量减少启动操作的次数，或重新调整整定值，或更换热继电器 4. 尽可能减轻启动负载 5. 不宜选用双金属片-热元件式继电器，改用半导体温度热继电器保护 6. 尽可能将两者安装在同一环境中，否则应按实际情况进行现场配置 7. 按规定选用标准导线 8. 压紧热继电器主回路的导线端子 9. 重新校验继电器动作特性或更换热继电器 10. 改善外部环境，或采取防振措施
热继电器动作太快	1. 整定值偏小 2. 电动机启动时间过长 3. 连接导线太细 4. 操作频率过高 5. 使用场合有强烈冲击和振动 6. 可逆转换频繁 7. 安装热继电器处与电动机处环境温度差太大	1. 合理调整整定值 2. 按启动时间要求，选择具有合适的可返回时间的热继电器或启动过程中将热继电器短接 3. 选用较粗的合适导线 4. 更换合适的型号 5. 选用带防振动冲击热继电器的或采取防振动措施 6. 改用其他保护措施 7. 按两地温差情况配置

现象	可能原因	排除办法
热继电器不动作	1. 动作电流整定值过高 2. 连接导线太粗 3. 动作触头接触不良或动作二次接点有污垢造成短路 4. 热继电器外接线螺钉虚接、虚焊 5. 机械动作机构和胶木零件磨损、积尘、锈蚀或变形甚至卡住 6. 热元件烧断、脱焊或热继电器烧坏 7. 热继电器动触片弹性减小或消失 8. 热继电器动作机构卡死或导板脱出	1. 调小整定值，使其与电机额定电流值一致 2. 按技术要求选用标准导线 3. 消除触头表面的污垢及氧化层，或用无水乙醇清洗触头，更换损坏部件 4. 检查全部外接线后接好接实 5. 修理调整，但要防止热继电器动作特性发生变化 6. 因负荷侧短路或操作频率过高所致，此时需要更换同型号的热元件或热继电器 7. 修理动触片或触头，必要时更换 8. 调整或修理热继电器动作机构。如导板脱出要重新调整至整定点位置
热元件烧坏	1. 热继电器规格与实际负载电流不匹配 2. 热继电器工作电流严重超载或负载侧短路 3. 反复短时工作制时，操作电动机过于频繁 4. 热继电器动作机构不灵，热元件长期超载 5. 热继电器的主线端子与电源线连接松动或氧化 6. 动作频率太高	1. 选择热继电器时，要使热继电器额定调整范围内的中间值，正好与所控制的电动机负载的额定电流一致，使热继电器有一定的电流调节范围 2. 检查电路故障，在排除短路故障后，更换合适的热继电器 3. 改变操作电动机方式，减少启动电动机次数或更换合适参数的热继电器 4. 更换动作灵敏的合格热继电器 5. 去掉接线头与热继电器接线端子的氧化层，重新压紧热继电器的主接线 6. 更换合适的热继电器
动作不稳定，同一过载电流下时慢时快	1. 内部机构中个别零部件松动 2. 电压或电流波动太大 3. 电流表故障 4. 外接线螺钉没有拧紧 5. 试验中间的冷却状态不同 6. 在检修中弯折了双金属片 7. 环境变化太大	1. 及时紧固零部件 2. 安装稳压或稳流器 3. 校验电流表的准确度或更换热继电器 4. 拧紧外接线螺钉 5. 使冷却状态保持相同 6. 用高倍电流预试几次，或将双金属片拆下来热处理以去除内应力 7. 排除外界影响
主电路不通	1. 热元件烧断 2. 接线螺钉松动或脱落	1. 查出原因并更换热继电器或热元件 2. 紧固接线螺钉
控制电路不通	1. 触头烧坏或动触片弹性消失 2. 可调整式旋钮未转到合适位置 3. 动作后复位装置未复位 4. 自动复位的热继电器调节螺钉未调到自动复位位置	1. 更换触头或触片 2. 调整旋钮或调整螺钉 3. 按动复位按钮使之复位 4. 将热继电器的调节螺钉调到自动复位位置

3.3.7 速度继电器

速度继电器是一种以转速为输入参数，当控制对象的转速达到规定值时产生动作的继电器，其外形、文字代号和图形符号见图3-57。

【用途】 多用于三相交流异步电动机反接制动控制电路中。

【结构】 由转子、定子及触点三个主要部分和其他一些零件组成（图3-58）。

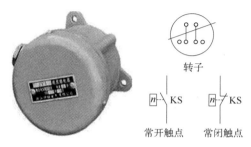

图3-57 速度继电器的外形和图形符号

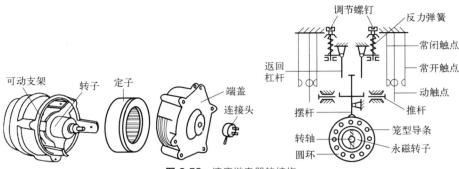

图 3-58 速度继电器的结构

【工作原理】 它的转子是一个永久磁铁，与电动机轴相连接，随着电动机旋转而旋转。转子转动时，其磁场切割定子短路条，产生感应电势及感应电流，使定子随着转子转动而转动。定子转动时带动推杆推动触点，使之闭合与分断。当电动机改变旋转方向时，继电器的转子与定子的转向也改变，这时定子就可以触动另外一组触点，使之分断与闭合。当电动机停止时，继电器的触点即恢复原来的静止状态。不论电动机正转或反转，继电器的两个常开触点，都有一个闭合，准备实行电动机的制动。一旦开始制动时，由控制系统的联锁触点和速度继电器的备用闭合触点，形成一个电动机相序反接电路，使电动机在反接制动下停车。而当电动机的转速接近零时，速度继电器的制动常开触点分断，从而切断电源，电动机制动状态结束。

【型号】 识别方法是：

| J | F | Z | □- | □ |
| 继电器 | 反接 | 制动 | 设计序号 | 转速等级 |

【技术数据】 各型号和技术数据见表 3-59。

表 3-59 速度继电器的技术数据

型号	触头额定电压/V	触头额定电流/A	触头对数		额定工作转速/(r/min)	允许操作频率/(次/h)
			正转动作	反转动作		
JY1	380	2	1 组转换触头	1 组转换触头	100～3000	<30
JFZ0-1			1 常开、1 常闭	1 常开、1 常闭	300～1000	
JFZ0-2			1 常开、1 常闭	1 常开、1 常闭	1000～3000	

【选用】 主要根据所需控制的转速大小、触头数量和电压和电流。

【安装】 ① 转轴应与电动机同轴连接，且使两轴的中心线重合。

② 安装接线时，正反向触头不能接错。

③ 金属外壳应可靠接地。

【故障及排除】 见表 3-60。

表 3-60 速度继电器的常见故障及排除方法

故障现象	可能原因	排除方法
反接制动时速度继电器失效,电动机不制动	1. 胶木摆杆断裂 2. 触头接触不良 3. 弹性动触片断裂或失去弹性 4. 笼形绕组开路	1. 更换胶木摆杆 2. 清洗触头表面油污 3. 更换弹性动触片 4. 更换笼形绕组
电动机不能正常制动	弹性动触片调整不当	重新调节调整螺钉

3.3.8 压力继电器

压力继电器是利用液体的压力来启闭电气触点的液压电气转换元件，其文字代号是

KP，图形符号是 常开触头 常闭触头。

【用途】 常用于机械设备的液压或气动控制系统中，对设备提供某种保护或控制。

【型式】 有柱塞式、膜片式、弹簧管式和波纹管式四种。

【结构】 柱塞式、膜片式、弹簧管式和波纹管式压力继电器的结构示意图分别见图 3-59。

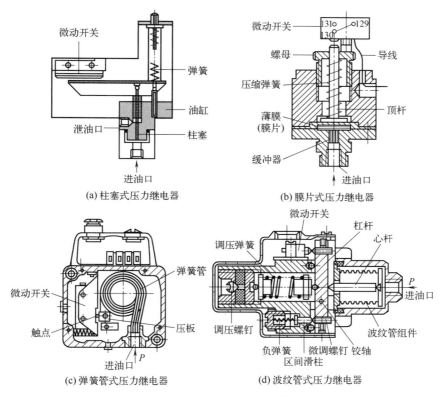

图 3-59 压力继电器的结构

【工作原理】 当系统压力达到压力继电器的调定值时，发出电信号，使电气元件（如电磁铁、电机、时间继电器、电磁离合器等）动作，致油路卸压、换向，执行元件实现顺序动作，或关闭电动机使系统停止工作，起安全保护作用等。

① 柱塞式压力继电器：当从继电器下端进油口进入的液体压力达到调定压力值时，柱塞上移并通过杠杆放大后推动微动开关动作。改变弹簧的压缩量，可以调节继电器的动作压力。

② 膜片式压力继电器：当进油口的压力达到弹簧的调定值时，膜片在液压力的作用下产生中凸变形，使顶杆上移。顶杆上的圆锥面使钢球做径向运动，钢球推动杠杆绕销轴逆时针偏转，致使其端部压下微动开关，发出电信号，接通或断开某一电路。当进油口压力因漏油或其他原因下降到一定数值时，弹簧使膜片下移，钢球又回落入顶杆的锥面槽内，微动开关复位，切断电信号，并将杠杆推回，断开或接通电路。

③ 弹簧管式压力继电器：弹簧管两端分别与进油接头和封口塞连接，进油接头固定在壳体上，封口塞上固定有可调压板，压板与微动开关的触点对正，微动开关固定在弹性开关夹上，开关夹一端固定在壳体上，压板与微动开关的触点间距由压力调节机构调节。

④ 波纹管式压力继电器：作用在波纹管组件下方的油压使其变形，通过心杆推动绕铰轴转动的杠杆。调压弹簧的作用与油压相平衡，通过杠杆上的微调螺钉控制微动开关的触点，发出电信号。

由于杠杆有位移放大作用，心杆的位移较小，因而重复精度较高。但因波纹管侧向耐压性能差，波纹管式压力继电器不宜用于高压系统。对于 DP（−10、25、40）型压力继电器，最大调定压力为 10MPa、25MPa、40MPa。

【性能指标】 压力继电器的性能指标见表 3-61。

表 3-61 压力继电器的性能指标（JB/T 10372—2014）

公称压力 /MPa	调压范围 /MPa	灵敏度 /%	重复精度 误差/%	外泄漏量[①] /(mL/min)	瞬态时间特性/ms		耐久性 /万次
					接通	断开	
5	0.5～5	≤10	≤5	≤10			
10	2～10	≤9	≤4	≤15	≤5	≤20	≥30
20	5～20	≤8	≤3	≤20			
35	10～35	≤7	≤2.5	≤40			

① 只对有外泄口的压力继电器。

【检测】 压力继电器的检测方法是：

① 在继电器断电的状态下，用万用表的电阻挡测量触点（输出端）是否导通。如果导通，说明继电器损坏。

② 将继电器接入电路中，用万用表电阻挡测量输出端的电阻，如果测得的值很小（≈0），说明继电器是好的；如果触点电阻无穷大或者阻值超过标准值，则说明继电器损坏。

③ 用万用表的电阻挡，测量常闭触点与动点电阻，其阻值应为 0；如电阻大或不稳定，说明触点接触不良。

【选型】 需要考虑以下几个因素：

① 测量范围：根据被控制行程的压力范围确定。

② 动作点：应当能够满足设备的控制要求。

③ 额定电流：根据被控制设备的功率及组件总电流确定。

④ 响应速度：压力继电器的响应速度要与被控系统的响应速度一致，不能太快或太慢。

⑤ 环境适应能力：需要与实际运行环境相匹配。

⑥ 合适的材料：所用材料应确保其在长期使用中，维持高水平的工作性能和可靠性。

【故障及排除】 见表 3-62。

表 3-62 压力继电器的故障解决办法

故障现象	可能原因	解决办法
无信号输出	1. 进油管变形 2. 管接头漏油 3. 橡胶薄膜变形或失去弹性 4. 阀芯卡死 5. 弹簧出现永久变形或调压过高 6. 接触螺钉、杠杆等调节不当 7. 微动开关损坏	1. 更换管子 2. 拧紧管接头 3. 更换薄膜片 4. 清洗、配研阀芯 5. 更换弹簧 6. 合理调整杠杆等的位置 7. 更换微动开关

故障现象	可能原因	解决办法
灵敏度差	1. 阀芯移动时摩擦力过大 2. 转换机构等装配不良,运动件失灵 3. 微动开关接触行程太长	1. 润滑适当或调整密封件 2. 装配、调整要合理,使阀芯等动作灵活 3. 合理调整杠杆等位置
易发误信号	1. 进油口阻尼孔太大 2. 系统冲压压力太大 3. 电气系统设计不当	1. 适当减小阻尼孔 2. 在控制管路上增设阻尼管 3. 电气系统设计应考虑必要的联锁等
无气流作用或调节范围小（通过流量阀的液体过多）	1. 塞阀的配合间隙过大,内泄漏严重 2. 单向节流阀中的单向阀密封不良或弹簧变形 3. 流量阀在打开口时阀芯卡死 4. 流量阀在打开口时节流口堵塞	1. 恢复阀体或更换阀芯 2. 研磨单向阀阀座,更换弹簧 3. 拆开清洗并修复 4. 冲刷、清洗,过滤油液
执行机构运动速度不稳定,有时快时慢或跳动现象	1. 节流口堵塞的周期性变化,即时堵时通,泄漏的周期性变化 2. 负载变化 3. 油温变化 4. 各类补偿装置(负载、温度)失灵,不起稳速作用	1. 严格过滤油液或更换新油 2. 对负载变化较大、速度稳定性要求较高的系统应采用调速阀 3. 控制温升,在油温升高和稳定后,再调一次节流阀开口 4. 修复调速阀中的减压阀或温度补偿装置

3.3.9 温度继电器

温度继电器是一种通过感知温度变化,控制继电器的开关动作来实现温度控制的装置。其文字符号是 KT。

【用途】 用于温度的控制电路中,当其传感器检测到的温度达到设定温度,立即会动作。

【结构】 以 JW6 系列温度继电器为例,见图 3-60。

【工作原理】 外界温度升高时,其外壳将温度传到内部的双金属元件并逐渐积蓄能量,达到额定动作温度时,双金属元件动作,断开常闭触头,切断控制电路,起到保护作用。而当外界温度冷却到继电器复位温度时,能自动复位,重新接通控制电路。

【产品数据】 见表 3-63。

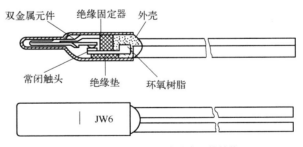

图 3-60 JW6 系列温度继电器的结构

表 3-63 JW 系列温度继电器的技术数据

型号	额定动作温度/℃	整定温度误差/℃,±	低于动作温度的复位温度/℃	寿命/千次	型号	额定动作温度/℃	整定温度误差/℃,±	低于动作温度的复位温度/℃	寿命/千次
JW6-50	50	3	5～20	1	JW6-100	100	5	5～33	1
JW6-60	80	3	5～20	1	JW6-105	105	5	5～33	1
JW6-70	70	5	5～20	1	JW6-115	115	5	5～33	1
JW6-80	80	5	5～33	1	JW6-125	125	8	6～33	1
JW6-90	90	5	5～33	1	JW6-135	135	8	5～33	1

3.3.10　剩余电流继电器

剩余电流继电器是检测剩余电流，将剩余电流值与基准值相比较，当其超过基准值时，发出机械开闭信号，使机械开关电器脱扣或声光报警装置发出报警的电器。

【用途】　常和交流接触器或低压断路器组成剩余电流保护器，作为农村低压电网的总保护开关或分支保护开关使用。

【结构】　由零序电流互感器 W（检测元件）、脱扣器 A（判别元件）、电子信号放大器 E（电磁式剩余电流继电器没有）、执行元件 B（机械开关电器或报警装置）、试验装置 T 等组成（图 3-61）。

【工作原理】　在正常情况下，电路中没有发生人身电击、设备漏电或接地故障时，电流互感器的二次线圈中没有感应电压输出，剩余电流保护装置正常供电。

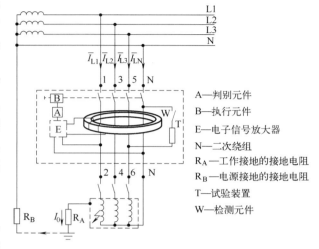

A—判别元件
B—执行元件
E—电子信号放大器
N—二次绕组
R_A—工作接地的接地电阻
R_B—电源接地的接地电阻
T—试验装置
W—检测元件

图 3-61　剩余电流继电器的结构

当电路发生故障接地时，互感器电流的矢量和不等于零，其二次回路中出现感应电压，直接或通过电子信号放大器作用在脱扣线圈上，产生工作电流。当接地故障电流达到额定值时，脱扣线圈中的电流推动脱扣机构，使主开关断开电路，或发出报警信号。

【型号】　识别方法是：

【产品数据】　见表 3-64。

表 3-64　JD10 系列剩余电流继电器的技术数据

输出触头额定容量	额定剩余动作电流 $I_{\Delta n}$ /mA	额定剩余不动作电流 $I_{\Delta n0}$ /mA	动作时间/s			额定不动作时间	不导致误动作的主回路过电流值
			快速型	延时型（连续可调）			
AC220V 5A AC380V 3A （$\cos\varphi=0.4$）	30、50、100、200、300、500	$0.5 I_{\Delta n}$	≤0.1	0.1～1	0.4～2	＞整定时间的1/2	$6 I_n$

注：1. JD10 系列剩余电流继电器，适用于交流 50Hz、额定工作电压至 380V、额定电流至 800A 的电路中，与低压断路器、电磁接触器配合，组成剩余电流保护装置。也可与其他信号装置（蜂鸣器、信号灯等）构成剩余电流报警系统。

2. 额定频率：50Hz；辅助电源额定电压：AC220V；零序电流互感器贯穿孔直径与额定电流的关系是：

互感器代号	JD50	JD60	JD70	JD80
贯穿孔直径/mm	25	≤4	60	68
额定电流/A	100	250	400	800

3.3.11 通用继电器

通用继电器是具有隔离功能的自动开关元件，能在某一领域或者多个领域运用，在低功率的控制信号下，实现对高功率电路的控制，其文字代号是 JT。

【用途】 广泛应用于遥控、遥测、通信、自动控制、机电一体化及电力电子设备中。

【分类】 ① 按工作原理或结构特征分，有电磁（通用）继电器、固体继电器、温度继电器、舌簧继电器、时间继电器、高频继电器、极化继电器和其他类型。

② 按外形尺寸分，有微型、超小型和小型。

③ 按负载分，有微功率、弱功率、中功率和大功率。

④ 按防护特征分，有密封式、封闭式和敞开式。

【型号】 识别方法是：

【结构】 一般都有能反映一定输入变量（如电流、电压、功率、阻抗、频率、温度、压力、速度、光等）的感应机构（输入部分），有能对被控电路实现"通""断"控制的执行机构（输出部分），在继电器的输入部分和输出部分之间，还有对输入量进行耦合隔离、功能处理和对输出部分进行驱动的中间机构（驱动部分）。JT4 系列通用继电器的结构参见表 3-65。

【工作原理】 利用线圈中的电流产生的磁场来吸引或推动铁芯上的触点，打开或关闭电路。当控制电路中通电时，线圈中的电流会产生磁场，将铁芯上的触点吸引起来，使得另一段电路中的电流通路得以打开。当控制电路中断电时，线圈中的磁场消失，铁芯上的触点便会返回原位，关闭电路。通用继电器的具体工作方式也可以根据不同类型进行不同的设计和应用。

【技术数据】 JT4 系列和 JT18 系列通用继电器的技术数据，参见表 3-65 和表 3-66。

表 3-65　JT4 系列通用继电器的型号规格及技术数据

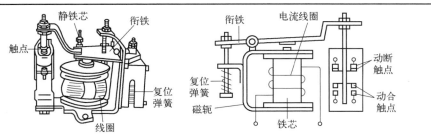

型号	可调参数调整范围	标称误差	返回系数	触点数量	吸引线圈 额定电压/V	吸引线圈 消耗功率	复位方式	机械寿命/万次	电寿命/万次	质量/kg
JT4-□□A 过电压继电器	吸合电压 (105%～120%)U_n		0.1～0.3	1动合 1动断	110、220、380			1.5	1.5	各1
JT4-□□P 零电压（或中间）继电器	吸合电压 (60%～85%)U_n 或释放电压 (10%～35%)U_n	±10%	0.2～0.4	1动合 1动断 或2动合 或2动断	110、127、220、380	75VA	自动	100	10	1.8

型号	可调参数调整范围	标称误差	返回系数	轴点数量	吸引线圈		复位方式	机械寿命/万次	电寿命/万次	质量/kg
					额定电压/V	消耗功率				
JT4-□□L 过电流继电器	吸合电流 (110%～350%)I_n	±10%	0.1～0.3	1动合1动断或2动合或2动断	额定电流 5A、10A、15A、20A、40A、80A、150A、300A、600A	5W	自动	1.5	1.5	1.7
JT4-□□S 手动过电流继电器							手动			

注：1. U_n 为吸引线圈额定电压，I_n 为吸引线圈额定电流。

2. 可调参数调整范围、标称误差和返回系数均指〔20±5〕℃冷态。

表 3-66　JT18系列通用继电器的型号和技术数据

类别	型号	额定电压/V 或额定电流/A	调整为额定值比例/%		断电延时/s	通断能力/A	电寿命/万次	机械寿命/万次
			吸引	释放				
按电压分	JT18-11 JT18-22	24V、48V、110V、220V、440V	30～50 50	7～20				
按欠电流分	JT18-111 JT18-221	1.6A、2.5A、4A、6A、10A、16A、25A、40A、63A、100A、160A、250A、400A	30～65	10～20	0.3～5	AC380V：$\cos\varphi=0.7$ 46A；DC220V：0.9A	50	可更换部分为：300 不可更换部分为：1000
按时间分	JT18-/1 JT18-/3 JT18-/5	630A、24V、48V、110V、220V、440V	30～65	10～20				

注：额定电压440V。

3.3.12　信号继电器

信号继电器（图 3-62）能够以极小的电信号，控制执行电路中相当大的对象，既可控制数个对象和数个回路，也可控制远距离的对象。其文字代号是 KS。

【用途】　用于电力系统继电保护或控制回路中。

【分类】　①按输入激励量的性质分，有直流（信号）继电器和交流继电器。

② 按输入激励量的种类分，有电压型继电器和电流型继电器。

③ 按信号显示方法分，有机械动作指示继电器和灯光动作指示继电器。

④ 按保持与复归的方式分，有机械保持、电保持和磁保持继电器，均可手动或电气复归。

⑤ 按外部接线方式分，有前接线继电器和后接线继电器。

⑥ 按安装方式分，有嵌入式继电器和凸出式继电器。

⑦ 按结构形式分，有非插入式继电器和插入式继电器。

⑧ 按构成原理分，有静态型和电磁型。

【结构】　由电磁系统和接点系统两大部分组成，前者由线圈、固定的铁芯、轭铁以及可动的衔铁组成；接点（触点）系统由动接点和静接点组成。

图 3-62　信号继电器

【工作原理】　在线圈中通入一定数值的电流后，衔铁和铁芯中产生磁通，由于电磁作用或感应方法产生电磁吸引力，吸引衔铁。克服衔铁阻力之后，衔铁吸向铁芯，带动动接点动作，使前接点闭合、后接点断开，继电器吸起；当电流减少，吸引力下降，衔铁依靠重力落下，动接点与前接点断开，后接点闭合。利用其接点的通、断电路，从而实现各种控制（图 3-63）。

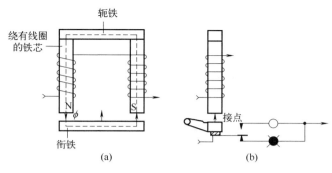

图 3-63 信号继电器的工作原理

【额定参数】 JB/T 3322—2002 规定：

① 交流电压额定值：100V、127V、220V、380V。

② 直流电压额定值：6V、12V、24V、48V、110V、220V。

③ 直流电流额定值：0.01A、0.015A、0.02A、0.025A、0.03A、0.04A、0.05A、0.06A、0.075A、0.08A、0.1A、0.15A、0.2A、0.25A、0.5A、0.75A、1A、2A、4A、8A。

④ 电源频率额定值：50Hz、60Hz。

⑤ 直流保持电压额定值：12V、24V、48V、110V、220V。

【型号】 识别方法是：

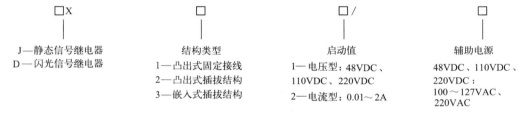

【检测】 信号继电器检测的方法是：

① 测线圈电阻：用万用表 $R \times 10$ 挡，根据测得的数值可判断该线圈是否存在开路现象。

② 测触点电阻：用万用表的电阻挡，测量常闭触点与动触点电阻，其阻值应为 0。如电阻大或不稳定，说明触点接触不良。而常开触点与动触点的阻值应为无穷大，否则为触点粘连。

③ 测量吸合电压和吸合电流：用可调稳压电源和电流表，给继电器输入一组电压，且在供电回路中串入电流表进行监测。慢慢调高电源电压，听到继电器吸合声时，记下该吸合电压和吸合电流。

【选型】 ①按输入信号种类（电、温度、时间、光电信号），分别选用电磁继电器、温度继电器、时间继电器、光电继电器。

② 应用环境条件：主要指温度（最大与最小）、湿度（一般指 40℃ 下的最大相对湿度）、低气压（应用高度 1000m 以下可不考虑）、振动和冲击。此外，尚有封装方法、安装方式、外形尺寸及绝缘性等要求。由于构造不同，继电器能承受的环境力学条件各异，超过产品尺度规定的环境力学条件下应用，有可能破坏继电器，可按整机的环境力学条件或高一级的条件选用。

③ 对电磁干扰或射频干扰比较敏感的装置周围，最好不要选用交换电激励的继电器。

选用直流继电器要选用带线圈瞬态抑制电路的产品。那些用固态器件或电路供给激励及对尖峰信号比较敏感地方，也要选择有瞬态抑制电路的产品。

④ 与用户密切相关的输入量是线圈工作电压（或电流），而吸合电压（或电流）是继电器生产厂考虑继电器灵敏度而确定的参数。

⑤ 触点数量和触点组数，应依据被控回路实际情形确定。动合触点组和转换触点组中的动合触点对，由于接通时触点回跳次数少和触点烧蚀后补偿量大，其负载能力和接触可靠性较动断触点组和转换触点组中的动断触点对要高，整机线路可通过对触点位置恰当调剂，尽量多用动合触点。

3.3.13 功率继电器

功率继电器（图 3-64）是具有电流和电压两个输入量，并按规定对电功率做出相应动作的一种继电器。其文字代号是 BPW。

【用途】 用于检测功率阈值，比如检测的设备，运行功率突然降低到允许值以下，继电器就会动作，发信号或者跳闸。

【分类】 按功率的大小可分为微功率继电器、弱功率继电器、中功率继电器和大功率继电器。

【工作原理】 当功率继电器线圈两端加上一定的电压或电流，线圈产生的磁通通过铁芯、轭铁、衔铁、工作气隙组成的磁路，在磁场的作用下，衔铁吸向铁芯

图 3-64 功率继电器

极面，从而推动常闭触点断开，常开触点闭合；当线圈两端电压或电流小于一定值时，机械反力大于电磁吸力，衔铁回到初始状态，常开触点断开，常闭触点接通。

【产品数据】 见表 3-67 和表 3-68。

表 3-67 LFG-2 型功率继电器的型号和技术数据

参数	技术数据	参数	技术数据
额定电流/A 额定电压/V	5 或 1 100	灵敏角变化	当各相短路电流为 0.4 倍至 30 倍额定电流时，≤15°
额定频率/Hz	50	负序线电压动作值	0.2 倍额定负序电流下，≤3V
动作区/(°)	165±15	返回系数	≥0.45
动作时间	在 0.4 倍额定负序电流、6V 负序线电压及灵敏角下，≤40ms	功率消耗	电压回路≤10VA/相；电流回路≤2VA/相
触头断开容量	在电压≤250V，电流≤0.2A 的直流感性电路($t=5$ms)中，为 20W；在电压≤250V，电流≤0.5A 的交流电路($\cos\varphi=0.4$)中，50VA	继电器的灵敏角	负序电压对负序电流为−105°，当模拟二相短路时，通入相电流之差等于额定电流，以及将短路二相的电压端子短接加入 87V 线电压时，为−15°±15°
触头长期允许电流/A	0.5	热性能	环境温度 40℃，长期承受 110%额定电压（电流）值，最高允许温升≤65K
绝缘电阻/MΩ	≤300	机械寿命/次	1 万
电寿命/次	1000	质量/kg	≈6
电流及电压潜动	不应有	用 途	非对称故障检测负序功率方向

表 3-68　LG-11、12型功率继电器的型号和技术数据

型　　号	LG11、12型	LG-11E型
额定电流/A	5或1	
额定电压/V	100	
额定频率/Hz	50	
灵敏角/(°)	LG-11(E)型：−30或−45。LG-12型：+70	
灵敏角误差/(′)	±5	
动作电压/V	在灵敏角下，通入额定电流，动作电压≤2	
返回系数	返回电压和动作电压之比≤0.45	
动作时间	LG-11型：在灵敏角下，电压由额定电压突然降至4倍最小动作电压，电流同时由0升至额定电流，动作时间≤30ms LG-12型：在灵敏角下，同时突然加入额定电流和4倍最小动作电压，动作时间≤40ms	在灵敏角下，电压由额定电压突然降至4倍最小动作电压，电流同时由0升至额定电流时，动作时间≤30ms
保护时间	LG-11(E)型：当模拟保护出口处短路，在灵敏角下，突然增加额定电流至10倍额定电流，电压自100V同时突然降到0的情况下，继电器应可靠动作，其极化继电器动作保持时间≥50ms	
功率消耗/VA	电流回路：≤6；电压回路：≤20	电流回路：≤6；电压回路：≤15
触头断开容量	—	电压≤250V，电流≤0.2A的直流感性电路（t=5ms±0.75ms），断开容量为20W；电压≤250V，电流≤0.5A的交流电路（$\cos\varphi$=0.4±0.1），断开容量为50VA
电寿命/次	—	1000
机械寿命/次	—	10000
用途	相间短路中作功率方向保护	接地短路中作功率方向保护

【检测】　有下列4种方法：

1. 测触点电阻

用万用表的电阻挡，测量常闭触点与动点电阻，其阻值应为0（点接触的电阻最好低于100mΩ）；而常开触点与动点的阻值为无穷大。因此可以区别出哪个是常闭触点。

2. 测电磁线圈电阻

可用万用表 $R\times10$ 挡测量功率继电器线圈的阻值，从而判断该线圈是否存在着开路现象。

3. 测吸合电压和吸合电流

用可调式稳压电源和电流表，给功率继电器施加电压，并观察电路中的电流表。当逐渐调高电源电压，听到功率继电器有吸合声时，记录该时的吸合电压和吸合电流（为准确起见，可多几次测量后求其平均值）。

4. 测放电电压和放电电流

像上述那样连接测试，当功率继电器发生吸合后，再逐渐降低供电电压，当听到功率继电器再次发出声音时，记下此时的电压和电流（亦可多次测量而取得其平均值）。

3.3.14　安全继电器

安全继电器（图3-65）是由数个继电器与电路组合而成的复合继电器，以便能互补彼

此的异常缺陷，达到正确且低误动作的继电器完整功能。

【用途】　发生故障时做出有规则的动作，保护暴露于不同等级危险性的机械操作人员。

【分类】　按其结构分，有电磁式、热敏干簧式和固态式三种。

【结构】　① 电磁式安全继电器：一般由铁芯、线圈、衔铁、触点簧片等组成。

② 热敏干簧安全继电器：由感温磁环、恒磁环、干簧管、导热安装片、塑料衬底及其他一些附件组成。

③ 固态式安全继电器：两个接线端为输入端，另两个接线端为输出端，中间采用隔离器件实现输入输出的电隔离。

图 3-65　安全继电器

【工作原理】　下面是三种安全继电器的工作原理。

① 电磁式安全继电器：只要在线圈两端加上一定的电压，线圈中就会流过一定的电流，从而产生电磁效应，衔铁就会在电磁力吸引的作用下克服返回弹簧的拉力吸向铁芯，并带动衔铁的动触点与静触点（常开触点）吸合。当线圈断电后，电磁的吸力也随之消失，衔铁就会在弹簧的反作用力下返回原来的位置，使动触点与原来的静触点（常闭触点）吸合。这样吸合、释放，从而达到了在电路中的导通、切断的目的。对于继电器的"常开、常闭"触点，可以这样来区分：继电器线圈未通电时处于断开状态的静触点，称为"常开触点"；处于接通状态的静触点称为"常闭触点"。

② 热敏干簧安全继电器：用热敏磁性材料检测和控制温度，恒磁环产生的磁力驱动开关动作。恒磁环能否向干簧管提供磁力是由感温磁环的温控特性决定的。

③ 固态式安全继电器：线路固化在外壳内，输入端和输出端中间采用隔离器件，实现输入输出的电隔离。

【产品数据】　德国皮尔磁（Pilz）公司的安全继电器技术数据见表 3-69。

表 3-69　皮尔磁安全继电器的技术数据

	电源电压/V	AC:24、42、48、110、230;　　DC:24
	电压波动范围/%	85～110
	功率消耗	约 1W/2VA～6.5W/12VA
电气参数	开关容量	AC-1:240V/4A/960VA～240V/8A/2000VA AC-15:240V/2A/480VA～240V/5A/1200VA DC-1:24V/1.5A/36W～24V/8A/200VA DC-13:24V/3A/52VA～24V/7A/818VA
	输出触点	单个单元,安全触点 2～8 个(N/O),辅助触点 1～3 个(N/C), 半导体触点 0～2 个
	触点保险丝保护	6.3～10A 快速,4～6.3A 慢速
	绝缘耐压	AC:≥2000V/min(各端子与接地端之间)
	绝缘电阻	DC:6MΩ,500V(各端子与接地端之间)
时间特性	通电延时/ms	100～900
	断电延时/ms	20～300
	恢复时间	150ms～2s
	通道一致性	150ms(max)
	失压中断	≈35ms

机械参数	触点材料	AgSnO$_2$(部分镀金)
	外部导线截面/mm^2	2×1.5 或 2.5(单芯或多芯)
	体积/mm^3	87×(22.5/45/67.5/90/112.5/135)×121
	质量/g	220~950
	安装	90mm,9~93 凹槽,DIN 轨道安装
环境性能	环境温度/℃	−10~60(可选)
	环境湿度	35%~95%RH
	抗振性	10~75Hz,0.5mm,最大 3g(重力加速度)
	环境要求	无腐蚀气体,无导电尘埃

【使用】 皮尔磁安全继电器（图 3-66）的使用方法：

第一，检查接线是否正确。

① 检查工作电压是否正确。正确上电后 POWER 灯会常亮。

② 检查输入回路的接线。根据用户手册，确定是按照单通道工作方式接线还是双通道工作方式接线。例如 X3P，如果是单通道工作方式，则是短接 S21 和 S22、S31 和 S32，一个常闭触点置于 S11 和 S12 之间（图 3-67）。如果是双通道不检测触点间短路故障工作方式，则是短接 S21 和 S22，两个常闭触点分别置于 S11 和 S12、S11 和 S32 之间（图 3-68）。如果是双通道检测触点间短路故障工作方式，则是短接 S11 和 S12，两个常闭触点分别置于 S21 和 S22、S31 和 S32 之间（图 3-69）。

图 3-66 皮尔磁安全继电器面板

图 3-67 单通道工作方式

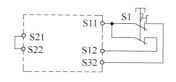

图 3-68 双通道工作方式（不检测触点间短路故障）

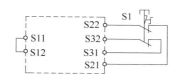

图 3-69 双通道工作方式（检测触点间短路故障）

③ 检查复位回路的接线。首先确定是自动复位还是手动复位，再根据用户手册仔细确认复位回路的接线是否正确。例如 X3P，如果是自动复位方式，则是短接 S13 和 S14（图 3-70）；如果是手动复位方式，则是把复位按钮置于 S33 和 S34 之间（图 3-71）。

图 3-70 自动复位方式

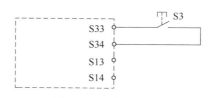

图 3-71 手动复位方式

第二，检查安全继电器本身是否有故障。选择自动复位，去除反馈回路。短接输入通道，查看安全继电器是否有输出，即 CH1 和 CH2 灯常亮。

第三，检查安全继电器外部隐患。

① 触点焊死状况。在手动复位方式时，CH1 灯会常亮，CH2 灯不亮。按下复位按钮 CH1 和 CH2 都会熄灭。如果自动复位方式 CH1 和 CH2 灯都不亮。按下急停按钮再释放，

才能使安全继电器再次工作（如果是手动复位的话还需按下复位按钮）。

② 触点间发生短路故障时，安全继电器的三个状态显示灯 POWER、CH1 和 CH2 灯都会熄灭。

③ 输出回路上发生短路故障时，安全继电器的 CH1 和 CH2 灯都会熄灭。

3.3.15　自锁继电器

自锁继电器是继电器家族中的新品种，外形与普通继电器相同。其特点是在吸合时以一定功率的脉冲触发驱动吸合后，接点的工作状态由特殊的机械结构来保持锁定，所以在稳定工作时其线圈不耗电，需要释放时则再施加一同样极性和功率的脉冲即可。

【用途】　可广泛应用于多种遥控开关、多地开关、薄膜开关、载波开关和编码开关等。

【结构】　采用脉冲驱动的双磁路机械自锁结构，通常使用两个或三个弹簧，有两个线圈：一个用于闭合触点，另一个用于打开触点。

【工作原理】　① 传统式自锁继电器（图3-72）：其驱动引出脚分别为公共端引出脚、闭合引出脚和分断引出脚。采用直流脉冲电压分别轮流驱动两个线圈，从而实现触头分断或闭合状态。工作时，单片机向闭合引出脚发出闭合脉冲，可使继电器主触头闭合并自锁，无需另加闭合维持电源；分断时要向分断引出脚发出分断脉冲，可分断继电器主触头。平时

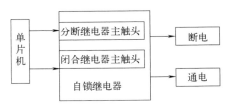

图 3-72　传统式自锁继电器工作原理图

工作状态下继电器不消耗电能，而采用机械自锁结构来保持通断状态，无需提供吸合维持电流［图3-73（a）］。

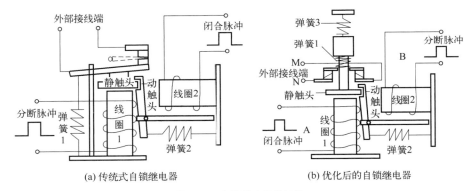

(a) 传统式自锁继电器　　　　　　　　(b) 优化后的自锁继电器

图 3-73　自锁继电器的结构

② 优化后的自锁继电器：仍采用双继电器自锁结构，应用门闩式机构和弹簧上分别单独施加压力方式。驱动引出脚分为两组，分别为闭合引出脚和分断引出脚，它们分别接收闭合脉冲和分断脉冲控制两个磁路。单片机向闭合引出脚发出一个闭合脉冲，使继电器 A 吸引衔铁向下运动，直到将其锁在继电器 B 处的衔铁卡槽内，触头系统闭合，同时压缩弹簧1，弹簧2由拉伸到复位，弹簧3拉伸；分断时向分断引出脚发出一个分断脉冲，继电器 B 吸引衔铁释放卡位，弹簧2又由复位转为拉伸，继电器 B 处衔铁由于弹簧3拉伸而向上运动，使整个触头系统断开［图3-73（b）］。

【产品数据】　EP 系列自锁继电器的电气性能技术数据见表3-70。

表 3-70　EP 系列自锁继电器的电气性能技术数据

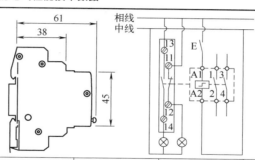

型　号	自锁继电器设计分类		触点类型	线圈额定电压/V	电路触点电流-电压	接线能力/mm²
EP510 EP513			1NO			线圈 软线 0.5～4 硬线 1～6
EP520 EP524			2NO		16A-250V～ 16A-250V～	
EP515 EP518			1NC＋1NO	230V 50Hz 24V 50Hz		
EP525 EP528			2NC＋2NO		16A-400V～ 16A-250V～	负载 软线 1～6 硬线 1.5～10
EP540 EP541			4NO		16A-400V～ 16A-400V～	
EP051	辅助触点		—	—	2A-250V～	软线 6 硬线 10

注：1. 最久持续通电时间为 1h，最小持续通电时间为 0.1s；

　　2. "分闸"位置电流为 8mA；

　　3. 工作温度为 −10～＋50℃，存储温度为 −40～＋80℃；

　　4. 使用寿命：电气（在 AC1-16A 条件下）为 10 万次，机械为 50 万次。

3.3.16　气体继电器

气体继电器又称瓦斯继电器，是利用变压器内故障时产生的热油流和热气流推动继电器动作的器件（图 3-74）。

【用途】　变压器内部故障而使油分解产生气体或造成油流涌动时，使气体继电器的接点动作，接通指定的控制回路，并及时发出信号报警或启动保护元件自动切除变压器。

【分类】　①按壳体的连接方式分，有法兰盘连接和螺栓连接两种。

②按浮子数量分，有单浮子和双浮子两种。

图 3-74　几种气体继电器

③ 按介质环境分，有油浸式和 SF_6 气体两种。

④ 按触头切换方式分，有铜钨触头自由开断和真空管两种。

【工作原理】 充油的变压器内部一旦发生放电故障，放电电弧使变压器油发生分解，产生甲烷、乙炔、氢气、一氧化碳、二氧化碳、乙烯、乙烷等多种特征气体。它们从变压器内部上升到油枕的过程中，流经瓦斯继电器。若气体量较少，则气体在瓦斯继电器内聚积，使浮子下降，使继电器的常开接点闭合，发出警告信号；若气体量很大，油气通过瓦斯继电器快速冲出，推动瓦斯继电器内挡板动作，使另一组常开接点闭合；重瓦斯则直接启动继电保护跳闸，断开断路器，切除故障变压器。

【型号】 识别方法是：

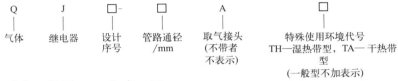

【基本尺寸】 见图 3-75 和表 3-71。

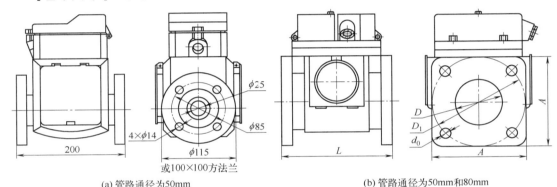

(a) 管路通径为50mm　　　(b) 管路通径为50mm和80mm

图 3-75 气体继电器的基本尺寸

表 3-71 管路通径为 50 mm 和 80 mm 的继电器基本尺寸 　　　　　　　　　　　　　　　　mm

D	D_1	d_0	A	L
50	125	14	125	185
80	160	18	160	185

【结构】 气体继电器的结构见图 3-76。

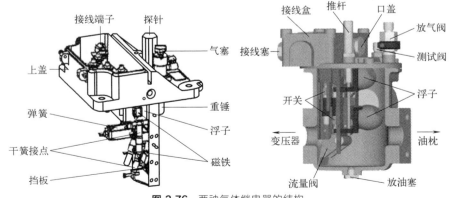

图 3-76 两种气体继电器的结构

【产品数据】 见表 3-72。

表 3-72 QJ-50/80 型气体继电器的技术参数

项目	QJ-50	QJ-80
接点容量	直流:220V 0.3At≤5×10.3s;交流:220V 0.3A cosφ≤0.6	
油速整定范围/(m/s)①	0.6～1.2	0.7～1.5
气体积聚数量/mL②	250～300	
绝缘性能	接点的触点间、信号接点和跳闸接点的两组接点间和接点对地间的承受工频电压及时间均为 2kV 和 1min	
密封性能	继电器充满变压器油,在常温下加压 200kPa,持续 20min 无渗漏	
抗振性能	继电器在振动频率为 4～20Hz(正弦波),加速度为 40m/s² 时,跳闸接点不接通	

① 油速刻度偏差±0.1m/s。

② 容积刻度偏差±10%。

【检测】 继电器有故障后,可用专用的玻璃瓶倒置,用瓶口靠近继电器的放气阀收集气体。根据其颜色来判断继电器的问题所在。

① 如气体无色、无味,又不燃烧,则说明变压器油内有空气。

② 如气体是不易燃烧的黄色,则说明变压器的木质部分有问题。

③ 如气体为淡黄色且有强烈臭味,可以燃烧,则说明是纸或纸板引起的故障。

④ 如气体呈灰色或黑色,且易燃烧,则说明变压器油变质劣化。

【选型】 冷却器、测温元件等应选用抗振性能良好和动作可靠的气体继电器,具体的选型依据见表 3-73。

表 3-73 气体继电器选型

气体继电器形式	介质环境	触头切换方式	选用要求
重瓦斯气体继电器或油流控制继电器	油浸式	铜钨触头自由开断	油流控制
兼有轻瓦斯与重瓦斯的气体继电器		真空管	油流控制与气体控制
突发气体压力继电器	SF₆气体	真空管	气体控制

【调试】 ① 气体容积量的调整:改变浮子上的重锤位置和改变干簧接点位置,均可调整信号接点动作的气体数量,调整后应拧紧锁牢拆卸的紧固件。

② 油速调整:调节与弹簧连接的调节杆可改变挡板弹簧的拉力(即跳闸接点动作的流速),调整后应锁牢紧固件(由专业人员在专用流速校验设备上进行)。

③ 挡板旋转角调整:调节止挡螺钉可以改变挡板的旋转角,即可调节磁铁与干簧接点间距离(0.5～1.0mm),借以保证干簧接点可靠开闭。

【保养】 ① 继电器应每年进行一次外观检查及信号回路和跳闸回路的可靠性检查。

② 已运行的继电器应每两年开盖一次,进行内部结构和动作可靠性检查。

③ 已运行的继电器应每五年进行一次工频耐压试验。

④ 在高温负荷到来之前,应对主变压器(特别是室内变压器的散热器)进行清洗。

⑤ 高峰负荷时,要加强对主变压器的运行巡视,加强油位监视。注意室内变压器的通风散热。

⑥ 运行中应结合检修(压力释放装置应结合大修)进行校验。双浮子结构气体继电器应做反向动作试验。

【故障及排除】 见表 3-74。

表 3-74　气体继电器的常见故障及排除办法

	常见故障	可能原因	排除办法
瓦斯保护动作	伴有喷油或跑油	气囊呼吸器或防爆筒呼吸器堵塞	疏通呼吸器
	轻瓦斯保护动作	1. 密封垫老化或破损 2. 法兰结合面变形 3. 油循环系统进气 4. 潜油泵滤网堵塞 5. 焊接处砂眼进气 6. 检修后安装净油器排气不彻底 7. 净油器入口胶垫密封不良 8. 停用净油器	1. 更换密封垫 2. 修复法兰结合面 3. 找出原因并处置 4. 清理潜油泵滤网 5. 重新焊接 6. 清除净油器残余气体 7. 更换入口胶垫 8. 使用净油器
	油流速度加快	油枕油室中有气体,当运行时油面升高就会产生假油面,严重时会从呼吸器喷油或防爆膜破裂	接通继电器跳闸接点,切除有载调压变压器
	重瓦斯保护动作,引起跳闸	当气温很高,变压器负荷又大时,或虽然气温不是很高,负荷突然增大时,油位计油位会异常升高	缓慢地打开放气阀
继电器动作	冷却系统漏气	冷却系统密封不严	改善密封,新投入运行的变压器应经真空脱气
	变压器内出现负压区,油中逸出的气体向负压区流动	1. 安装时,油枕上盖关得很紧,而吸湿器下端的密封胶垫又未取下 2. 在运行中有的部位的阀门,或油枕下部与油箱连通管上的蝶阀或气体继电器与油枕连通管之间的蝶阀被误关闭	1. 按要求正确安装 2. 打开相关阀门
	继电器频繁动作	1. 冷却器入口处阀门关闭 2. 散热器上部进油阀门关闭	1. 打开冷却器入口处阀门 2. 打开进油阀门
	产生大量可燃性气体	潜油泵本身烧损后油热分解	修复或更换潜油泵

3.3.17　固态继电器

固态继电器（图 3-77）是具有隔离功能的无触点电子开关，具有逻辑电路兼容、耐振耐机械冲击、安装位置无限制、输入功率小、灵敏度高、控制功率小、电磁兼容性好、噪声低和工作频率高等特点。

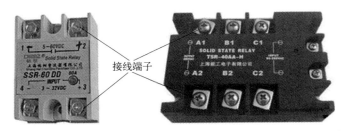

图 3-77　固态继电器的外形

【用途】　除具有与电磁继电器一样的功能外，可用于要求防潮、防霉、防腐蚀、防爆和防止臭氧污染的场合。

【分类】　按输入电压的不同类别，输入电路可分为直流输入电路、交流输入电路和交直流输入电路三种。有些输入电路还具有与 TTL 电平/CMOS 电平兼容、正负逻辑控制和反相等功能。固态继电器的输入与输出电路的隔离和耦合方式有光电耦合和变压器耦合两种。固态继电器的输出电路也可分为直流输出电路、交流输出电路和交直流输出电路。

【**结构**】 常用固态继电器几乎都是模块化的四端有源器件，其中两端为输入控制端，另外两端为输出受控端（图 3-78）。器件中多采用光电耦合器实现输入与输出之间的电气隔离。输出受控端利用开关三极管、双向晶闸管等半导体器件的开关特性，实现无触点、无火花地接通和断开外接控制电路的目的。整个器件无可动部件及触点，可实现相当于常用电磁继电器的功能。但是，与传统电磁继电器相比，可通断的负载一般比较小。

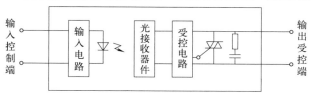

图 3-78 固态继电器结构

【**型号**】 额定通态电流（I_e）至 1000A、额定断态电压（V_c）至 600V 的交流固态继电器型号识别是：

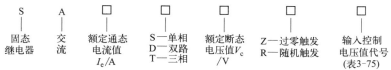

表 3-75 输入控制电压值的代号（JB/T 11050—2010）

代号	直流输入			交流输入		
	D1	D2	D3	A1	A2	A3
电压值范围/V	4～16	15～30	4～32	90～140	170～260	315～430

【**额定值和特性值**】 见表 3-76 和表 3-77。

表 3-76 交流固态继电器的额定值（JB/T 11050—2010）

规格	通态电流 I_e/A	断态电压/浪涌电压 (V_c/V_{sm})/V	过载电流 I_{OV}/A	浪涌电流 I_{TSM}/A	绝缘电压 V_{ISO}/V
SA1	1			15	
SA2	2			30	
SA3	3			45	
SA5	5			75	
SA10	10			100	
SA15	15			150	
SA20	20			200	
SA25	25			250	
SA40	40	120/400		400	
SA60	60	280/800		600	
SA80	80	400/1000		800	2500
SA100	100	480/1200	1.5I_e	1000	
SA120	120	530/1400		1200	
SA160	160	600/1600		1600	
SA200	200			2000	
SA250	250			2500	
SA300	300			2500	
SA400	400			3200	
SA500	500			4000	
SA600	600			4800	
SA800	800			6400	
SA1000	1000			8000	

注：通态电流 I_e、绝缘电压 V_{ISO} 均为方均根值。

表 3-77　交流固态继电器的特性值（JB/T 11050—2010）

系列品种	通态电压 V_{TM} /V	断态电流 I_D(RMS) /mA	输入控制电压 V_c /V	输入控制电流 I_c /mA	开通时间 t_{on} /ms	关断时间 t_{off} /ms	开通电压 V_{on} /V	关断电压 V_{off} /mV	断态电压临界上升率 dV/dt /(V/μs)
SA1 SA2	1.2	5	直流控制： 4～16 （D1） 15～30 （D2） 4～32 （D3） 交流控制： 90～140 （A1） 170～260 （A2） 315～430 （A3）	单相控制： 50 三相控制： 150	随机控制： 1 过零控制： 10	直流控制： 10 交流控制： 40	直流控制： 4（D1） 15（D2） 4（D3） 交流控制： 90（A1） 170（A2） 315（A3）	直流控制： 1 交流控制： 10	50
SA3 SA5	1.2	5							75
SA10 SA16 SA20 SA35 SA40	1.6	8							200
SA60 SA80 SA100 SA120 SA160	1.8	10							300
SA200 SA250		12							300
SA300 SA400	2.0	15							500
SA500 SA600 SA800	2.0	20							500
SA1000		30							

注：表中 dV/dt 为下限值，V_c 为范围值，其他特性均为上限值。

【工作原理】　在图 3-79 中，从 DW1、DW2 上取出的削顶正弦信号，经反相器 BG1 输出方波，再经运算放大器 A 输出尖峰脉冲信号。尖峰脉冲加在 D3～D6 的交流对角线与 SCR（硅控整流器）的控制极和阴极间，D3～D6 的直流对角线接在光电耦合器的输出端。当从 A、B 输入低压小电流信号时，二极管发光，光敏管导通，于是从 A 运算放大器中输出的尖峰脉冲触发 SCR 导通，负载 RL 得电。A、B 无信号输入时，光电耦合器 BG2 截止，尖峰脉冲通不过而使 SCR 不能导通。

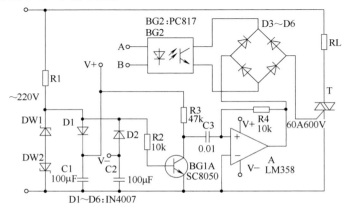

图 3-79　固态继电器的工作原理图

【检测】 用指针式万用表。

1. 检测其输入端与输出端

通常，在直流固态继电器外壳的输入端和输出端旁均标有"＋""－"符号，并注有"DC 输入""DC 输出"的字样。而交流固态继电器只是在输入端上标有"＋""－"符号，输出端无正、负极之分。对于无标识的固态继电器，可用万用表的 $R \times 10k$ 挡，通过分别测量各引脚之间的正、反向电阻值来检测输入端与输出端。

当测出某两个引脚之间的正向电阻较小，而反向电阻为∞时，这两只引脚即为输入端，其余两脚为输出端；而在阻值较小的一次测量中，黑表笔接的是正输入端，红表笔接的是负输入端。

2. 检测交、直流固态继电器的好坏

在上述检测时，若测得某两个引脚之间的正、反向电阻均为 0，则说明该固态继电器已击穿损坏。反之，若各引脚之间的正、反向电阻值均为∞，则说明该固态继电器已开路损坏。

【选型】 ① 根据安装线路电流类别，确定选择直流或交流固态继电器（表 3-78）。

表 3-78 固态继电器电源类别的选择

交流固态继电器[①]			直流固态继电器[②]		
负载电源电压／ V（AC）	继电器额定电压／ V（AC）	继电器阻断电压／V	负载电源电压／ V（DC）	继电器额定电压／ V（DC）	继电器阻断（标称）电压／V（DC）
110	240	600V	12	30	30
220	240	600V	24	50	50
380	380	800V	48	100	100
480	480	1200V	100	200	200
600	600	1600V	200	400	400
			400	600	600
			600	1200	1200

① 在某些特殊情况下（如电源的波动较大、电磁环境复杂等），则建议选择更高电压规格的产品。
② 可根据实际应用灵活选用，只要继电器两端的电压（包含瞬态电压）不超过其额定电压。

② 固态继电器的额定带载能力应不低于实际负载功率，且留有一定的裕度。对阻性电路，实际负载电流最好不要大于固态继电器额定电流的 2/3；对感性电路，则应不大于额定电流的 1/2。

③ 当固态继电器的电流大于或等于 10A 时，必须加散热器和过载保护装置。

④ 使固态继电器或模块的底板（与散热器接触面）温度不超过 80℃。

⑤ 注意根据不同的负载类型选用 SSR（固态继电器）的额定电流。

a. 对阻性负载 电炉刚接通时电流为稳定时的 1.3～1.4 倍；白炽灯接通时电流为稳态 10 倍，有些金属卤化物灯不但开启时间长达 10min，而且有高达 100 倍稳态时的脉冲电流。

b. 对感性负载 异步电动机启动电流为额定值的 5～7 倍，直流电机启动电流还要大。不但如此，感性负载还具有较高的反电势（通常为电源电压的 1～2 倍，当它和电源电压叠加，可高达 3 倍）。

c. 对容性负载 在导通时有 20～50 倍额定电流的冲击电流，会损坏 SSR，一般不建议采用。

需要特别指出的是，不能将 SSR 的浪涌电流值作为选择负载启动电流的依据，因为 SSR 的浪涌电流值是以晶闸管浪涌电流为标准的。它的前提条件是半个（或一个）电源周波，即 10 或 20ms。而前述启动过程，少则几百毫秒、几分钟，多则高达 10min。

【安装】 ① 在长期工作电流≥5A 时，必须加装与之配套的散热器，工作中散热器底板温度不得超过 80℃；若环境温度过高，必须风冷。

② 安装时，要将导热膜平行置于固态继电器底板与散热器接触面之间，对配备导热硅脂的，在安装时要在固态继电器底板均匀涂抹适量导热硅脂。安装固定螺钉要拧紧。

③ 推荐安装使用与之匹配的专用快速熔断器。对感性负载还需要在固态输出端加装压敏电阻、RC 吸收回路，对直流固态继电器如果是感性负载还需加装续流二极管等保护。

④ 固态继电器工作时，必须保证有足够而又不超出标称触发电压和电流值的电压和电流，譬如控制端为"3～32VDC"，即最小的输入电压不得小于 3VDC，最大不得超过 32VDC。

注意：使用中要防潮、防湿，避免雨淋、跌落以及剧烈摔碰。存放环境应通风、干燥、无腐蚀性气体，湿度必须小于 80%。

【故障及排除】 见表 3-79。

表 3-79 固态继电器的常见故障和解决办法

故障现象	可能原因	解决办法
线圈频繁断开	1. 可能用超声波清洗过 2. 线圈过电压	1. 建议报废 2. 消除过电压
触点不动作	1. 线圈的电压低于动作电压 2. 线圈极性接反	1. 排除线圈供电不足的原因 2. 改接线圈极性
线圈烧坏	交流固态继电器线圈上施加直流电压，或直流固态继电器线圈上施加交流电压	线路电压与固态继电器类别相适应
线圈发热和绝缘恶化	继电器长时间通电	减少继电器工作时间或负荷，或采用无励磁设计的固态继电器
继电器不断开	1. 负载电流大于 SSR（固态继电器）的额定切换电流 2. 散热不良或环境温度过高 3. 线电压突变引起 SSR 输出部分穿通 4. 线路线电压高于 SSR 的额定电压	1. 使用额定电流较大的 SSR 2. 使用较大的或更有效的散热片 3. 使用额定电压较高的 SSR 或提供保护电路 4. 降低线路线电压
切断输入后 SSR 才断开	1. SSR 工作电压太低 2. SSR 工作电压太高	1. 更换继电器 2. 检查 SSR 输入端前面的线路
继电器不导通	1. SSR 输入电压低于动作电压 2. SSR 输入电压高于动作电压 3. SSR 无输入电流	1. 检查 SSR 输入端前面的线路 2. 检查电源极性并纠正 3. 检查线路
触头故障	1. 触头上形成的针状凸起与凹坑相互咬合、熔焊或冷焊而产生无法断开的现象 2. 接触电阻变大或不稳定使电路无法正常接通 3. 负载过大或触头容量过小，或负载性质变化等引起触头无法分、合电路 4. 电压过高，或触头开距变小，使触头间隙被击穿 5. 电源频率过高，或触头间隙电容过大，致使无法准确开断电路 6. 各种环境条件不满足要求，造成触头工作失误 7. 没有采用灭弧装置等措施，或参数选用不当而造成触头磨损或产生干扰	1. 用细砂纸打磨等机械加工 2. 检查线路 3. 根据具体情况分别处理 4. 适当降低电压，或调整触头开距 5. 检查线路，或调整触头间隙 6. 根据具体情况分别处理 7. 采用灭弧装置或调整参数

故障现象	可能原因	解决办法
线圈故障	1. 环境温度太高,导致线圈温升超过允许值,引起线圈绝缘损坏;潮湿引起绝缘水平的严重降低;腐蚀引起内部断线或匝间短路 2. 线圈电压超过110%额定电压,导致线圈损坏 3. 使用维修时工具碰伤,使线圈绝缘损坏,或引起导线折断 4. 线圈电压或交直流接错致线圈烧坏 5. 交流线圈电压超过110%额定电压,或操作频率过高,或电压低于85%额定电压时,因衔铁吸合不上而烧坏 6. 交流线圈接上电压时,由于传动机构不灵或卡死等原因,衔铁不能闭合	1. 分别采取降温、除湿和防腐蚀措施 2. 降低线圈电压 3. 修复线圈损坏,并要避免人为维修失误 4. 更换线圈并注意按规定接线 5. 更换线圈并检查线路电压,降低操作频率 6. 调整修理传动机构
磁路故障	1. 棱角和转轴的磨损,导致衔铁转动不灵和卡死 2. 直流(固态)继电器机械磨损,或非磁性垫片损坏,使衔铁闭合后的最小气隙变小,剩磁力大,导致衔铁不能释放 3. 交流继电器铁芯上分磁环断裂,或衔铁和铁芯柱面生锈或侵入杂质时,引起衔铁振动,产生噪声 4. 交流继电器E型铁芯中,由于两侧铁芯磨损而使中柱的气隙消失,衔铁粘住不放	1. 修理棱角和转轴,必要时更换 2. 修理直流继电器机械磨损或更换非磁性垫片 3. 更换铁芯分磁环,修理衔铁和铁芯柱面并清除杂质 4. 修理或更换两侧铁芯
其他故障	1. 零件产生变形或松动,机械损坏,镀层裂开或剥落 2. 带电部分与外壳间的绝缘不够 3. 反力弹簧因疲劳而失去弹性 4. 各种整定值调整不当 5. 产品已达额定寿命等	1. 采取相应措施解决 2. 设法恢复绝缘或更换相应部件 3. 更换弹簧 4. 调整整定值 5. 更换产品

注:固态继电器损坏后,可采用双向晶闸管进行修复。其方法是:首先,把固态继电器上的四只封盖铆钉用锉刀锉平,轻轻撬起上盖,再用刀撬起电路板底盖;右上角有 2×25(mm)的缺口(从背面看)用锉刀沿缺口往里锉,便可露出原双向晶闸管的引线;取电流、耐压值与固态继电器上标称值相符的双向晶闸管,焊接在原双向晶闸管相应的引线上,再涂上防水胶并盖好上盖,用环氧树脂胶粘贴。

3.3.18 继电器的选用

关于继电器的选用,前面说了几个例子,这里说一些共性问题。

选用继电器时,首先要确定它的类型,并要考虑它的外形及安装方式、安装尺寸,输入参量,输出参量,环境条件,安全要求和可靠性要求。

(1) 确定类型

按输入信号不同选用继电器种类:例如输入信号是电、温度、时间、光信号者,则要分别选用电磁、温度、时间、光电继电器。

(2) 选择继电器的外形、安装方式和安装尺寸

继电器的外形、安装方式、安装尺寸品种很多,用户必须按整机的具体要求,提出具体的安装面积和允许继电器的高度、安装方式、安装尺寸。这是选择继电器首先要考虑的问题。同时应予以注意:

① 对于 FC 板式引出脚,脚间距大都为 $2.54\text{mm}×n(n=1、2、3\cdots$,以下同),但也有其他间距的继电器,其引出脚的长度一般为 3.5mm。

② 引出脚的可焊性、继电器的抗焊接热、引出脚相对底座的不垂直度等应有严格的要求。

③ 对于快连接式继电器，快连接引出脚通常有 250♯（6.35mm×0.8mm）、187♯（4.75mm×0.5mm）2 种。这类引出脚要特别注意插拔力要求，250♯引出脚：拔力矩＞10kgf·cm；187♯引出脚：拔力矩＞5kgf·cm。

(3) 根据输入参量选择型号

不同种类的输入参量，是选择继电器型号的重要依据。当输入参量为交流电压（电流）时，应选用交流继电器；当输入参量为直流电压（电流）时，应选用直流继电器。常见的继电器有 DC5V、DC12V、DC24V、DC48V 等。

与用户密切相关的输入参量是线圈工作电压（或电流），通常，工作值为吸合值的 1.5 倍，工作值的误差一般为±10%。

(4) 按照控制回路对象的电压电流等级选型

要根据控制回路的电压等级选型，比如要控制 DC24V 的系统，还是要控制 AC220V 的系统。确定了控制回路的电压之后，还要按照控制回路的电流大小进行选型，比如回路流过的最大电流是直流 10A，还是交流 30A。保证控制回路电压和流过的电流，不超过规定的范围。

(5) 按负载情况选择继电器触点的种类和容量

触点组合形式和触点组数，应根据被控回路实际情况确定。动合触点组和转换触点组中的动合触点对，由于接通时触点回跳次数少和触点烧蚀后补偿量大，其负载能力和接触可靠性较动断触点组和转换触点组中的动断触点对要高，整机线路可对触点位置适当调整，尽量多用动合触点。

(6) 按灵敏度选择

当对灵敏度要求不高时，可采用一般灵敏度的直流继电器；当灵敏度要求较高，输出功率为强电，环境条件苛刻，可用固态继电器、中等灵敏度的继电器；当要求高灵敏度（如0.2W 以下），可采用混合继电器、极化继电器。但混合继电器的价格较高，体积较大；极化继电器环境适应性较差，负载能力不高。当输入电压持续时间较长，建议采用磁保持继电器。当输入参量频率达 10Hz 及以上，要求继电器快速动作时，应选用舌簧继电器、极化继电器或固态继电器。舌簧继电器动作频率可达 50 次/s，价格低廉，但触点负载能力低，一般只能达 50mA、28VDC；极化继电器、固态继电器动作频率可达 100 次/s，工作可靠，但价格高，体积较大。

(7) 根据负载容量和性质确定参数

根据负载容量大小和负载性质（阻性、感性、容性、灯载及电动机负载）确定参数十分重要。一般说，继电器切换负荷在额定电压下，电流大于 100mA、小于额定电流的 75% 最好。电流小于 100mA 会使触点积炭增加，可靠性下降，故 100mA 称作试验电流，是国内外专业标准对继电器生产厂工艺条件和水平的考核内容。由于一般继电器不具备低负载切换能力，用于切换 50mV、50μA 以下负荷的继电器，用户须注明，必要时应请继电器生产厂协助选型。

(8) 根据使用环境选择

主要指温度、湿度、低气压（指 1000m 以上）、振动和冲击。此外，尚有封装方式、安装方法、外形尺寸及绝缘性等要求。对电磁干扰或射频干扰比较敏感的装置周围，最好不要选用交流电激励的继电器。选用直流继电器和固态器件或电路提供激励及对尖峰信号比较敏感的地方，要选择有瞬态抑制电路的产品。

（9）常用电动机保护继电器的选用

① 规格：根据所需保护电动机的额定电流。在特殊情况下，大规格电动机保护器（保护继电器）可用增加穿过保护器匝数的方法，应用在小功率电动机上；小规格电动机保护器可通过安装于电流互感器二次侧的方法，应用于大功率电动机。

② 启动时间：对一些大惯量、重负荷启动的设备（如风机），宜选用启动时间 20s 的电动机保护器；对一些小惯量、轻负荷启动设备，则允许短时间过载。

一般在选择保护继电器时，对于空载启动和不易遭受过负荷的电动机宜采用 DL 型继电器，对于带载启动或者易遭受过负荷的电动机宜采用 GL 型继电器。

3.4 触控屏

触控屏又称为触控面板，是一种可以把触摸位置转化成绝对坐标数据的输入设备（图 3-80）。手机桌面就是最典型、人们用得最普遍的触控屏，人们无需学习即可操作；除此之外，诸如点歌机、平板电脑、一些公共信息查询系统、工业控制设备、电子游戏机、多媒体教学设备等等都有应用，是一种简单、方便、自然的人机交互方式。

触控屏与显示屏不同。显示屏只能显示，普通电脑的 LCD（液晶显示）屏只能显示，不能用于操作；而手机的桌面是把触摸屏和显示屏复合在一起的。一般外层是很薄且透明的触摸屏，下面是显示图像的显示屏，人们看到的是透过触摸屏的显示屏上的图像。

3.4.1 触控屏原理

触控屏的原理是：当人的手指或其他物体接触了屏幕上的图形按钮时，触控屏触觉反馈系统可根据预先编好的

图 3-80 触控屏

程序驱动各种连接装置，将矩形区域中触摸点（X，Y）的物理位置，转换为代表 X 坐标和 Y 坐标的电压送给 CPU（中央处理器）进行计算，并接收 CPU 发来的命令予以执行，从而取代机械式的按钮面板，并借由液晶显示画面制造出生动的影音效果。

3.4.2 触控屏分类

按触控屏的工作原理和传输信息的介质，应用得最多的触摸屏为电阻式和电容式，其次是红外线式和表面声波式。

（1）电阻式触控屏

电阻式触控屏（图 3-81）的前面板（柔软塑料片）和后面板（硬度高）不导电，在平时不接触。当有外力按压之下，前面板发生局部变形，于是这一点上的前后面板会接触。由于透明的金属涂层导电有电阻，所以相当于在前后面板之间接了一个电阻。因为金属涂层形成的等效电阻在整个板上是均匀分布的，所在面板上某一

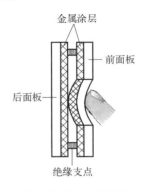

图 3-81 电阻式触控屏

点的电压值和这一点的位置值成正比。经过如此操作，按下之后要的就是按下的坐标（位置信息），这个坐标和电压成正比，通过 AD 转换（模拟信号转换成数字信号）即可得到这一点的电压。这就是整个电阻式触控屏的工作原理。

TP3000 系列电阻式触控屏技术数据见表 3-80。

表 3-80　TP3000 系列 HMI（人机交互）电阻式触控屏技术数据（4 线）

型号	TP307L	TP3107	TP3110L	TP3110
额定功率/W		<7,背光关闭<5		
额定电压/V		DC24,可工作范围 DC18～28		
电源保护		具备雷击浪涌保护		
允许失电		<5ms		
尺寸/英寸,宽屏		7		10
分辨率/dpi		800×480		1024×600
亮度/(cd/m²)		250		
色彩/位		24		
背光		LED 可设置背光灯 OFF/屏幕保护时间		
LCD 寿命/h		50000		
RTC		实时时钟内置		
COM1		RS232/RS485/RS422		
COM3		RS232		
以太网	—	支持 1 路 10M/100M	—	支持 1 路 10M/100M
音频输出		蜂鸣器		
USB		1 个 USB Slave2.0(mini)端口；1 个 USB Host 2.0 端口		
防护等级		前面板 IP65,机身后壳 IP20		
整机尺寸/mm		206.4×155.2		272×214
整机质量/g		900		1300

（2）电容式触控屏

电容式触控屏（图 3-82）利用电容原理感知用户触摸操作。

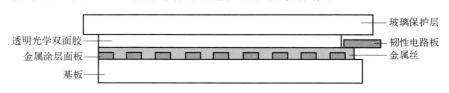

图 3-82　单层金属涂层面板电容式触控屏的结构

电容式触控屏分单层金属涂层面板、单面双层金属涂层面板、双面单层金属涂层面板和轴坐标式感应单元矩阵四种。现以单层金属涂层面板电容式触控屏为例说明（图 3-82）。这种触控屏可以简单地看成由四层材料构成的复合屏：最外层是硅土玻璃保护层（大约0.0015mm 厚），接着是韧性电路板，第三层是金属涂层面板，第四层基板为一个单层的有机玻璃，其内外表面分别镀有一层透明均匀的导电薄膜，它也是导电层（电气信号显示层）。中间的韧性电路板是整个触控屏的关键部分，四个角或四条边上有直接的引线，负责触控点的位置的检测。

电容式触控屏的四边均镀上狭长的电极，在导电体内形成一个低电压交流电场。当人的手指触控屏幕时，由于人体的电场，手指与导体层间会形成一个耦合电容，四边电极发出的电流流向触点。因为电流的强弱与手指到电极的距离成正比，因此，位于触摸屏幕后的控制器便自动计算出电流的比例及强弱，准确算出触摸点的位置。电容式触控屏的双玻璃不但能保护导体及感应器，更能有效地防止外在环境因素对触控屏造成影响，即使屏幕沾有污秽、尘埃或油渍，电容式触控屏依然能准确算出触摸点的位置。

（3）红外线式触控屏

红外线式触控屏（图3-83）是高度集成的电子线路整合体，它是利用X、Y方向上密布的红外线矩阵，来检测并定位用户触摸的。它在显示器的前面安装了一个完整的整合控制电路板外框，电路板的屏幕四边排布了两对高精度、抗干扰的红外发射管和红外接收管，交叉安装在高度集成的电路板上的两个相对的方向，构成一个不可见的红外矩阵光栅，内嵌在控制电路中的智能控制系统，持续地对二极管发出脉冲，形成红外线偏振光束格栅。当触摸物体如手指等进入光栅时，便阻断了光束，智能控制系统便会侦察到光的损失变化，并传输信号给控制系统，以确认X轴和Y轴坐标值。

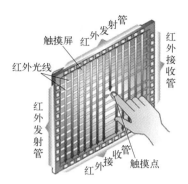

图3-83 红外线式触控屏

（4）表面声波式触控屏

表面声波式触控屏（图3-84）的触摸屏部分，可以是一块平面、球面或是柱面的玻璃平板（没有任何贴膜和覆盖层的强化玻璃），安装在阴极射线管、发光二极管、液晶显示器或等离子显示器屏幕的前面。

玻璃屏的左上角和右下角各固定了垂直和水平方向的超声波发射换能器，右上角则固定了两个相应的超声波接收换能器。玻璃屏的四个周边则刻有45°角由疏到密间隔非常精密的反射条纹。

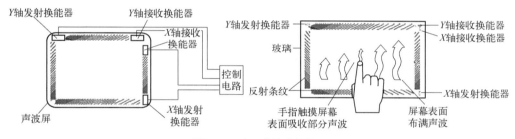

图3-84 表面声波式触控屏

【**工作原理**】 现以图3-84右下角的X轴发射换能器为例说明。当有人手指触摸时，控制器即通过触控屏电路发送电信号，并将其转化为声波能量向左方表面传递。同时玻璃板下边的一组精密反射条纹，把声波能量反射成向上的均匀面传递。声波能量经过屏体表面，再由上边的反射条纹，向右方传播给X轴接收换能器并将其转变为电信号。当发射换能器发射一个窄脉冲后，声波能量历经不同途径到达接收换能器。走最右边的最早到达，走最左边的最晚到达，它们叠加成一个较宽的波形信号。不难看出，接收信号集合了所有在X轴方向历经长短不同路径回归的声波能量，它们在Y轴走过的路程是相同的；但在X轴上，最远的比最近的多走了2倍X轴最大距离。因此这个波形信号的时间轴反映各原始波形叠加前的位置，也就是X轴坐标。

在没有触摸的时候，接收信号的波形与参照波形完全一样。当手指或其他能够吸收或阻挡声波能量的物体触摸屏幕时，X轴途经手指部位向上走的声波能量被部分吸收，于是接收波形上（即某一时刻位置上的波形）形成一个衰减缺口。计算这个缺口位置，即得到X坐标。之后Y轴以同样的过程判定出触摸点的Y轴坐标。一般触控屏都只能响应X、Y坐标，而表面声波式触控屏，还可以由接收信号衰减处的衰减量，计算出用户触摸压力大小，

即第三轴 Z 轴坐标。这三轴确定后，控制器就把它们传给主机。

上述四种触控屏的特性比较见表 3-81。

表 3-81　常用触控屏特性比较

型式	电阻式	电容式	红外线式	表面声波式
透光率	85%	85%	100%	92%
分辨率/dpi	4096×4096	1024×1024	977×737	4096×4096
感应轴	X、Y	X、Y	X、Y	X、Y、Z
漂移	无	有	无	无
材质	多层玻璃或 塑料复合膜	多层玻璃或 塑料复合膜	塑料框架 或透光外壳	纯玻璃
耐磨性	好	好	很好	很好
响应速度	<10ms	<3ms	<20ms	<10ms
干扰性	无	电磁干扰	光扰	无
污物影响	无	较小	无	小
稳定性	好	差	高	一般
寿命 /百万次	四线>5 五线>30	20	传感器太多 损坏概率大	>50

3.4.3　常见故障和排除

触控屏常见故障和解决办法见表 3-82。

表 3-82　触控屏常见故障和解决办法

类型	现象	可能原因	解决办法
电阻式 触控屏	手指所触摸的位置与鼠标箭头不重合	校正位置时没有垂直触摸靶心正中位置；触控屏上的信号线接触不良或断路	重新校正位置；查找断点重新连接或更换触控屏
	不触摸时鼠标箭头始终停留在某一位置；触摸时，鼠标箭头在触摸点与原停留点的中点	有异物非主动触摸，压迫电阻式触控屏的有效工作区	移开压迫电阻式触控屏有效工作区中的异物
	触控屏幕时，鼠标箭头不动作，没有发生位置改变	1. 触控屏发生故障 2. 触控屏控制卡发生故障 3. 触控屏信号线发生故障 4. 计算机主机的串口发生故障 5. 计算机的操作系统发生故障 6. 触控屏驱动程序安装错误	1. 排除触控屏故障 2. 排除控制卡故障 3. 排除信号线故障 4. 排除主机串口故障 5. 排除操作系统故障 6. 排除驱动程序安装错误
	触摸鼠标只能在一小区域内移动或电阻式触控屏不准	新装驱动或改变显示器分辨率	运行触控屏校准程序
	鼠标一直在显示器四边的某一点出现	1. 机柜外壳压住触摸区域 2. 显示器外壳压住触摸区域	1. 调大机柜和显示器屏幕之间的距离 2. 拧松显示器外壳螺钉
	鼠标跟手触摸移动方向相反	触控屏控制盒与触控屏连接的四根线接头反接	正确接线，调整方向
	触摸无响应	1. 触控屏的连线不正确 2. 线没有连接 3. 空制盒灯不亮或是红灯，则说明控制盒已坏 4. 触控屏驱动信息有丢失 5. 主机中设备与串口资源冲突 6. 计算机主板和触控屏控制盒不兼容 7. 触控屏长期使用，失效	1. 检查主机键盘口连线的电压，应是 5V 2. 检查连线情况 3. 更换控制盒 4. 删除触控屏驱动并重新安装 5. 检查各硬件设备并调整 6. 更换主机或主板 7. 更换触控屏

类型	现象	可能原因	解决办法
红外线式触控屏	双击不太灵敏	灵敏度设置偏高	打开红外屏校准程序,适当调低灵敏度
表面声波式触控屏	手指触摸的位置与鼠标箭头不重合	校正位置时,没有垂直触摸靶心正中位置	重新校正位置
	部分区域触摸准确,部分区域触摸有偏差	四周边上的声波反射条纹上面积累了大量的尘土或水垢,影响了声波信号的传递	断开电源,彻底清洁触控屏四边的声波反射条纹
	触摸屏幕时,鼠标箭头无任何动作,没有发生位置改变	1. 触控屏四周边上的声波反射条纹上面,积累的尘土或水垢非常严重 2. 触控屏发生故障 3. 触控屏控制卡发生故障 4. 触控屏信号线发生故障 5. 计算机主机的串口发生故障 6. 计算机的操作系统发生故障 7. 触控屏驱动程序安装错误	1. 断开电源,彻底清洁触控屏四边的声波反射条纹 2. 排除触控屏故障 3. 排除控制卡故障 4. 排除信号线故障 5. 排除串口故障 6. 排除操作系统故障 7. 排除驱动程序错误

第**4**章　保护电器

保护电器是安装在线路源头，对下游电器实施保护功能，不致因电源故障或外界因素而损坏的电器，如常见的熔断器、断路器等。

4.1　熔断器

熔断器有低压熔断器和高压熔断器，低压是指设备对地电压在 250V 及以下者，高压是指设备对地电压在 250V 以上者。本章仅讨论低压熔断器。

4.1.1　低压熔断器

低压熔断器是串联在被保护线路中用作过载和短路保护的电器，其文字代号是 FU，图形符号是 。

【用途】　用于低压配电短路保护和电缆线路过载保护。

【工作原理】　利用金属导体为熔体，串联于电路中，当过载或短路电流通过熔体时，自身发热而熔断熔体，从而分断电路的电器。熔断后需更换新的熔体。

熔断器由熔管、熔体和瓷座等构成。熔管是装熔体的外壳，由陶瓷、绝缘钢纸制成，在熔体熔断时兼有灭弧作用；熔体由易熔金属材料铅、锌、锡、银、铜及其合金制成，通常制成丝状和片状。

【分类】　熔断器的分类有 4 种方法：

① 按分断电流能力分，有全范围分断能力和部分范围分断能力两种。

② 按使用类别分，有一般用途和电动机保护两种。

③ 按外形分，有熔丝和熔管两种。

④ 按结构形式分，有瓷插式、螺旋式、无填料封闭管式和有填料封闭管式，以及快速和自复等几种。

a. 瓷插式熔断器（图 4-1）　用于在低压配电网络中，主要用作线路和用电设备的短路保护；在照明线路中还可起过载保护作用。因其熔丝周围没有灭弧填料，开断短路电流能力差、不够安全，故已趋于淘汰。

b. 螺旋式熔断器（图 4-2）　在熔断管内装有石英砂，熔体埋于其中，熔体熔断时，电弧喷向石英砂及其缝隙，可迅速降温而熄灭。为了便于监视，熔断器一端装有色点指示器。主要用于短路电流大的支路或有易燃气体的场所。

c. 无填料封闭管式熔断器（图 4-3）　其主要部分均由绝缘性能良好的电瓷制成，熔体内装有一组熔丝（片）和充满足够紧密的石英砂。额定电压至交流 220V、380V、500V；

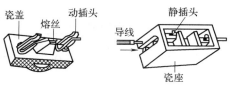

图 4-1 瓷插式熔断器

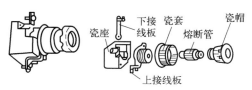

图 4-2 螺旋式熔断器

额定电流至 600A。用于动力网络和成套配电设备中，作为导线、电缆及较大容量电气设备的短路和连续过载保护。

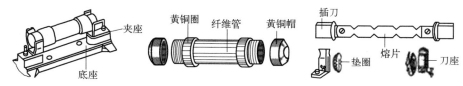

图 4-3 无填料封闭管式熔断器

d. 有填料封闭管式熔断器（图 4-4） 由瓷管、工作熔体、石英砂、盖板、熔断指示器和触刀等组成。额定电压至交流 380V，直流 400V；额定电流至 1000A。用于电缆、导线及电气设备（如电动机、变压器及开关等）的短路保护及导线、电缆的过负荷保护。

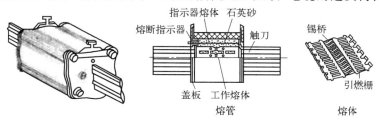

图 4-4 有填料封闭管式熔断器

【型号】 识别方法是：

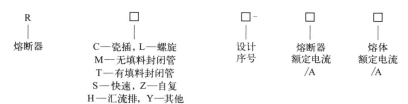

R 熔断器

C—瓷插，L—螺旋
M—无填料封闭管
T—有填料封闭管
S—快速，Z—自复
H—汇流排，Y—其他

设计序号

熔断器额定电流/A

熔体额定电流/A

例：RL1-100 表示的是第一次设计的额定电流为 100A 的螺旋式熔断器。

【产品数据】 见表 4-1 至表 4-4。

表 4-1 RC1A 系列熔断器的技术数据

额定电流/A	熔丝额定电流/A	短路分断能力/kA	cosφ	分断次数	熔丝直径/mm	熔丝材料和牌号
10	6 8 10	750	0.8	3	0.52 0.82 1.08	铅保险丝（锑铅合金）
15	12 15	1000			1.25 1.98	
60	40 50 60	4000	0.5		0.92 1.07 1.20	圆铜线（紫铜）
100	80 100				1.55 1.80	

表 4-2　RL1 系列熔断器的技术数据

型号	额定电流/A	熔体额定电流/A	额定分断能力/kA			
			交流		直流	
			400V	cosφ	440V	t/ms
RL1-15 RL1-60	15 60	2、4、5、3、10、15 20、25、30、35、40、50、60	25	0.35	5	10~20
RL1-100 RL1-200	100 200	60、80、100 100、120、150、200	50	0.25	10	

注：当周围空气温度为 20±5℃ 时，熔断器通过以下规定的最小试验电流 1h 应不熔断，通过最大试验电流 1h 必须熔断。

熔体额定电流 I_n/A	最小试验电流	最大试验电流
$I_n \leqslant 10$	$1.5I_n$	$2.1I_n$
$10 < I_n \leqslant 30$	$1.4I_n$	$1.75I_n$
$I_n > 30$	$1.3I_n$	$1.6I_n$

表 4-3　RM10 系列熔断器的技术数据

型号	熔管额定电压/V	额定电流/A		最大分断能力		额定电压/V
		熔管	熔体	电流/kA	cosφ	
RMl0-15 RMl0-60	交流： 200,380,500 直流： 220,440	15 60	6,10,15 15,20,25,35,45,60	1.2 3.5	0.8 0.7	380
RM10-100 RM10-200 RM10-350 RM10-600		100 200 350 600	60,80,100 100,125,160,200 200,225,260,300,350 350,430,500,600	10	0.35	

表 4-4　RT30 系列熔断器的技术数据

额定电流/A	额定电压/V	额定耗散功率/W	额定分断能力/kA	约定时间和约定电流	
				不熔断电流	熔断电流
6 10 16	220	1.0 1.3 2.3	6	$I_{nf}=1.25I_n$ （1h 内）	$I'_{nf}=1.6I_n$ （1h 内）
20 25 32 63	380	2.6 3.2 3.2 6.8	10		

【上下级配合】　为防止发生越级熔断、扩大事故范围，上、下级线路（即供电干、支线）的熔断器间应有良好配合（表 4-5）。选用时，应使上级（供电干线）熔断器的熔体额定电流比下级（供电支线）的大 1~2 个级差。例如在短路电流为 2kA 时，熔体电流 40A 的上一级至少应为 80A，50A 的上一级至少应为 100A 等。

【检测】　① 观察法：查看其内部熔丝是否熔断、是否发黑、两端封口是否松动等，若有上述情况，则表明已损坏。

② 用万用表电阻挡直接测量，其两端金属封口阻值应为 0Ω，否则为损坏。

【选用】　按以下几个方面要求：

① 类型的选择　工业用熔断器的选用方法是按网络额定电压和短路电流。在配电系统中，一般要求前一级熔断器熔体比后一级熔体的额定电流大 2~3 倍。

对于容量较小的照明线路或电动机的保护，一般宜采用 RC1A 系列瓷插式熔断器或 RM10

表 4-5　熔断器级间的配合

熔断器额定电流/A	熔体额定电流/A	短路电流(周期分量有效值)/kA				
		1.0	2.0	4.0	6.0	10～25
100	30					
100	40					
100	50					
100	60					
100	80					
100	100					
200	120					
200	150					
200	200					
400	250					
400	300					
400	350					
400	400					
600	450					
600	500					
600	550					
600	600					

系列无填料密闭管式熔断器；对于短路电流较大的电路或有易燃气体的场合，宜采用具有高分断能力的 RL 系列螺旋式熔断器或 RT（包括 NT）系列有填料封闭管式熔断器；对于保护硅整流器件及晶闸管的场合，应采用快速熔断器。

② 形式的选择　主要考虑使用环境。例如，管式熔断器常用于容量较大的变电场合；瓷插式熔断器常用于无振动的场合；螺旋式熔断器多用于机床配电；电子设备一般采用熔丝座。

③ 额定电压的选择　应等于或大于所在电路的额定电压。

④ 熔体额定电流的选择　主要根据负载的容量和负载的性质（表 4-6）。

表 4-6　熔断器熔体额定电流选择

负载性质		熔体额定电流
照明电路		=(1～1.1)×被保护电路上所有照明电器工作电流之和
并联电容器组		=(1.43～1.55)×电容器组额定电流
电动机	单台直接启动	=(1.5～2.5)×电动机额定电流
	多台直接启动	=(1.5～2.5)×各台电动机额定电流之和
	降压启动	=(1.5～2)×电动机额定电流
	绕线式	=(1.2～1.5)×电动机额定电流
配电变压器低压侧		=(1.0～1.5)×变压器低压侧额定电流
变压器、电炉和照明等		=(或略大于)负载电流
输配电线路		=(或略小于)线路的安全电流
电焊机		=(1.5～2.5)×负荷电流
电子整流元件		≥1.57×整流元件额定电流

【安装】　①安装前检查：

a. 熔断器应完好无损，动触头与静触头接触紧密可靠，并应有额定电压、电流值的标志，当安上熔体后，用万用表欧姆挡测量两接线端时，$R=0\Omega$。

b. 熔断器的额定电压是否大于或等于线路的额定电压，额定分断能力是否大于或等于线路中的预定短路电流，熔体的额定电流是否小于或等于熔断器支持件的额定电流。

② 两端的连线必须可靠，各相接触良好；熔体和触刀以及触刀和刀座应接触良好，注意不使熔体受到机械损伤，能防止电弧可能落到附近的带电器件。

③ 安装熔断器时，应用合格的熔体，不能用多根小规格的熔体并联代替一根大规格的熔体，且各级熔体应相互配合，并做到下一级熔体应比上一级小。

④ 安装时应注意使熔断器周围介质温度与保护对象周围介质的温度尽可能一致。

⑤ 对三相四线或二相三线制电路，熔断器应安装在各相线上（严禁安装在中性线上）；而对单相二线制电路，则应该安装在中性线上。

⑥ 作短路保护使用时，应安装在控制开关的出线端；兼作隔离目的使用时，应安装在控制开关电源的进线端。

⑦ 连接线的材料和截面积以及它的温升均应符合规定。

⑧ 熔断器一般应垂直安装，其位置应便于更换熔体；如带熔断指示器，应使其方向朝着观测者。

⑨ 安装螺旋式熔断器时，其下接线板的进线端应在上方，并与电源线连接；熔断器的上接线板的接线端应在下方，作为出线端。这样更换保险芯不容易触电。

【使用和维护】 ①发现熔体有腐蚀、裂纹或损伤，应予更换同一规格熔体。

② 更换熔体或熔管必须在不带电的情况下进行。

③ 应及时清除熔断器上的尘垢。

④ 观察熔断器内部有无放电声。

⑤ 检查与熔断器相连的导体、连接点以及熔断器本身有无过热现象，连接点接触是否良好。

⑥ 对于有动作指示器的熔断器，应经常检查，若发现熔断器已动作，则应及时更换。

【故障和排除】 见表 4-7。

表 4-7　低压熔断器常见故障及排除办法

故障现象	可能原因	解决办法
电动机启动瞬间熔体熔断	1. 熔体的规格选择过小 2. 熔体安装时有机械损伤 3. 负载侧短路或接地 4. 有一相电源短路	1. 使用合适的熔体 2. 更换熔体 3. 线路检修 4. 检查熔断器及保护电路，排除故障
熔体未熔断但电路不通	1. 熔体接线端接触不良 2. 螺旋式熔断器螺母未拧紧	1. 改善接线端接触状态 2. 拧紧熔断器螺母
熔体在正常情况下熔断	1. 熔体容量过小 2. 熔体在安装时受损	1. 更换合适熔体 2. 安装时应正确操作
熔断器过热	1. 熔断器运行年久,轴刀、刀座接触表面氧化或生锈,接触不良 2. 熔体未旋到位接触不良 3. 接线螺钉锈死或松动 4. 熔体规格小或负荷重 5. 环境温度过高 6. 导线过细,或负荷重 7. 铝导线连接接触不良	1. 用砂布擦除氧化物,清扫灰尘,检查接触件接触情况,或者更换全套熔断器 2. 熔体必须旋到位,旋紧、牢固 3. 拧紧螺钉和垫圈 4. 更换合适熔体或熔断器 5. 通风或采取其他措施 6. 更换合适的导线 7. 将铝导线换成铜导线,或将铝导线搪锡
磁绝缘损坏	1. 产品损坏或质量低劣 2. 操作时用力过猛 3. 过热引起	1. 更换熔断器 2. 更换产品并改进操作 3. 按前项处理

4.1.2 熔断器式隔离器

熔断器式隔离器（开关）是兼具电路保护和电源隔离功能的熔断器。

(1) HG1 系列熔断器式隔离开关 （图 4-5）

【用途】 用于交流 50Hz、额定电压 380V，约定发热电流至 63A，具有高短路电流的配电回路和电动机回路中。

【结构】 HG1 系列熔断器式隔离开关主要由底板、基座、支持件等部分组成，三组主触头装在基座上，圆筒形熔断体（熔体）插在支持件内直接作为动触头用，由操作手柄带动支持件，使熔断体与主触头接通或断开。

图 4-5 HG1 系列熔断器式隔离开关

操作手柄装在隔离器（开关）的右侧，带防护型手把装在隔离器的正中央，并带有安全防护板。隔离器中基座、支持件等均由耐弧塑料压制而成，使用安全可靠，且结构简单、拆装方便。

隔离器中装有一组或两组可接通与分断的辅助触头，它随主触头的接通而接通、断开而断开，其辅助静触头装在基座上、动触头装在支持件内。

隔离器右侧可装辅助微动开关，并配用带熔断撞击器的熔断体，当隔离器某极熔断体熔断使撞击器弹出时，通过传动轴触动微动开关而发出熔断信号，可作缺相检测保护之用。

【标记】 表示方法是：

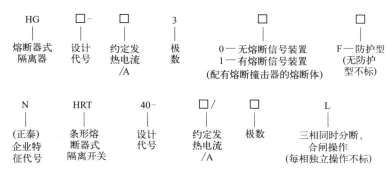

【产品数据】 见表 4-8。

表 4-8 HG1 系列熔断器式隔离开关技术数据

型号		HG1-20	HG1-32	HG1-63
约定发热电流/A		20	32	63
额定工作电压/V			380	
额定工作电流/A		20	32	63
额定限制短路电流(有效值)/kA			50	
辅助触头	额定工作电压/V		380	
	约定发热电流/A		6	
机械寿命/次			3000	

(2) HR17 系列熔断器式隔离开关

【用途】 用于额定频率 50Hz，额定绝缘电压至 800V，额定工作电压至 660V，额定工作电流至 630A，有高短路电流的配电和电动机电路中，用作电源开关、隔离开关和应急开关并作电路保护之用。

【结构】 主要由底座（带触头）、上下防触电罩、开关盖（带熔断体）和灭弧装置四大部分组成。

【标记】 表示方法是：

HR	□-	□/	□	□	J
熔断器式隔离开关	设计代号	约定发热电流	极数2，3，4	微动开关0—无1—有	母线挂接式（固定式不标）

【产品数据】 见表 4-9。

表 4-9 HR17B 系列熔断器式隔离开关技术数据

型号 HR17B		−40	−63	−160	−250	−400	−630
额定绝缘电压 U_i/V		690		800			
额定工作电压 U_e/V		AC 400，660					
额定工作电流 I_e/A	400VAC-23B	40	63	160	250	400	630
	660VAC-22B	32	50	100	200	315	425
额定接通能力 I_{cm}		$10I_e$					
额定限制短路电流 I_{nc}/kA		50					
配用熔断体		RT14-40	RT14-63	NT00-160	NT1-250	NT2-400	NT3-630

注：当开关用于电动机电路时，允许熔断体的额定电流大于开关的额定工作电流。

4.1.3 隔离开关熔断器组

隔离开关熔断器组是一种多极、手动不频繁操作的主开关或总开关（图 4-6）。

【用途】 主要用于有高短路电流的配电电路和电动机电路中。

【结构】 ① 由操作机构、触头系统、灭弧系统、手柄和外壳等组成。

② 动触头系统均由四个压缩弹簧的铜滚柱组成，每个滚柱都能单独滚动。

③ 外壳为全封闭式结构，内置静触头及灭弧系统。

④ 操作手柄可安装在开关柜门上，当柜门关上时手柄即与开关的操纵杆楔合，当开关处于闭合位置时，手柄与柜门联锁，可防止柜门的打开。

图 4-6 隔离开关熔断器组

【型号】 HGLR1 系列的识别方法是：

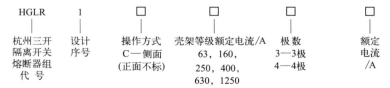

HGLR	1	□	□	□	□
杭州三开隔离开关熔断器组代号	设计序号	操作方式C—侧面（正面不标）	壳架等级额定电流/A63，160，250，400，630，1250	极数3—3极4—4极	额定电流/A

【工作原理】 由于操作机构采用弹簧蓄能、瞬时释放的加速机构，可确保瞬时接通与断开多断点电路，并具有可靠的过电流或短路的安全分断保护。又因采用玻璃纤维增强不饱

和聚酯树脂外壳，故有很高的介电性能、防护能力和可靠的操作安全性。

【产品数据】　见表 4-10。

表 4-10　HGLR1 系列隔离开关熔断器组的技术数据

额定电流/A		63	160	250	400	630	1250
熔断器规格		000	00 或 0	1	2	3	4
熔断器功耗(600V AC)/W		7.5	9.6	8.3	26	40.3	90
额定绝缘电压 U_i/V，安装类别 Ⅳ		750					
额定冲击耐受电压 U_{imp}/kV		8	9.8	9.8	9.8	9.8	12
额定工作电流 I_e/A	AC-22B	63	160	250	400	630	1250
400V	AC-23B	63	160	250	400	630	1000
额定限制短路电流(400V)/kA		100					
额定接通能力/A		630	1600	2500	4000	6300	12500
额定分断能力/A		504	1280	2000	3200	5040	10000
机械寿命(循环操作次数)/次		15000			10000		
电气寿命(循环操作次数)/次		1500	200				
操作力矩/Nm，正面操作		15	10	12	15	42	42

生产商：杭州三开电气有限公司。

4.2　低压断路器

低压断路器是一种能起短路和过载保护作用的机械开关电器，其文字代号是 QF，三极断路器的图形符号是 ⌇⌇⌇。

4.2.1　传统型断路器

【用途】　有灭弧装置，用于接通、承载以及分断正常电路条件下的电流，防止事故扩大，保证安全运行；也能在所规定的非正常电路（例如短路）下接通、承载一定时间和分断电流。

【分类】　① 按结构形式分，有塑壳断路器（使用空气作为灭弧介质，所以又称空气开关）和万能断路器两种。

② 按电流种类分，有直流和交流两种。

③ 按分断介质分，有真空断路器、空气断路器和气体断路器三种。

④ 按安装方式分，有固定式、插入式、框架式和抽屉式等四种。

⑤ 按使用类别分，有 A 类和 B 类两种。

⑥ 按保护装置分，有热式、电磁式、电子式、智能式和可通信智能式。

⑦ 按是否智能分，有传统型和智能型两种。

【结构】　低压断路器的结构一般包括触头、脱扣器、电动操作机构、释能电磁铁和操作手柄等，根据需要，有的还有灭弧装置（图 4-7、图 4-8）。

低压断路器的主触点可以手动操作或电动操作，分励脱扣器是作为远距离操作用的。在正常工作时，其线圈断电，当需要远距离操作时，按下启动按钮，使线圈通电，衔铁带动自由脱扣机构动作，使主触点断开。

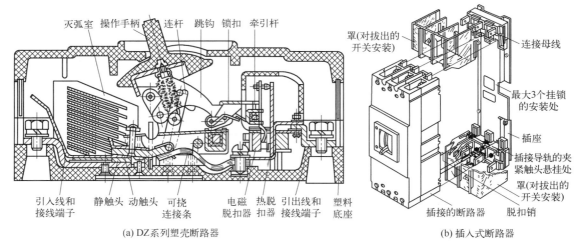

灭弧室　操作手柄　连杆　跳钩　锁扣　牵引杆

罩(对拔出的
开关安装)　　　　　　　　　连接母线

最大3个挂锁
的安装处

插座

插接导轨的夹
紧触头悬挂处

罩(对拔出的
开关安装)

引入线和　静触头　动触头　可挠　　电磁　热脱　引出线和　塑料
接线端子　　　　　　连接条　脱扣器　扣器　接线端子　底座

插接的断路器　脱扣销

(a) DZ系列塑壳断路器　　　　　　　(b) 插入式断路器

图 4-7　两种断路器的结构

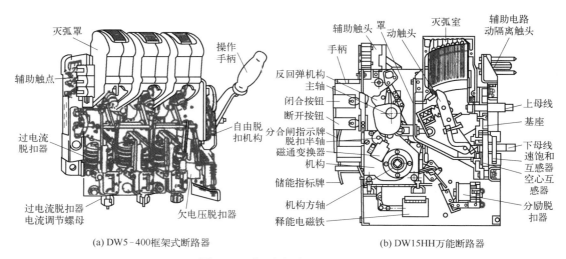

灭弧罩

操作
手柄

辅助触点

过电流
脱扣器

自由脱
扣机构

过电流脱扣器
电流调节螺母

欠电压脱扣器

(a) DW5-400框架式断路器

辅助触头　罩　动触头　灭弧室　辅助电路
手柄　　　　　　　　　　　　　动隔离触头

反回弹机构
主轴
闭合按钮
断开按钮
分合闸指示牌
脱扣半轴
磁通变换器
机构
储能指标牌
机构方轴
释能电磁铁

上母线
基座
下母线
速饱和
互感器
空心互
感器
分励脱
扣器

(b) DW15HH万能断路器

图 4-8　万能和框架式断路器的结构

【工作原理】　见图 4-9，通过电流的磁效应实现断路保护。当主触点闭合后，自由脱扣器将主触点锁在合闸位置上。过电流脱扣器的线圈和热脱扣器的热元件与主电路串联，欠电压脱扣器的线圈和电源并联。当电路发生短路或严重过载时，过电流脱扣器的衔铁吸合，使自由脱扣器动作，主触点断开主电路。当电路过载时，热脱扣器的热元件发热使双金属片上弯曲，推动自由脱扣器动作。当电路欠电压时，欠电压脱扣器的衔铁释放，使自由脱扣器动作。

【型号】　识别方法是：

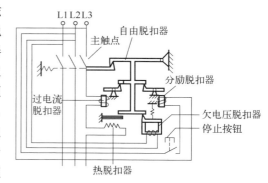

L1 L2 L3

自由脱扣器

主触点

分励脱扣器

过电流
脱扣器

欠电压脱扣器

停止按钮

热脱扣器

图 4-9　低压断路器的工作原理

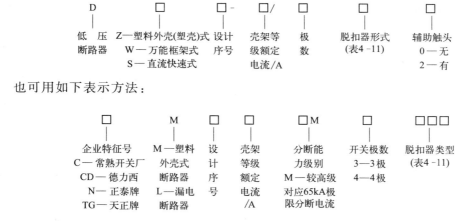

也可用如下表示方法：

表 4-11 脱扣器类型和附件代号

类型	不带附件	分励脱扣器	辅助触头	欠电压脱扣器	分励脱扣器、辅助触头	分励脱扣器、欠电压脱扣器	二组辅助触头	辅助触头、欠电压脱扣器
无脱扣器	00	—	02	—	—	—	06	—
热脱扣器	10	11	12	13	14	15	16	17
电磁脱扣器	20	21	22	23	24	25	26	27
复式脱扣器	30	31	32	33	34	35	36	37

【产品数据】 见表 4-12 至表 4-16。

表 4-12 DW15 系列断路器技术数据

型号	I /A	I_n /A	I_{cu} /kA	I_{cs} /kA	外形尺寸(长×宽×高)/mm 固定式	外形尺寸(长×宽×高)/mm 抽屉式
DW15-630	630	100,160,200,315,400,630	30(基本型) 70(限流型)	30	垂直式(板前接线) 240×277×418 水平式(板后接线) 240×277×418	329×621 ×483
DW15-1600	1600	630,800,1000,1600	40	30	411×357×534	—
DW15-2500	2500	160,2000,2500	60	40	697×382×574	—
DW15-4000	4000	2500,3200,4000	80	60	907×384×574	—

注：1. 生产商：正泰集团公司。

2. 适用额定工作电压：AC 50Hz、400/690V。

3. I—壳架等级额定电流；I_n—额定电流；I_{cu}—额定极限短路分断能力；I_{cs}—额定运行短路分断能力。

表 4-13 DW16 系列断路器技术数据

型号	I /A	I_n /A	I_{cu} /kA	I_{cs} /kA	外形尺寸(长×宽×高)/mm 电动操作	外形尺寸(长×宽×高)/mm 手动操作	外形尺寸(长×宽×高)/mm 杠杆操作
DW16-630	630	100,160,200,250,315,400,630	30	25	363×317 ×447	314×317 ×447	314×450 ×447
DW16-2000	2000	800,1000,1600,2000	50	30	558×360 ×598.5	558×360 ×598.5	558×458 ×598.5
DW16-4000	4000	2500,3200,4000	80	50	758×387 ×595	—	—

注：同表 4-12。

表 4-14　DW17 系列断路器技术数据

型号	I /A	I_n /A	I_{cu} /kA	I_{cs} /kA	外形尺寸（长×宽×高）/mm	
					固定式	抽屉式
DW17-1900	1900	630,800,1000, 1250,1600,1900	50	50	固定垂直 324×454×595 固定水平 306×485×595	330×644 ×658
DW17-2900	2900	2000,2500,2900	60	60	固定垂直 584×454×595 固定水平 580×515×595	604×658 ×658
DW17-3900	3900	3200,3900	80	80	固定垂直 745×454×595 固定水平 750×515×595	775×677 ×658

注：同表 4-12。

表 4-15　NA1、NA15 系列断路器技术数据

型号	I /A	I_n /A	I_{cu} /kA	I_{cs} /kA	外形尺寸（长×宽×高）/mm	
					固定式	抽屉式
NA1-1500	1500	630,800,1000, 1250,1600	70	65	369×428×435	392×530×550
NA15-2000	2000	400,630,800,1000, 1250,1600,2000	50	40	三极 369×442×423 四极 459×442×423	三极 381×535×473 四极 471×535×473
NA15-4000	4000	2000,2500,2900, 3200,4000	80	60	三极 600×493×423 四极 700×493×423	三极 612×585×473 四极 712×585×473

注：同表 4-12。

表 4-16　小型断路器技术数据

项目	NB1-63 NB1-63H	NBH8-40 NBH8-40H	DZ267-32	DZ47-60	DZ158-100
额定电压/V	230/400	230	230	230/400	230/400
额定电流/A	1～63	1～40	6～32	1～60	63、80、100
预定短路分 断能力/kA	6 10（H 型）	4.5 6（H 型）	4.5	6(C1-C60) 4(D1-D60)	6、10
极数	1P、2P、3P、4P	1P＋N	1P＋N	1P、2P、3P、4P	
脱扣特性	B、C、D	B、C	C	C、D	$(8～12)I_e$
机械寿命/次	10000				
电气寿命/次	4000				1500
接线能力/mm²	25	10	6	25	35

【检测】　1. 外观检查

检查电器的外形和完整性。

2. 电路检查

① 将低压断路器处于断开状态后，万用表的红、黑表笔分别搭在低压断路器的两个脚处，测得断开时的电阻为无穷大；表笔不动，操作手柄使其处于闭合状态，此时的电阻应为 0，说明此阻正常。

② 如果在断开状态的阻值为 0，说明其内部触点有粘连。

③ 如果在闭合状态的阻值为∞，说明其内部触点断路。

④ 如有多组开关，则重复上述步骤。

【选型】　1. 类型选择

① 一般来说，额定电流在 630A 以下时，选塑壳断路器；额定电流在 630A 以上时，选万能断路器；若短路电流比较大，应选用限流式的万能断路器。

② 有漏电保护要求时，应选用漏电保护式的万能断路器。

③ 满足安装和接线等方面要求。

2. 电气参数选择

① 断路器额定电流大于/等于负荷工作电流，额定电压大于/等于电源和负荷额定电压。

② 脱扣器额定电流大于/等于负荷工作电流，极限通断能力大于/等于电路最大短路电流。

③ 线路末端单相对地短路电流/断路器瞬时（或短路时）脱扣器整定电流大于/等于1.25A，欠电压脱扣器额定电压等于线路额定电压。

④ 保护功能相对完善全面，能满足其工作场合的要求。

⑤ 外形尺寸相对较小，节省空间，便于在同一柜内安装多台断路器。

【安装】 ① 安装前应先检查断路器的规格是否符合相关使用要求。

② 用500V兆欧表测量带电体与框架（大地）之间、极间以及断路器断开时的电源侧与负荷侧之间的绝缘电阻，均应不小于10MΩ（船用断路器不小于100MΩ）。

③ 一般应垂直安装，无附加机械力，固定螺钉要拧紧。

④ 断路器接线端子与母线连接时，不得有扭应力。

⑤ 安装时应断开外部电源。电源的进线应接于上母线，用户负载侧出线应接于下母线。若与外部母线连接时，应在接近断路器母线附近加以固定。

⑥ 电源进线应接在灭弧室一侧的上桩头上，负荷出线应接在脱扣器一侧的下桩头上；出线端的连接截面积应按规定选取，否则会影响过电流脱扣器的保护特性。

⑦ 灭弧罩上部应留一定的飞弧空间，裸露在箱体外部且易触及的导线端子应加绝缘保护。对于塑壳断路器，进线端的裸母线应包上200mm长的绝缘物，有时还需在进线端的各相间加装隔弧板，即将其插入绝缘外壳上的燕尾槽内。

⑧ 操作机构的手柄或传动杠杆的开、合位置应正确，操作力不应大于产品规定值。

⑨ 电动操作机构的接线应正确。在合闸过程中开关不应跳跃；开关合闸后，限制电动机或电磁铁通电时间的联锁装置应及时动作，使电动机或电磁铁的通电时间不超过产品允许规定值。

⑩ 作总开关或电动机控制开关使用时，在断路器的电源进线侧必须加装隔离开关、刀开关或熔断器。

⑪ 触头在闭合、断开过程中，可动部分与灭弧室的零件不应有卡阻现象。触头接触面应平整，合闸后接触应紧密。

⑫ 必须按线路及负荷要求正确整定短路脱扣值和热脱扣值。

⑬ 断路器应可靠接地。安装完毕应检查其准确性和可靠性。

【检查和维护】 ① 投入使用前要去除工作面的油脂，检查其是否安装牢固，螺栓是否扭紧和电线的连接情况。检查脱扣器的整定电流和整定时间是否符合整个线路的要求。

② 运行过程中要经常进行维护和清理工作，在其转动部分注入润滑油，注意导电或者引线部分是否过热，是否有异味和特别的声音等情况。

③ 断路器的手柄在自由脱扣或分闸位置时，断路器应处于断开状态，不能对负载起保护作用。

④ 断路器因承载过大，手柄已经处于脱扣位置时而断路器的触头并没有完全断开，此时负载端处于非正常运行，需要人为切断电流，更换断路器。

⑤ 断路器断开短路电流后，应打开检查，若发现触头和操作机构内有烟痕，应擦净并

修整完好。当触头减小到小于本来厚度的 1/3 时，应予更换。灭弧室损坏时应予报废。

⑥ 应经常清洁外壳上的灰尘，清除内壁和栅片上的金属颗粒和烟灰，使其保持良好绝缘。

⑦ 断路器定期检查时，应对其进行数次不带电的分合闸试验，检测其工作性能和可靠性，检查各脱扣器的电流整定值以及延时的情况。

⑧ 运行很长时间或者在刚刚断了短路电流后，应及时清理灭弧室内壁和栅片上的金属颗粒，并检查灭弧室是否破损。

⑨ 在使用、运输等过程中，不得跌落或受潮。

【故障及排除】 见表 4-17。

表 4-17 低压断路器常见故障及排除办法

故障现象		可能原因	解决办法
不能闭合	手动操作	1. 欠电压脱扣器无电压或线圈损坏 2. 储能弹簧变形,导致闭合力减小 3. 反作用弹簧力过大 4. 机构卡绊或滑扣 5. 机构不能复位再扣	1. 检查线路,加电压或更换线圈 2. 更换储能弹簧 3. 重新调整弹簧反力 4. 消除卡绊或更换锁扣 5. 调整扣距
	电动操作	1. 源电压不符合 2. 电源容量不够 3. 电磁拉杆行程不够 4. 电动机操作定位开关变位 5. 控制器中整流管或电容器损坏	1. 更换电源 2. 增大操作电源容量 3. 调整拉杆行程 4. 调整定位开关 5. 更换损坏元件
一相触头不能闭合		1. 连杆断裂 2. 限流断路器斥开机构的可斥连杆的角度变大 3. 触头与灭弧室卡绊	1. 更换连杆 2. 调整至原技术条件规定值 3. 找出原因并消除
不能分断	分励脱扣器	1. 线圈短路 2. 电源电压太低 3. 再扣接触面太大 4. 螺栓松动,衔铁行程变大	1. 更换线圈 2. 更换电源电压 3. 重新调整 4. 调整并拧紧螺栓
	欠电压脱扣器	1. 反力弹簧变小 2. 储能弹簧变形或断裂 3. 机构卡死	1. 调整弹簧 2. 调整或更换储能弹簧 3. 消除机构卡死原因(如生锈等)
启动电机时立即分断		1. 过电流脱扣瞬时整定值太小 2. 脱扣器某些零件损坏(如半导体、橡胶膜等) 3. 脱扣器反力(反作用)弹簧断裂或落下 4. 过电流脱扣器未复位	1. 重新调整 2. 更换 3. 更换或调整反力弹簧 4. 等待过电流脱扣器自动复位
闭合后一定时间自行分断		1. 过电流脱扣器长延时整定值不对 2. 热元件或半导体延时电路元件参数变动	1. 调整触头压力或更换弹簧 2. 清除接触面油污或氧化层,或更换触头,无效时更换整台断路器
运行中温升过高		1. 触头压力过低 2. 触头超程变小 3. 触头表面过分磨损或接触不良 4. 两个导电零件连接螺栓松动 5. 触头表面油污氧化	1. 拨正或重新装好接触桥 2. 调整超程或更换触头 3. 更换转动杆或更换辅助开关 4. 拧紧螺栓 5. 调整触头,清理氧化膜
欠电压脱扣器噪声大		1. 反力弹簧作用力太大 2. 铁芯工作面有油污或生锈 3. 短路环断裂或脱落	1. 重新调整弹簧反力 2. 清除油污或铁锈 3. 更换短路环

故障现象	可能原因	解决办法
辅助触头 不通电	1. 辅助开关的触桥卡死或脱离 2. 辅助开关传动杆断裂或滚轮脱落 3. 触头不洁、氧化或接触不良	1. 拨正或重新安装好触桥 2. 更换传动杆或辅助开关 3. 清洁、调整触头，清理氧化膜
带半导体 脱扣器有 误动作	1. 半导体脱扣器元件损坏 2. 外界有强电磁干扰	1. 更换损坏元件 2. 清除外界干扰（如附近的大型电磁铁的操作、接触器的分断、电焊等），予以隔离或更换

4.2.2 漏电断路器

漏电断路器（图 4-10）是在规定条件下，当被保护电路中剩余电流超过设定值时，能自动断开电路或发出报警信号的继电保护装置。其文字代号是 QF，图形符号是 ╼╱╳╾。

【用途】 在直接接触防护中作为防止电击危险的基本保护措施的附加保护；在间接接触防护中作为防止因接地故障使电气设备外露，导电部分带有危险电压而引发电击危害或电气火灾危险的有限保护。

    (a) 单相单极   (b) 单相两极   (c) 三相三线   (d) 三相四线

图 4-10 漏电断路器的外形

【分类】 ① 按极性分，有单相、双相、三相三种。

② 按用途分，有电压型（用于变压器中性点不接地的低压电网，目前已经趋于淘汰）和电流型（主要用于变压器中性点接地的低压配电系统）两类。

③ 按动作时限分，有快速型、延时型和反时限型三种。

【结构】 漏电断路器主要由检测元件、放大环节和执行机构三个基本部件组成。

① 检测元件：由零序电流互感器组成，检测漏电电流，并发出信号。

② 放大环节：将微弱的漏电信号放大，按装置不同（机械或电子），构成电磁式保护器或电子式保护器。

③ 执行机构：收到信号后，主开关由闭合位置转换到断开位置，从而切断电源，是被保护电路脱离电网的跳闸部件。

【工作原理】 采用自动切断电源的保护原理，当电气设备发生漏电时，出现两种异常现象：一是三相电流的平衡遭到破坏，出现零序电流；二是正常时不带电的金属外壳出现对地电压（正常时，金属外壳与大地均为零电

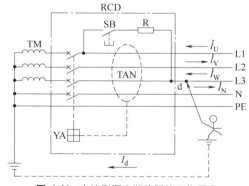

图 4-11 电流型漏电断路器的工作原理

位）。现以电流型漏电断路器为例，工作原理如图 4-11。一次线圈的相线 L1、L2、L3 和零线 N 均通过零序电流互感器 TAN。

正常情况下，设备三相负荷平衡时，$I_u + I_v + I_w = 0$，零序电流互感器 TAN 的二次线圈无电流输出，电磁脱扣器 YA 不动作，漏电断路器 RCD（剩余电流动作保护电器，本节指漏电断路器）正常合闸运行。当设备发生漏电或人身触电时，则故障电流 I_d 经大地回到电源变压器 TM 与中性点构成的回路。由于 TAN 的二次侧有剩余电流流过，故当电磁脱扣器 YA 中的电流达到整定值时，脱扣器 YA 动作，漏电断路器 RCD 掉闸，切断故障电路，从而起到保护作用（图中 SB 为分闸试验按钮，R 为电阻）。

剩余电流断路器和物联网电流断路器都是漏电断路器的一种，后者是基于物联网和大数据开发的智能型剩余电流断路器。它们的工作原理大同小异。

【型号】 识别方法是：

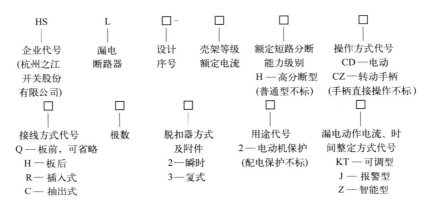

【检测】 漏电断路器的检测方法是：

① 在合闸状态下，按一下漏电检测按钮，断路器断开；按复位按钮，可正常合闸，说明漏电断路器基本正常。

② 漏电保护器有专门的测试按钮开关，按一下开关跳闸了是好的，跳不开就是有故障的。

③ 用火地接线法，如果跳闸是好的，跳不开就是有故障的。

【选用】 1. 按电气设备的供电方式

① 单相 220V 电源供电的电气设备，应选用二极二线式 RCD。

② 三相三线式 380V 电源供电的电气设备，应选用三极三线式 RCD。

③ 三相四线式 220V 电源供电的电气设备，三相设备与单相设备共用的电路应选用三相四线或四极四线式 RCD。

2. 按电气设备的工作环境条件

① 在电源电压波动较大的地方推荐选用电磁式 RCD，避免电子式 RCD 断路器因受电网电压波动发生误动作。

② 用电设备中应用晶闸管与非晶闸管半导体较多的地方推荐选用 A 型 RCD，避免发生触电事故（因 AC 型 RCD 检测不出脉动直流剩余电流）。

③ 在 230V 电网中，对用于家用保护的 RCD，最好选用带过电压保护的 RCD，防止因瞬间过电压烧坏用电设备。

④ 对电源电压偏差在标准范围内的电气设备，应选用动作功能与电源电压有关的

RCD，否则应优先选用动作功能与电源电压无关的 RCD。

⑤ 安装在易燃、易爆、潮湿或有腐蚀性气体等恶劣环境中的 RCD，应根据有关标准选用特殊防护条件的 RCD，或采取相应的防护措施。

3. 按 RCD 动作参数

① 手持式电动工具、移动电器、家用电器等设备应优先选用额定剩余动作电流不大于 30 mA、无延时的 RCD。

② 单台电气机械设备，可根据其容量大小选用额定剩余动作电流 30 mA 以上、100 mA 及以下、无延时 RCD。

③ 电气线路或多台电气设备（或多住户）的电源端，其动作电流和动作时间应按被保护线路和设备的具体情况及其泄漏电流值确定，必要时应选用动作电流可调和延时动作型的 RCD。

④ 在采用分级保护方式时，上下级 RCD 的动作时间差不得小于 0.1s，上一级 RCD 的极限不驱动时间应大于下一级 RCD 的动作时间，且时间差应尽量小。

⑤ 选用的 RCD 的额定剩余不动作电流，应不小于被保护电气线路和设备的正常运行时泄漏电流最大值的 2 倍。

⑥ 除末端保护外，各级 RCD 应选用低灵敏度延时型的保护装置。且各级保护装置的动作特性应协调配合，实现具有选择性的分级保护。

4. 按额定电流和瞬时脱扣类型

应根据负载大小和种类选择。

5. 按额定剩余动作电流 $I_{\Delta n}$

① 主干线或全网配电时，$I_{\Delta n} > 2I_x$（I_x 为线路或电动机实测或经验值的泄漏电流）；

② 分支路配电时，$I_{\Delta n} > 5I_x$，同时还要满足最大一台电动机运行时，$I_{\Delta n} > 4I_x$；

③ 单机配电时，$I_{\Delta n} > 4I_x$。

6. 按 RCD 的极数

根据低压配电系统中不同的接地方式（TN-C、TN-C-S、TN-S、TT、IT）及线路的实际布线方式，选择 RCD 的极数。

【接线方法】 见表 4-18。

表 4-18 漏电断路器的接线（GB/T 13955—2017）

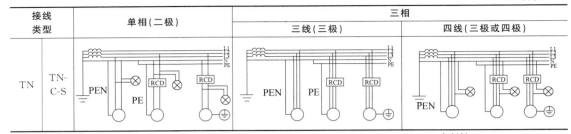

接线类型		单相(二极)	三相	
			三线(三极)	四线(三极或四极)
TN	TN-C-S			

注：1. L1、L2、L3 为相线，N 为中性线，PE 为保护线，PEN 为中性线和保护线合一；⚡ 为单相或三相电气设备；⊗ 为单相照明设备；⏚ 为不与系统中性接地点相连的单独接地装置，作保护接地用。

2. 单相负载或三相负载，在不同的接地保护系统中的接线方式图中，左侧设备为未装 RCD，中间和右侧为装 RCD 时接线图。

3. 在 TN-C-S 系统中使用 RCD 的电气设备，其外露可接近导体的保护线，应接在单独接地装置上而形成局部 TT 系统，如 TN-C-S 系统图中带 * 的接地方式。

4. 表中 TN-S 及 TN-C-S 接地形式，单相和三相负荷的接线图中的中间和右侧接线图，根据现场情况，可任选其一接地方式。

接线实例：380V 和 220V 同时接入漏电保护器接线图见图 4-12。

【安装要求】 1. 一般要求

① 应符合 GB/T 6829、GB/T 14048.1、GB/T 16916 系列、GB/T 16917 系列、GB/T 20044、GB/T 28527、GB/T 22794、GB/T 22387 等有关标准的要求。

② 应充分考虑供电方式、供电电压、系统接地方式及保护方式。

③ RCD 的形式、额定电压、额定电流、短路分断能力、额定剩余动作电流、分断时间应满足被保护线路和电气设备的要求。

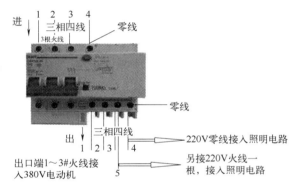

图 4-12 380V 和 220V 同时接入漏电保护器接线图

④ 在不同的系统接地方式中应正确接线，单相、三相三线、三相四线供电系统中的正确接线方式如表 4-18。

⑤ 采用不带过电流保护功能，且需辅助电源的 RCD 时，与其配合的过电流保护元件（熔断器）应安装在 RCD 的负荷端。

⑥ 不宜安装在高温、潮湿和多尘的场所，也不宜安装在受阳光直射、有强烈振动或有可能受到冲击的地方。

⑦ 不宜靠近大电流母线，并应远离（20cm 以上）交流接触器。

2. 施工要求

① 对标有电源侧和负荷侧者，应按规定安装接线，不得反接。

② 在电弧喷出方向应留出足够的飞弧距离。

③ 组合式 RCD 控制回路的连接，应使用截面积不小于 5mm^2 的铜导线。

④ 安装 RCD 时，应严格区分 N 线和 PE 线。三极四线式或四极四线式 RCD 的 N 线，应接入保护装置。通过 RCD 的 N 线，不得作为 PE 线，不得重复接地或接设备外露可接近导体。PE 线不得接入 RCD。

⑤不得将设备的接地线穿入 RCD 的零序电流互感器内。

⑥安装 RCD 后，对原有的线路和设备的接地保护措施，应按相关要求进行检查和调整。

⑦ RCD 安装后要用试验按钮试验 1 次，动作应正确；带额定负荷分合 1 次，动作应可靠。

【运行和管理】 ① RCD 投入运行后，应建立相应的管理制度和动作记录。

② RCD 投入运行后，应定期操作试验按钮，检查其动作特性是否正常，雷击活动期和用电高峰期应增加试验次数。

③ 用于手持式电动工具、移动式电气设备和不连续使用的 RCD，应在每次使用前先试验。

④ 为检验 RCD 在运行中的动作特性（剩余动作电流值、分断时间和极限不驱动时间）及其变化，应配置专用测试仪器，并定期进行动作特性试验。

⑤ 电子式 RCD 电子元器件有效工作寿命一般为 6 年。超过后应进行全面检测，决定可否继续运行。

⑥ 停运的 RCD 再次使用前，应进行动作特性试验，检查装置的动作情况是否正常。

⑦ 进行动作特性试验时，应使用合格的专用测试设备，由专业人员进行，严禁利用相线直接对地短路或利用动物作为试验物的方法。

⑧ RCD 误动作后，经检查未发现误动作原因时，允许试送电一次，如果再次误动作，应查明原因找出故障，不得连续强行送电。必要时对其进行动作特性试验，经检查确认 RCD 本身发生故障时，应在最短时间内更换，严禁退出运行、私自撤除或强行送电。

⑨ 应定期检查分析 RCD 的使用情况，对已发现的有故障的 RCD 应立即更换。

⑩ 运行中遇有异常现象，应由专业人员进行检查处理。

⑪ 在 RCD 的保护范围内发生电击伤亡事故，应检查 RCD 的动作情况，分析未能起到保护作用的原因，在未调查前，不得拆动 RCD。

⑫ 对 RCD、剩余电流继电器和接触器组成的组合式电器，除定期进行剩余电流动作试验外，对断路器、接触器部分应按有关规程进行检查维护。

⑬ RCD 损坏后，应由专业人员进行维修。

【故障检查】 1. 若线路比较长，不容易查时

① 按动试验按钮，看其能否正确动作。若能说明是好的，反之是坏的。

② 如果断路器所接回路较多，可以只开已知正常运行的回路，看其是否动作。若不动作初步说明是好的，反之有可能是坏的。

③ 如果还不能准确地判断，可以采用接假负载的办法，将漏电断路器的所有负荷断开，接上没有故障的假负载，如果断路器动作则可以判定此断路器已经损坏。

2. 更换断路器后仍然跳闸

① 先检查电路的主线，甩去所有的分支，用兆欧表进行摇测绝缘。在确认只是漏电故障且不是太严重、直接送电不会造成不良影响的前提下，可以直接送电试验。

② 确定主电路没有问题后，再检查各个分支线路，方法同上。

③ 找出故障分支后，对其负载逐个排除。

④ 最后找出故障点修复送电试运行。

注意：发生漏电故障时，在没有确认故障原因和排除故障的情况下，不允许频繁地送电。

【故障及排除】　见表 4-19。

表 4-19　漏电断路器的常见故障及其排除方法

故障现象		可能原因	排除方法
漏电断路器不动作	电磁式漏电断路器	1. 安装接线错误,漏电流无法在零序电流互感器内反映出来 2. 设计性能缺陷 3. 定值整定不准确 4. 电气线路故障 5. 元器件故障 6. 机械故障	1. 查出接线问题并纠正 2. 调整断路器的动作电流整定值 3. 要满足保证人身安全和电网稳定运行两个条件 4. 排除零序电流互感器、继电器和交流接触器的线圈及连接线烧毁、断线、接头松动、氧化等 5. 排除元器件烧毁、损坏、参数改变、安装错误、触头烧蚀、双金属片发热失控等 6. 排除继电器、交流接触器电磁铁卡死、触头变形、传动机构失灵、变形等
	电子式漏电断路器	1. 三相四线电路中,不能启动单相负载 2. 漏电断路器负载侧的零线接地 3. 漏电断路器负载侧的导线过长或紧贴地面 4. 负载侧的零线接地	1. 使用合适的漏电断路器 2. 将零线接到漏电断路器电源侧的零线上 3. 漏电断路器尽可能靠近负载侧安装或者用漏电动作电流稍大一点的断路器 4. 纠正接线错误
	不分品种	1. 选型错误,如把三极漏电断路器用于单相电路中,或将四极漏电断路器用于三相电路中,将设备的接地作为一相接入漏电断路器中 2. 接线错误,如负载侧的零线接地点分流,使通过零序电流互感器的电流差变小,当小于漏电断路器动作电流时,会造成拒动 3. 漏电断路器本身有故障	1. 正确选型,严格按产品使用说明书规定安装接线 2. 正确接线 3. 修理或更换漏电断路器
断路器误动作		1. 操作过电压 2. 雷电过电压 3. 多台大容量电动机一起启动 4. 电磁干扰,如附近有磁性设备接通或大功率电气设备开合 5. 水银灯和荧光灯回路的影响 6. 过载或短路。当漏电断路器兼有过电流保护、短路保护时,会因过电流、短路脱扣器的电流整定不当而引起漏电断路器误动作	1. 换上延时型的漏电断路器或在触点之间并联电容、电阻,以抑制过电压 2. 再投入一次试试 3. 再投入一次,并改为顺序投入电动机 4. 使漏电断路器远离上述设备安装 5. 应减少回路中水银灯或荧光灯的数量,缩短灯与镇流器的距离 6. 重新整定过电流保护装置的动作电流值,使其与工作电流相匹配
误合闸		1. 直流两点接地,使合闸控制回路接通 2. 自动重合闸继电器动合触点误闭合,或其他元件接通控制回路 3. 合闸接触器线圈电阻过小,且动作电压偏低 4. 弹簧操纵机构的储能弹簧扣失效,在有振动时自动解除锁扣	1. 断开合闸控制回路 2. 拉开"误合"的断路器,检查与此相关的元件 3. 停用该台断路器,分别检查其电气和机械部分,并做检修处理 4. 更换储能弹簧扣,甚至弹簧操纵机构

故障现象		可能原因	排除方法
误跳闸	电气故障	1. 保护误动或整定位不当,或电流、电压互感器回路故障 2. 二次回路绝缘不良,跳闸回路发生两点接地 3. 接地不当,如零线重复接地等	1. 检查照明和插座供电回路零线是否混接,照明是否借用插座供电回路火线,插座供电回路的零线和保护线是否错接,三极漏电断路器是否错接入单相负载,三极四线漏电断路器是否错接单相负载,两台漏电断路器负荷侧是否混接 2. 改善二次回路绝缘 3. 取消重复接地等
	机械故障	1. 合闸维持支架和分闸锁扣维持不住 2. 液压机械分闸一级阀和逆止阀密封不良、渗漏	1. 修理合闸维持支架和分闸锁扣 2. 改善阀门的密封状态
不能合闸	电气故障	1. 控制回路有断线现象或无控制电源(合闸操作前红、绿指示灯均不亮) 2. 操作手柄位置和断路器的位置不对应,断路器未合上(合闸操作后红灯不亮、绿灯闪光且事故扬声器响) 3. 断路器合上后又自动跳闸(合闸操作后绿灯熄灭,红灯亮,但瞬间红灯又灭绿灯闪光,事故扬声器响) 4. 断路器辅助触点或控制开关接点接触不良,或跳闸线圈断开使回路不通,或控制回路熔断器熔断,或指示灯泡损坏	1. 检查控制电源和整个控制回路上的元件是否正常 2. 若合闸回路熔断器的熔体熔断或接触不良,应更换熔体;若合闸线圈发生故障,应更换线圈 3. 断路器合在了故障线上,造成保护动作跳闸或断路器机械故障 4. 分别找出原因对症修理(合闸操作后绿灯熄灭,红灯不亮,但电流表已有指示)
	机械故障	1. 传动机构连杆卡住或松动脱落 2. 合闸铁芯卡阻 3. 断路器分闸后脱扣器未复位 4. 跳闸机构脱扣 5. 储能弹簧变形导致闭合力减小 6. 分闸连杆未复归 7. 分闸锁钩未钩住或分闸四连杆机构调整未越过死点 8. 开关的辅助动断触点打开得过早 9. 触头支架断裂或金属颗粒将触头与灭弧室卡住,致一相触头不能合闸	1. 重新调整操作机构 2. 修理合闸铁芯 3. 调整脱扣面至规定值 4. 修理跳闸机构 5. 更换储能弹簧 6. 修理分闸连杆 7. 修理分闸锁钩或四连杆机构 8. 调整辅助动断触点 9. 前者要更换触头支架;后者应清除金属颗粒,或更换灭弧室
漏电断路器刚投入运行就动作跳闸		1. 接线错误 2. 漏电断路器本身有故障 3. 线路泄漏电流过大,导线绝缘电阻太小或绝缘损坏 4. 线路太长,对地电容较大 5. 线路中接有一线一地负荷 6. 装有漏电断路器和未装漏电断路器的线路混接在一起 7. 零线在漏电断路器后重复接地 8. 在装有漏电断路器的线路中,用电设备外壳的接地线与工作零线相连	1. 严格按产品使用说明书规定安装接线 2. 检修或更换 3. 检查线路绝缘电阻,处理线路绝缘 4. 更换成合适的漏电断路器 5. 拆除一线一地负荷 6. 将两种线路分开 7. 取消重复接地 8. 将接地线与工作零线断开
送不上电	新装的断路器	1. 电源指示灯(绿色发光二极管)亮,已拆除全部负荷出线 2. 电源指示灯、跳闸指示灯(红色发光二极管)同时亮,拆除全部负荷出线 3. 控制柜或配电板等用电跨接在零序电流互感器两侧 4. 不带负荷(空载运行正常,带负荷送不上电),负荷出线漏电或火线直接接地	1. 调整接线,并拧紧接线端子(包括出线)螺钉 2. 认清接地线(由接地极引至中性线上的线)和零线(由变压器中性点引出的中性线),纠正零序电流互感器穿线,三相四线法应将四根线同方向穿入 3. 调整接线,同一负载的接线应统一接在零序电流互感器前或后 4. 漏电不太严重可增大断路器的动作电流值;火线直接接地故障可使用接地故障寻址仪

故障现象		可能原因	排除方法
送不上电	已投运断路器	1. 线路接地故障 2. 接触器故障 3. 断路器故障 ①如电源指示灯(绿)、跳闸指示灯(红)都不亮,可能是断路器所配电源不正常,保险管 FU 熔断,电源开关 S、变压器 TC、稳压集成块 IC1(7812)损坏 ②断路器线路板的印刷线烧断,出线开焊或烧断 ③电源指示灯、跳闸指示灯同时亮	1. 纠正接线错误 2. 上紧螺钉,焊好接头或更换线圈,并检查衔铁有无卡阻现象 3. 分如下 3 点: ①如测量断路器电源无电压或很低,应检查接线;如电压正常,可在停电时用万用表欧姆挡分别检查保险管 FU、电源开关、变压器及内部连接线等,查到故障后加以修理或更换已损坏的元器件 ②停电后拆下断路器,焊接印刷线及出线,并换上 3A 以下保险管投入使用 ③插好 TA 插头或焊接断线,修理或更换 TA 插座,必要时更换 C8 或 IC2
不能带电投入		1. 过电流脱扣器未复位 2. 漏电脱扣器未复位 3. 漏电脱扣器不能复位 4. 漏电脱扣器吸合无法保持	1. 等待它自动复位 2. 按复位按钮,使脱扣器手动复位 3. 查明原因,排除线路上漏电故障点 4. 更换漏电脱扣器
漏电开关打不开		1. 触头发生熔焊 2. 操作机构卡住	1. 排除熔焊故障. 修理或更换触头 2. 排除卡住现象,修理受损零件
启动电机时断路器立即分断		1. 过电流脱扣器瞬时整定值太小而漏电电流过大 2. 过电流脱扣器额定整定值选择不当 3. 漏电脱扣器没有复位 4. 过电流脱扣器动作太快 5. 设备本身绝缘损坏或线路潮湿致绝缘强度降低	1. 调整过电流脱扣器瞬时整定弹簧力 2. 重新选用 3. 按复位按钮使其复位 4. 适当增大整定电流值 5. 烘干后涂绝缘层或更换
漏电断路器工作一段时间后自动断开		1. 过电流脱扣器长延时整定值不正确 2. 热元件或油阻尼脱扣器元件变质 3. 整定电流值选择不当 4. 漏电动作电流变化 5. 线路有漏电	1. 重新调整 2. 更换变质元件 3. 重新调整整定电流值或重新选用 4. 送制造厂重新校正 5. 找出原因(如导线绝缘损坏等)并修理
漏电开关温升过高		1. 触头压力过小 2. 触头表面磨损严重或损坏 3. 两导电零件连接处螺钉松动 4. 触头超程太小	1. 调整触头压力或更换触头弹簧 2. 清理接触面或更换触头 3. 将螺钉拧紧 4. 适当增大触头超程
操作试验按钮后漏电断路器不动作		1. 试验电路不通 2. 试验电阻烧坏 3. 试验按钮接触不良 4. 操作机构卡住 5. 断路器机构不能自由脱落 6. 漏电脱扣器不能正常工作	1. 检查该电路,接好连接导线 2. 更换试验电阻 3. 调整试验按钮 4. 调整操作机构 5. 调整漏电脱扣器及弹簧 6. 更换漏电脱扣器
触头过度磨损		1. 三相触头动作不同步 2. 负载侧短路	1. 调整触头动作到同步 2. 排除短路故障,并更换触头
相间短路		1. 尘埃堆积或粘有水汽、油垢,使绝缘劣化 2. 外接线未接好 3. 灭弧室损坏	1. 经常清理,保持清洁 2. 拧紧螺钉,保证外接线相间距离 3. 更换灭弧室
过电流脱扣器烧坏		1. 短路时机构卡住,开关无法及时断开 2. 过电流脱扣器不能正确动作	1. 定期检查操作机构,保证动作灵活 2. 更换过电流脱扣器

【产品数据】 见表 4-20～表 4-23。

表 4-20　剩余电流断路器系列规格和产品数据

项目		NB1L-40 NB1L-63	NB1LE-40 NB1LE-63 NB47LE-63	DZ47LE-32 DZ47LE-63	DZ158 LE-100	NL1-63 NL1E-63	NBH8L-40 NBH8L-40	DZ267 LE-32
额定电压/V		230、400					230	230
额定电流 /A		1~40、 50、63	6~40、 6~63	6~32、 6~60	63、80、 100	25、40、 63	1~40	6~32
额定短路分 断能力/kA		610 (H 型)		$4.5^{①}$	6	6(限制短 路电流)	$6^{②}$	4.5
额定剩余 动作电流/A		0.03、0.1、0.3					0.03	
寿命 /次	电气	2000			1500	2000		
	机械	2000			8500	2000		
极数		1P+N、2P、3P、3P+N、4P				2P、4P	1P+N	1P+N
脱扣特性		B、C、D		C、D	(8~12)I_e	—	B、C	C
脱扣形式		电磁式	电子式			电磁式、电子式		电子式
接线能力/mm²		10、16	10、16	6、16	35	16	10	6

① DZ47LE-63 为 6。

② NBH8LE-40 为 4.5。

表 4-21　物联网微型直流断路器

规格型号	CNB7-63SDC	CNB7-631DC	CNB7-63HDC
极数	1P、2P		
脱扣类型(电流)	B:$I_i=5.5I_n$,C:$I_i=8.5I_n$,D:$I_i=12.5I_n$		
额定电流 I_n/A	6/10/16/20/25/32/40/50/63		
额定电压 U_e/V	1P:DC250,2P:DC500		
额定极限短路分断能力 I_{cu}/kA	4.5	6	10
额定极限运行分断能力 I_{cs}/kA	4.5	6	7.5
额定冲击耐受电压/kV	5		
使用类别	A		
电气寿命/次	10000		
机械寿命/次	20000		
端子极限扭矩/(Nm)	5.2		

功能项目	传统空开	CNB7-DC	功能项目	传统空开	CNB7-DC
投切功能	手动	自动、远程	雷击浪涌保护	无	有
电压电流检测	无	有	本地安全锁	无	有
短路保护	有,不可调	有,可调	故障信息记录	无	有
过载保护	有,不可调	有,可调	操作记录	无	有
欠压报警	无	有,可调	功率限定	无	有
过压保护	无	有,可调	手机远程管理	无	有
打火断电报警	无	有	通信接口	无	有
开关过温保护	无	有	系统集中管理	无	有

表 4-22　物联网微型交流断路器

规格型号	CNB7-63S	CNB7-63M	CNB7-63H
极数	1P、2P、3P、4P		
脱扣类型(电流)	B:$I_i=5.5I_n$,C:$I_i=8.5I_n$,D:$I_i=12.5I_n$		
额定剩余电流 $I_{\triangle n}$/A	0.03/0.05/0.1/0.2/0.3		
额定电流 I_n/A	6/10/16/20/25/32/40/50/63		
额定电压 U_e/V	AC 230/400		
额定绝缘电压 U_i/V	AC 500		
额定工作频率/Hz	50		

规格型号	CNB7-63S	CNB7-63M	CNB7-63H
额定极限短路分断能力 I_{cu}/kA	4.5	6	10
额定极限运行分断能力 I_{cs}/kA	4.5	6	7.5
额定冲击耐受电压/kV		5	
使用类别		A	
电气寿命/次		10000	
机械寿命/次		20000	
端子极限扭矩/(Nm)		5.2	

功能项目	传统空开	CNB7-AC	功能项目	传统空开	CNB7-AC
本地漏电自检	有	有	开关过温保护	无	有
漏电自动自检	无	有	雷击浪涌保护	无	有
投切功能	手动	自动,远程	本地安全锁	无	有
电压电流检测	无	有	故障信息记录	无	有
短路保护	有,不可调	有,可调	操作记录	无	有
漏电保护	有,不可调	有,可调	功率限定	无	有
过载过流保护	有,不可调	有,可调	手机远程管理	无	有
欠压报警	无	有,可调	物联网通信接口	无	有
过压保护	无	有,可调	平台集中管理	无	有
打火断电报警	无	有			

表 4-23 物联网剩余电流断路器

型号规格	CNS7-125	CNS7-250	CNS7-400	CRS7-800
极数		3P+N(4P)		
额定工作电 U_e		AC400V,额定频率 50Hz		
额定辅助电压 U_{on}		AC230V,额定频率 50Hz		
额定电流 I_n		$(0.4\sim1.0)I_n$		
额定剩余动作电流 $I_{\Delta n}$/A		0.05/0.1/0.2/0.3/0.4/0.5/0.6/0.8/1,可调或自动跟踪		
额定剩余电流分断时间 Δt		<$(0.2\sim0.5)$s,可调		
额定极限短路分断能力 I_{cu}/kA	50	50	65	80
额定运行短路分断能力 I_{cs}/kA	35	50	50	65
额定短时(0.5s)耐受电流/kA	1.5	3	8	10
额定冲击耐受电压/kV		8		
自动重合闸时间/s		20~60		
欠电压动作值		$(100\sim180)$V±5%默认关闭(OFF),可开启(ON)		
过电压动作值		$(260\sim300)$V±5%默认关闭(OFF),可开启(ON)		
电压测量精度		电压测量精度:$0.4U_e\sim1.3U_e$,三相电压采样偏差不大于±0.5%		
电流测量精度		$0.05I_n\sim1.5I_n$,三相电压采样偏差不大于±0.5%		
剩余电流测量精度		0~100mA,剩余电流采样偏差不大于±5mA, 100mA 以上剩余电流采样偏差不大于±2mA		
有功功率测量精度		$0.05I_n\leq I<0.1I_n$,功率因数 1.0L,误差±1% $0.1I_n\leq I<l.2I_n$,功率因数 1.0L,0.5L,0.8C,误差±1%		
温度测量精度		0~150℃,±2%		

项目	功能描述		型号分类	
			普通型	CNS7
	液晶显示		√	√
操作方式	按键参数设置		√	√
功能配置	剩余电流保护功能	剩余电流测量:保护	√	√
	电流保护功能	电流测量:过载、短路、瞬时保护	√	√
	电压保护功能	电压测量:过/欠压、缺相保护	√	√
	温度保护功能	温度测量:过温保护	—	√
	有功功率	功率测量	—	√
	外部 DI 功能	二路无源 DI	√	√
	故障记录	100 次故障记录功能	√	√
	通信功能	RS-485 通信接口	√	√
		电力载波、4G,WiFi	—	√
	时钟功能	年月日时分秒实时查询、设置	√	√

4.2.3 磁吹断路器

磁吹断路器是利用磁场的作用使电弧熄灭的一种断路器（图4-13）。

【用途】 由于它能适应频繁操作，不用油，所以无火灾危险。不过，它的开断能力和电压等级都不高，且价格较贵。在更高电压等级的系统中，其地位被空气断路器、六氟化硫断路器或真空断路器所取代。

图4-13 磁吹断路器的外形

【分类】 ① 按磁吹原理，可分为电磁式（已淘汰）和电弧螺管式两类。

② 按栅片材质，可分为金属栅片式和绝缘板栅片式两种。

③ 按灭弧介质，可分为多油式（已淘汰）、少油式、压缩空气式（逐渐淘汰）、磁吹式、真空式和六氟化硫式（主要发展方向）等。

④ 按布置场所，可分为户内式和户外式。

⑤ 按开合动力分，可分为手动、电磁、永磁、气动以及由液压或弹簧操动。

⑥ 按照用途分，可分为线路断路器（基本型），联络断路器，发电机断路器，矿用、船用和机车用的特制断路器等。

⑦ 按相数多少分，可分为三相式和单相式。

⑧ 另外，也可按自动重合闸与不能自动重合闸、能频繁操作与不能频繁操作分类。

【结构】 各种型号都有差别，一般基本型由四部分组成：

① 导电主回路，通过动触头、静触头的接触与分离实现电路的接通与隔离。

② 灭弧室，使电路分断过程中产生的电弧在密闭小室的高压力下于数十毫秒内快速熄灭，切断电路。

③ 操动机构，通过若干机械环节使动触头按指定的方式和速度运动，实现电路的开断与关合。

④ 绝缘支撑件，通过绝缘支柱实现对地的电气隔离。

【工作原理】 以下四种磁吹断路器的工作原理是：

① 电磁式磁吹断路器：利用分断电流流过专门的磁吹线圈产生吹弧磁场将电弧熄灭。

② 电弧螺管式磁吹断路器（图4-14）：利用绝缘灭弧片和小弧角（装在灭弧片下端的U形钢片）将电弧分割，形成连续的螺管电弧，并产生强磁场，从而驱使电弧在灭弧片狭缝中迅速运动，直至熄灭。

③ 金属栅片式和绝缘板栅片式磁吹断路器，原理基本相同。电弧在电磁力作用下进入栅片形成的灭弧室后，被吹入灭弧片狭缝内，并使之拉长、冷却，电弧与栅片壁接触，也加速了电弧的冷却，直至最终熄灭。

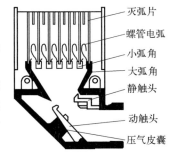

图4-14 电弧螺管式磁吹断路器

4.2.4 分界真空断路器

为了防止用户自用设备故障（特别是接地故障）波及配网主干线，需要在高压用户入口处安装接地保护开关，即责任分界点开关。装有真空灭弧室者即为分界真空断路器。

【用途】 用户支线发生相间短路故障时，分界真空断路器在变电站出线保护跳闸后立即分闸，变电站重合后，故障线路被自动隔离，馈线上的其他分支用户迅速恢复供电（相当于一次瞬时性故障）。ZW32-12/630-20D 分界真空断路器主要用于 10kV 架空配电 T 接用户线路中。

【结构】 由内装有高压系统及其操作部件的主机箱、操动机构（图 4-15）和供装、固定、搬（吊）运用的悬架三部分组成。

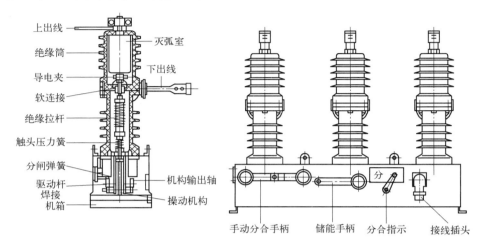

图 4-15 分界真空断路器结构

【型号】 识别方法是：

Z — 真空断路器
W — 户外型
□ — 设计序号
□ — 额定电压/kV
T — 弹簧操动机构
□ — 额定电流/A
□ — 额定短路开断电流/A

【产品数据】 见表 4-24。

表 4-24 ZW32-12/630-20D 分界真空断路器技术数据

项目	数据	
额定电压/kV	12	
1min 额定工频耐受电压/kV	相间、对地 42，断口 48	
额定雷电冲击耐压(峰值)/kV	相间、对地 75，断口 85	
额定电流/A	630	1250
额定频率/Hz	50	
额定短路开断电流/kA	20	25
额定短路关合电流(峰值)/kA	20	25
额定峰值耐受电流/kA	20	25
额定短时(4s)耐受电流/kA	20	25
额定操作顺序	分—0.3s—合分—180s—合分	
合闸时间/ms	25～60	
分闸时间/ms	20～55	
额定短路开断电流开断次数/次	30	
机械寿命/次	10000	
二次回路 1min 工频耐压/V	2000	

项目	数据
储能电动机额定功率/W	40
储能电动机额定电压/V	DC220、110
额定合闸操作电压/V	DC220、110、AC220
额定分闸操作电压/V	DC220、110、AC220
电动机储能时间/s	≤8

4.2.5 智能型断路器

随着时代的进步，出现了智能型断路器，它采用模块化结构，有三段保护，带有数据处理芯片的控制器，可实现过电流保护、接地故障保护、负载监控，有显示和测量功能、报警及指示功能和试验功能等的自主设定，其基本结构原理见图 4-16。

【工作原理】 智能型断路器是用微电子、计算机技术和新型传感器建立新的断路器二次系统。有数字化的接口，可以将位置信息、状态信息、分合闸命令通过网络方式传输，以实现电子操动，变机械能为电容储能，变机械传动为变频器经电机直接驱动。

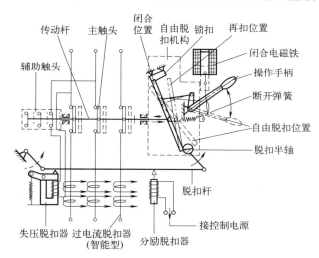

图 4-16 智能型断路器的基本结构原理

(1) 常熟开关制造有限公司产品

【产品数据】 见表 4-25。

表 4-25 常熟智能型断路器的功能

功能名称			L25 型	M25 型	M26 型	H26 型	P25 型	P26 型
过电流保护（长延时、短延时、瞬时）			√	√	√	√	√	√
接地故障保护			×	×	√	√	×	√
负载监控			×	○	○	○	○	○
电流显示	光柱格显示		√	×	×	×	×	×
	数显	LED	×	√	√	√	×	×
		LCD	×	×	×	×	√	√
电压数字显示		LED	×	○	○	√	×	×
		LCD	×	×	×	×	√	√

功能名称		L25 型	M25 型	M26 型	H26 型	P25 型	P26 型
其他显示	功率、功能、功率因数、频率因数	×	×	×	×	×	√
报警功能	预报警	√	×	×	×	×	×
	过载报警	√	√	√	√	√	√
	试验功能	√	√	√	√	√	√
	触头磨损指示	×	√	√	√	√	√
	自诊断功能	×	×	×	√	√	√
	MCR 功能	√	√	√	√	√	√
	故障记忆功能	×	×	×	√	√	√
	电流不平衡显示	×	×	×	×	○	○
	热模拟功能	√	×	×	√	√	√
	谐波分析功能	×	×	×	×	×	√
	ZSI 功能	×	○	○	○	○	○
	通信功能	×	×	×	√	√	√

注：1. √—基本功能，○—选择功能，×—无此功能。

2. MCR 功能—将微处理器寄存器中的值传到协处理器的指令功能。

ZSI 功能—区域选择性联锁功能。

（2）苏州电气集团有限公司产品 1SM1Z（图 4-17）

【用途】 适用于交流 50Hz，额定绝缘电压 800V，额定工作电压 400V，额定工作电流 40～800A 的电路中，作线路的分配电能与不频繁转换及电动机的保护与不频繁启动之用。

图 4-17 智能型塑壳
断路器 1SM1Z

【分类】 ① 按接线方式分，有板前接线、板后接线和插入式接线。

② 按智能控制方式分，有 X 型（限载式）、T 型（通信式）、D 型（电子可调式）和 L 型（漏电式）。

【性能】 具有过载长延时、短路短延时、短路瞬时三段电流保护和缺相保护、线路保护和限制用电功能。此外还具有隔离功能，能起线路中的隔离开关作用。

可与计算机联网通信，实现遥控、遥测、遥调、遥信；限流电流可调；动作时间可调；具有过载、预报警指示；还具有后备保护大电流瞬时电磁脱扣功能。

【型号】

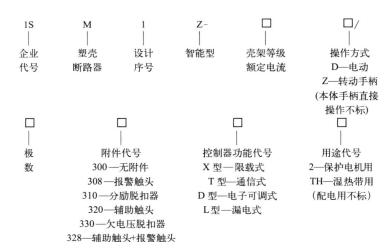

```
1S        M        1        Z-        □        □/
企业      塑壳      设计      智能型    壳架等级   操作方式
代号      断路器    序号              额定电流   D—电动
                                              Z—转动手柄
                                              （本体手柄直接
                                               操作不标）

□         □               □              □
极        附件代号          控制器功能代号    用途代号
数        300—无附件       X 型—限载式     2—保护电机用
          308—报警触头     T 型—通信式     TH—湿热带用
          310—分励脱扣器   D 型—电子可调式  （配电用不标）
          320—辅助触头     L 型—漏电式
          330—欠电压脱扣器
          328—辅助触头+报警触头
```

【基本数据】 见表 4-26。

表 4-26 1SM1Z 智能型塑壳断路器基本数据

型号	极数	级别	额定发热电流 I_{th}/A	额定绝缘电压 U_i/V	额定工作电压 U_e/V	额定电流 I_n/A	整定电流 I_{rt}/A	分断能力/kA		操作性能/次		使用类别	短时(1s)耐受电流 I_{cw}/kA	飞弧距离/mm
								I_{cu}	I_{cs}	通电	不通电			
1SM1Z-100	3	S	100			32	16～32	50	35	1500	8500	A		
		H				63	32～63	85	50					
	4	S				100	63～100	50	35					≤50
1SM1Z-225	3	S	225			225	100～225	50	35	1000	7000	A		
		H						85	50					
	4	S						50	35					
1SM1Z-400	3	S	400	800	400	400	200～400	65	42	1000	4000	B	5	
		H						100	65					
	4	S						65	42					
1SM1Z-630	3	S	630			630	400～630	65	42	1000	4000	B	8	≤100
		H						100	65					
	4	S						65	42					
1SM1Z-800	3	S	800			800	630～800	75	50	500	2000	B	10	
		H						100	65					
	4	S						75	50					

【安装】 能竖直或能横向安装；外形、安装尺寸与 1SM1 系列塑壳断路器规格相同。

1、3、5 为进线端接电源线（相间必须要有隔弧板），2、4、6 为出线端接负载线（不可倒接）。进出线连接螺钉应旋紧，并达到说明书上所规定力矩。

(3) 上海泰西电器有限公司智能型低压断路器

【用途】 用于交流 50Hz、额定电压至 660（690）V 及以下、额定电流 630～6300A 的配电网络中，用来分配电能和保护线路及电源设备免受过载、欠电压、短路、单相接地等故障的危害。

【分类】 ①按安装方式分，有固定式和抽屉式。

② 按极数分，有三极和四极。

③ 按操作方式分，有手动操作（检修、维护用）和电动操作。

④ 按控制器性能分，有 H 型（通信型）、M 型（标准型）和 L 型（经济型）。

【性能】 ①具有过载长延时反时限、短延时反时限、定时限、瞬时功能。可由用户自行设定组成所需要的保护特性。

② 单相接地保护功能。

③ 显示功能：整定电流显示、动作电流显示、各线电压主显示（电压显示应在订货时提出）。

④ 报警功能：过载报警。

⑤ 自检功能：过热自检、微机自诊断。

⑥ 试验功能：试验控制器的动作特性。

【结构】 外形和各部件名称见图 4-18。内部结构由绝缘壳体、触头系统、灭弧室、五连杆脱扣器、操作机构、电动储能机构和安装板/抽屉座等模块化部件构成。

【工作原理】 根据监测到的不同故障电流，自动选择操作机构及灭弧室预先设定的工作条件，如正常运行电流较小时以较低速度分闸，系统短路电流较大时以较高速度分闸，以

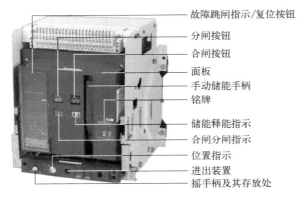

故障跳闸指示/复位按钮
分闸按钮
合闸按钮
面板
手动储能手柄
铭牌
储能释能指示
合闸分闸指示
位置指示
进出装置
摇手柄及其存放处

图 4-18 智能型 DW-45 低压断路器

获得电气和力学性能上的最佳分闸效果。

智能型低压断路器的工作过程是：当系统故障由继电保护装置发出分闸信号或由操作人员发出操作信号后，首先启动智能识别模块工作，判断当前断路器所处的工作条件，对调节装置发出不同的定量控制信息而自动调整操作机构的参数，以获得与当前系统工作状态相适应的运动特性，然后使断路器动作。

【型号】 识别方法是：

DW	□	□	4
智能型 低压断路器	设计 序号	壳架等级 额定电流/A	极数 (3极不标)

【基本数据】 见表 4-27。

表 4-27 DW 智能型低压断路器的基本数据

		最大值	2000	3200	4000	6300
壳架等级额定电流 I_{nm}/A	分挡值		630,800, 1000, 1250, 1600,2000	2000,2500, 2900,3200	3200, 3600, 4000	4000, 5000, 6300
额定极限短路分断能力 I_{cu}/kA O-CO	400V		80	100	100	120
	690V		50	65	65	80
额定短路接通能力 $(n \times I_{cu}/kA)/\cos\varphi$	400V		176/0.2	220/0.2		264/0.2
	690V		105.0.25	143/0.2		187/0.2
额定运行短路分断能力 I_{cs}/kA O-CO-CO	400V		50	65		80
	690V		40	50		70
额定短时(1s)耐受电流 I_{cw}/kA 延时 0.4s,O-CO	400V		50	65	65/80[①]	85/100[①]
	690V		40	50	50/65[①]	65/75[①]

注：1. 表中分断能力上下进线相同。

2. 生产商：上海泰西电器有限公司。

3. O（open）表示开断，断路器应完好，且能再合闸。间歇一段时间（一般为 3min），此时线路仍处于热备状态，断路器进行一次接通（C，即 close），考核断路器在峰值电流下的热稳定性，再紧接着开断（O），此程序即为 CO。

① 指 MCR。

【选型】 用作电气设备或线路保护时，用户选型时主要有以下 4 点考虑：

① 选用断路器的额定电流大于或等于线路或电气设备的额定电流。

② 选用断路器的额定短路分断能力（电流）大于或等于线路的预期（最大）短路电流。

③ 选用断路器的保护功能相对完善全面，能满足其工作场合的要求。

④ 选用断路器的外形尺寸相对较小，节省空间，便于在同一柜内可安装多台断路器。

【安装】 ①安装前先检查断路器的规格是否符合要求；并用 500 兆欧表测量其绝缘电阻，在常态下应不小于 10MΩ。

②安装时，断路器底座应水平，并用螺栓紧固。

③对断路器进行可靠的保护接地。

④按接线图接线，在主电路通电前进行操作试验：

a. 检查欠电压、分励脱扣器及释能（合闸）电磁铁、电动操作机构电压是否相符（断路器合闸前，欠电压脱扣器必须通电）。

b. 上下扳动面罩上的手柄，直到后面板显示"储能"，并听到"咔哒"一声，即储能结束。按动"1"按钮或释能（合闸）电磁铁通电，断路器可靠闭合（在控制器复位按钮可靠复位情况下），扳动手柄能再次储能。

c. 断路器闭合后，无论用欠电压、分励脱扣器或面罩上的"0"按钮，智能控制器的脱扣试验均应能使断路器断开。

【故障及排除】　见表 4-28～表 4-30。

表 4-28　DW 智能型低压断路器常见故障及解决办法

故障现象	可能原因	解决办法
主触点不闭合或在闭合期间又自行断开	1. 漆包线老化,匝间短路,线圈过热 2. 长期使用后分励弹簧变形,拉力减小 3. 继电器长期工作,造成触点表面氧化,接触电阻变大 4. 电机中的定子、转子互相摩擦,温度升高,引起电机转速不稳,甚至停转	1. 减轻线圈的通过电流或重绕线圈 2. 更换分励弹簧 3. 拆下继电器外罩,用砂纸打磨各触点后重新安装 4. 拆下电机,打开电机盖进行检查,如果发现转子轴承倾斜,转子与定子产生摩擦,将轴承移正,固定好后合上机盖
故障电弧	短路容量偏小	在柜体顶部装设一个泄压装置;选用限流断路器

表 4-29　CNW1 智能型低压断路器常见故障及解决办法

故障现象	可能原因	解决办法
断路器不能合闸	1. 欠压脱扣器无电源电压,未接通 2. 智能控制器动作后,控制器面板上部的红色按钮没有复位 3. 操作机构未储能 4. 抽屉式本体未处于"连接"或"试验"位置 5. "断开位置钥匙锁"处于锁闭状态	1. 检查线路,接通欠压脱扣器电源 2. 按下复位按钮 3. 手动或电动使机构储能 4. 用摇手柄将断路器本体摇至"连接"或"试验"位置 5. 用专用钥匙打开钥匙锁
断路器不能电动储能	1. 电动操作机构电源未接通 2. 电源容量不够	1. 检查线路,接通电源 2. 检查操作电压,应大于 $85\%U_e$
闭合电磁铁不能使断路器合闸	1. 无电源电压 2. 电源容量不够	1. 检查线路,接通电源 2. 检查操作电压,应大于 $85\%U_e$
分励脱扣器不能使断路器断开	1. 无电源电压 2. 电源容量不够	1. 检查线路,接通电源 2. 检查操作电压,应大于 $70\%U_e$
故障电流均超过长延时、短延时、瞬时整定值,只出现瞬时动作,无短延时、长延时动作	长延时、短延时、瞬时整定值设定不合理,整定在同一电流值范围	按 $I_{r_1}<I_{r_2}<I_{r_3}$ 的原则,考虑其动作范围,重新设定
断路器频繁跳闸	现场过负荷运行引起过载保护跳闸,由于过载热记忆功能未能及时断电清除,又重新合闸	控制器断电一次,或 30min 后再合闸断路器
抽屉式断路器摇手柄不能插入断路器	抽屉式导轨或断路器本体没有完全推进去	把导轨口或断路器本体推到底
抽屉式断路器本体在断开位置时,不能抽出断路器	1. 摇手柄未拔出 2. 断路器没有完全到达"分离"位置	1. 拔出摇手柄 2. 将断路器完全摇到"分离"位置

注：I_{r_1}——断路器的长延时整定电流，A，即该断路器的过载保护脱扣器所整定的电流值。

　　I_{r_2}——断路器的短延时整定电流，A，即该断路器的短延时脱扣器整定的电流。

　　I_{r_3}——断路器的瞬时整定电流，A，即该断路器瞬时脱扣器整定的电流。

表 4-30 CNW2智能型低压断路器常见故障及解决办法

故障现象	可能原因	解决办法
断路器跳闸故障指示灯亮	过载断路器脱扣(长延时指示灯亮)	1. 在断路器上检查分断电流值及动作时间 2. 分析负载及电网运行情况 3. 如确认过载应立即寻找故障并予以排除 4. 如实际运行电流及长延时动作电流不匹配,应根据实际运行电流修改长延时动作电流整定值 5. 按下复位按钮,将断路器重新合闸
	短路故障脱扣(短延时或瞬时指示灯亮)	1. 在智能控制器上检查分断电流值及动作时间 2. 如确认短路,应立即寻找故障并予以排除 3. 检查智能控制器的整定值 4. 检查断路器是否完好,并确定能否合闸运行 5. 按下复位按钮,将断路器重新合闸
	接地故障脱扣(接地故障指示灯亮)	1. 在智能控制器上检查分断电流值及动作时间 2. 如确认接地故障,应立即寻找故障并予以排除 3. 如检查无接地故障,应检查接地故障电流整定值是否与实际保护相匹配,并予以修正 4. 按下复位按钮,将断路器重新合闸
断路器不能合闸	欠电压脱扣器脱扣	1. 检查电源电压是否低于 $70\%U_e$ 2. 检查欠电压脱扣器及控制单元是否有故障
	机械联锁动作	检查两台装有机械联锁的断路器工作状态
	欠电压脱扣器没有吸合	1. 检查欠电压脱扣器是否已通电 2. 检查电源电压是否低于 $85\%U_e$ 3. 检查欠电压脱扣器及控制单元是否出故障,如是应更换欠电压脱扣器
	复位按钮没有复位	按下复位按钮,将断路器重新合闸
	抽屉式断路器未摇到位	将抽屉式断路器摇到位(被锁定在连接位置)
	抽屉式断路器二次回路接触不良	检查二次回路接触情况,并排除接触不良
	断路器未预储能	1. 检查电动机控制电源是否接通,且应大于等于 $85\%U_e$ 2. 检查电动机储能机构有无故障,若有应排除
断路器合闸后跳闸	闭合电磁铁有问题	1. 检查闭合电磁铁电源是否接通,且应大于等于 $85\%U_e$ 2. 如闭合电磁铁有问题,不能吸合应更换
	可能合闸时电路中有短路电流(立即跳闸)	应寻找故障并排除
	电路中有过载电流、断路器机构故障、智能控制器整定值不合理(延时跳闸)	1. 检查电路中有无过载电流,若有应排除 2. 检查断路器机构是否处于完好状态 3. 检查智能控制器整定值是否合理,不合理时要重新整定 4. 按下复位钮,将断路器重新合闸
断路器不能分闸	1. 电动不分闸:分励脱扣器问题 2. 手动不分闸:操作机构问题	1. 检查分励脱扣器电路连接是否可靠,分励脱扣器有无故障,若有应更换分励脱扣器 2. 检查操作机构有无机械故障
断路器不能储能	不能电动储能:电动储能装置或电动机出现问题	1. 检查电动储能装置,控制电源电压是否大于等于 $85\%U_s$,电路连接有无问题 2. 检查电动机有无问题
	储能机构故障不能手动储能	排除储能机构故障
抽屉式断路器在"分离"位置,不能抽出断路器	1. 摇杆未拔出 2. 断路器没有完全"分离" 3. 有异物落入抽屉卡死,摇进机构或摇进机构齿轮损坏	1. 拔出摇杆 2. 把断路器完全摇到"分离"位置 3. 检查有无异物,检查齿条和齿轮情况

故障现象	可能原因	解决办法
摇不到"连接"位置	位置锁定装置没有解锁	转动抽屉上钥匙予以解锁
智能控制器屏幕不显示	1. 智能控制器没有接通电源 2. 辅助电源输入/输出端电压不正常 3. 变压器次级输出端与控制器连接不可靠	1. 检查智能控制器电源是否良好 2. 检查智能控制器电源是否良好 3. 切除智能控制器电源,然后再接通。如果故障依然存在,则需要更换控制器

4.2.6 电涌保护器

电涌保护器（SPD，图 4-19）是用于低压配电系统中瞬态过电压防护的电器。

【用途】 安装在电气系统的各级配电柜中，抑制直击雷、感应雷和操作过电压等瞬态过电压幅值，泄放电涌能量，从而保护系统电路和用电设备。

【分类】 ①按设计类型分，有电压开关型、电压限制型和复合型三种。

② 按端口数量分，有一端口和二端口两种。

③ 按试验类型分，有Ⅰ类、Ⅱ类和Ⅲ类三种。

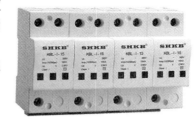

图 4-19 电涌保护器

【结构】 按用途不同有所不同，但它至少应包含一个非线性电压限制元件，另外还有放电间隙、充气放电管、压敏电阻、抑制二极管和扼流线圈等。

【工作原理】 在正常工作情况下，电涌保护器对正常的工频电压呈现高阻抗，几乎没有电流通过，相当于开路；当系统中出现了瞬态过电压时，电涌保护器对高频瞬态过电压呈现低阻抗，相

图 4-20 电涌保护器工作原理

当于把被保护设备短路（图 4-20），使得瞬态过电压产生的强大的过电流对地进行泄放。

【选用】 ①根据建筑物及其防雷状况，配电变压器、低压配电系统和被保护设备的状况，决定是否需要安装。需要时参照 CECS 174 标准将其分为甲、乙、丙和丁四级。再根据低压配电系统确定电源 SPD 的保护模式。

② 选择持续工作电压 U_c、电流峰值 I_{peak}、额定电流 I_n、最大放电电流 I_{max} 和开路电压 U_{oc} 参数。

U_c 必须大于电源系统的工作电压（相电压）U_n；考虑到电网波动，一般会选择 U_c 大于 $1.35U_n$。

③ 选择保护距离。

【标记】 表示方法是：

【产品数据】 见表 4-31。

表 4-31　GPU1-C 系列电涌保护器的技术数据

型号，GPU1-		C20	C40	C60	C80	C100
持续工作电压 U_c/V		385/460				
标称放电电流 I_n(8/20)/kA		10	20	30	40	60
放电电流 I_{max}(8/20)/kA		20	40	60	80	100
电压保护	L/N-PE	1.2	1.6/1.8	2.0/2.2	2.2/2.5	2.5/3.0
水平 U_p/kV	N-PE	1.0	1.2/1.2	1.5/1.5	2.0/2.0	2.5/2.5
后备保护器(SCB)		GP-BP/20	GP-BP/40	GP-BP/60	GP-BP/80	GP-BP/100
防护等级、温度范围		IP20，-40～+85℃				
阻燃等级		V0				
接线能力		6～25mm²				
相对湿度		≤95%，1P/2P/3P/4P				
组合方式		1P+N/3P+N				
远程遥信接点		可选				
遥信触点性能		开关切换触点				
遥信端子导线截面		1.5mm²				

4.2.7　模数化终端组合电器

模数化终端组合电器是一种尺寸模数化（宽度均为 9mm 的倍数，高度和长度与接线端的位置尺寸为规定的系列）、安装轨道化、外形艺术化和使用安全化的安装终端电器装置。

【用途】　是主要用于工业、商业、中高级民用建筑中，交流 50Hz 或 60Hz，额定电压至 400V 的线路控制和配电、保护、调节、报警的一种装置（进线开关的额定电流不超过 125A）。

【分类】　①按最大安装单元（总回路）数分，有 6、9、12、15、18、24、30、36、45、54、60（以 18 mm 为一单元，单元数为 3 的倍数）。

②按安装形式分，有悬挂式、嵌入式和通用式（悬挂式和嵌入式都适用）三种。

③按外壳材料分，有塑面钢底壳、塑料外壳和金属外壳三种。

④按外壳防护等级（GB/T 14048.1—2012 中 7.1.12）分，但至少不低于 IP30。

⑤对配电用的组合电器，可按进线开关的元件种类、额定电流以及和出线开关的组合分（典型方案见表 4-32）。

表 4-32　配电用的组合电器的典型分类方案

类别	进线开关	出线开关
a	隔离开关	熔断器式隔离器
b	剩余电流动作断路器	断路器
c	断路器	带过电流保护剩余电流动作断路器

注：进出线开关宜采用家用及类似场所用器件。

【结构】　以上海电器陶瓷厂的 PZ20 终端组合电器为例，其主要结构有透明门、母线保护盖、箱体、安装轨、母线排、接线端支座、护线罩和断路器、隔离器等（图 4-21）。

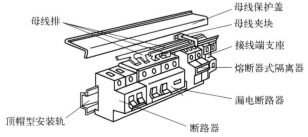

图 4-21　模数化终端组合电器轨道安装结构

【标记】 表示方法是：

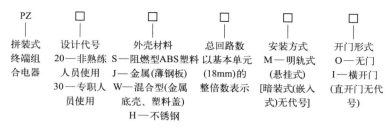

【产品数据】 见表 4-33 至表 4-37。

表 4-33 ABB 公司小型断路器系列产品技术数据

项目		52505	S250S-DC	S260	S270	S280	S280UC	S290	S9	S500	
额定电压/V	AC 单极	230/400			230/400		230/400	230/400	230	230/400	
	AC 多极	400			400		400	400		400	
	DC 单极	60	125		60		220	60			
	DC 多极	110	250		110		440	110			
额定电流/A		1～63	1～40	1～63	0.5～63	0.5～63	80,100	0.5～63	80～125	2～40	10～63	6～63
额定短路分断能力/kA		6(1～40A) 4.5(50A,63A)	6(1～25A) 4.5(32A,40A)	10	6	10	6	6～10	10	3～10	50	30～100
极数		1P～4P 1P+NA	1P～3P 3P+NA	1P～3P	1P～4P 1P+NA	1P～4P	1P～4P	1P～3P	1P～4P	1P+NA	1P～4P	1P～3P
脱扣特性		C,D	K	B,C	C,D	C	C	C	C	C	C,D	K
机械寿命/万次		2	2	2	2	1	2	1	2	>2		
接线能力		①		②	①	③	④	⑤	⑥	⑦		

① 0.75～25mm²，下端子可连接汇流排。

② 0.75～25mm²（≤40A），0.75～35mm²（50A，63A）；上下端子可连接汇流排。

③ 35mm² 柔性，50 mm² 刚性；上下端子可连接汇流排。

④ 35 mm² 导线，上下端子可连接汇流排。

⑤ 1.5～50 mm² 导线。

⑥ 16 mm² 导线。

⑦ 1～25 mm² 导线。

表 4-34 西门子公司小型断路器系列产品技术数据

项目	5SJ6	5SY3	5SY6	5SJ4	5SP4	5S15
额定电压/V	230/400AC	230AC		230/400AC	230/400AC	220DC(1P) 440DC(2P)
额定电流/A	0.3～63	2～40		0.3～63	40～125	0.3～63
分断能力/kA	6(IEC 60898) 10(IEC 60947)	4.5	6	10 15	10 20	10
隔离功能			有			
极数	1P/1P+N/2P 3P/3P+N/4P	1P+N	1P/1P+N/2P 3P/3P+N/4P	1P～4P	1P/2P	
脱扣特性	C,D	B,C	C,D	C,D	C	
机械寿命/次			20000			
接线能力/mm²	25	16	25	50	25	
电气附件			分励,欠电压,辅助,报警			

表 4-35 施耐德公司小型剩余电流断路器系列产品技术数据

项目	剩余电流动作附件			剩余电流动作断路器			剩余电流动作开关
	Vigi iC65	Vigi iDPN	Vigi C120	iDPNa vigi	iDPNa vigi+	iDPN vigi+	iID
额定电压/V	230/400	230	230/400	230	230	230	230/400
额定电流/A	≤25,≤40,≤63	≤25,≤40	≤125	6,32	10~25	10~25	—
额定短路分断能力/kA	—	—	—	4.5	4.5	6	1500
额定剩余动作电流/mA	30						10,30,100,300
类型	AC,A			AC			
保护类型	ELE,ELM		ELM	ELE			ELM
极数	1P+N,2P,3P,4P	1P+N	2P,3P,4P	1P+N	1P+N	1P+N	2P,4P
脱扣特性	—	—	—	C			
接线能力/mm²	35						

表 4-36 ABB 公司小型剩余电流断路器系列产品技术数据

项目	GS250S		GS260	DS250S	DS260	DS9	F360
	电子式			电磁式			
额定电压/V	230	230/400	230/400	2极:230/400 3,4极:400		230	2极:230 4极:400
额定电流/A	6~40	6~63	6~63	6~40	6~63	6~40	16~6,32~63
额定短路分断能力/kA	6	6(6~40A),4.5(50A,63A)	6	6	6	4.5,6,10	需与断路器配合
剩余电流特性	AC	AC	A,AC	AC	A,AC	AC	AC
额定剩余动作电流/mA	30	30	30,100,300	30	30,300(S型:50A,63A)	30	30,100,300
动作时间	瞬动型		①	瞬动型	②	瞬动型	
极数	1P+NA		2P,3P,4P			1+NA	2P,4P
脱扣特性	C	C,D	C,D	C,D	C,D	C	—
接线能力/mm²	0.75~25		0.75~35	0.75~25	0.75~35	16	25

①AC 型（瞬动型）：<100ms；A［S］型（选择型）：130~500ms；A［G］型（短延时型）：10~200ms。
②AC 型（瞬动型）：<100ms；A［S］型（选择型）：130~500ms。

表 4-37 西门子公司的剩余电流断路器系列产品技术数据

项目	5SU9	5SU1	5SM2	5SM3
额定电压/V	AC230	AC230	AC230(2P) AC400(3P/4P)	AC230(2P) AC400(4P)
额定电流/A	6~63	6~40	40~63	25~63
额定剩余动作电流/mA	30	30/300	30/300	30/100/300
剩余电流保护类型	AC	A/AC	AC	A/AC
剩余电流保护方式	ELE(电子式)	ELM(电磁式)		
额定短路分断能力/kA	6	4.5/6/10		
限流等级	3	3		
过电压保护功能	有			
隔离功能	有	有		
极数	1P+N	1P+N	2P/3P/4P	2P/4P
脱扣特性	C	B/C		
接线能力/mm²	25			

4.2.8 光伏并网专用断路器

光伏并网专用断路器是专用于分布式光伏电源并网的低压断路器。

【用途】 对线路或用电设备的过电流、短路、缺相、欠压、失压等进行保护。

① 实现欠压延时跳闸，可躲过电力系统的电压波动与骤降，确保电网电压出现波动时，光伏电源不至于立刻离网。

② 实现失压跳闸，防止无压合闸，避免随意合闸而危及电网检修人员等人身安全。

【结构】 由电动操作机构、智能控制器和塑壳断路器等组成。

【型号】 识别方法是：

【产品数据】 见表 4-38。

表 4-38 CNLEF 系列光伏并网专用断路器技术数据

项目	CNLEF-100 /3P+N(4P)	CNLEF-250 /3P+N(4P)	CNLEF-400 /3P+N(4P)	CNLEF-630 /3P+N(4P)
额定工作电压 U_e	AC400V（额定频率：50Hz）			
额定辅助电压 U_{on}	AC230V（额定频率：50Hz）			
额定电流 I_n	$(0.4\sim1.0)I_n$			
额定剩余动作电流 $I_{\Delta n}$ （可调或自动跟踪）/A	0.03/0.05/0.1/0.2 /0.3/0.4/0.5/0.8/1	0.03/0.05/0.1 /0.2/0.3/0.4/0.5	0.03/0.1/0.2/0.3 /0.4/0.5/0.8/1	0.03/0.1/0.2/0.3 /0.4/0.5/0.8/1
额定剩余电流分断时间 Δt	$<(0.2\sim0.5)$s（可调）			
欠压动作值	$(20\%\sim70\%)U_e$			
欠压延时时间/s	$0\sim10$			
检有压合闸电压	$85\%U_e$			
额定极限短路分断能力 I_{cu}/kA	50	50	65	80
额定运行短路分断能力 I_{cs}/kA	35	50	50	65
额定短时耐受电流/(kA/s)	1.5/0.5	3/0.5	8/0.5	10/0.5
额定冲击耐受电压/kV	8			
自动重合闸时间/s	$20\sim60$			

生产商：江苏创能电器有限公司。

【安装】 ①安装前应先确认其规格、型号符合使用要求。

② 安装要正确，不应有异常机械应力。

③ 安装通信接口时，应注意插头与接线端口匹配且方向一致，不得反接。

④ 完成接线后，要检查一遍再打开电源开关。

4.2.9 直流断路器

直流断路器是用于直流系统运行方式转换或故障切除的断路器（图 4-22 和图 4-23）。

【用途】 广泛用于对直流配电系统的设施和电器进行过载、短路保护。

小型直流断路器还可以加装辅助触头、报警触头和分励脱扣器等附件，以实现远距离分断和提供控制信号。

【分类】　①按电压高低分，有低压直流断路器和高压直流断路器两种。

图 4-22　直流断路器

图 4-23　直流空气断路器

② 按电器结构分，有机械式直流断路器、全固态式直流断路器和机械开关与固态开关相结合的混合式直流断路器三种。

③ 按脱扣特性分，有两段保护和三段保护两种。

④ 按形式分，有无源型叠加振荡电流方式和有源型叠加振荡电流方式两种。

【结构】　主要由三个部分组成：①由交流断路器改造而成的转换开关（可以是少油断路器或 SF_6 断路器）。

② 以形成电流过零点为目的的振荡回路（通常采用 LC）。

③ 以吸收直流回路中储存的能量为目的的耗能元件（一般采用金属氧化物避雷器）。

【工作原理】　①无源型叠加振荡方式，是利用电弧电压随电流增大而下降的非线性负电阻效应，在与电弧间隙并联的 LC 回路中产生自激振荡，使电弧电流叠加上增幅振荡电流，当总电流过零时实现遮断。

②有源型叠加振荡方式，是由外部电源先向振荡回路的电容 C 充电，然后电容 C 通过电感 L 向断路器的电弧间隙放电，产生振荡电流叠加在原电弧电流上，并强迫电流过零。

【产品数据】　见表 4-39。

表 4-39　GM 系列小型直流断路器的技术数据

项目	GM5-63C	GM5-63CH	GM5-63CL	GM5B-40
额定电压/V	220,220/440			220
额定电流/A	1～63	10～63	1～6	16～40
分断能力/kA	220V(1P):10;220V(2P):20;440V(2P):10			220V(2P):15
额定冲击耐受电压/kV	4			—
瞬时动作倍数电流($\times I_n$)	7～15	12～15	7～10	—
最大接线能力/mm²	25			—
脱扣特性	两段保护			三段保护
机械寿命/次	30000			10000

生产商：北京人民电器厂有限公司。

【选用】　① 根据设备额定值所决定的额定电流。

② 根据系统形式，分 1 类（电源有一接地极）、2 类（电源中间接地）和 3 类（电源与地绝缘）类。

③ 根据额定电压（取决于分断所必要的极数）。

④ 根据安装点的最大短路电流选择断路容量。

第**5**章　　常用传感器

传感器是一种能感受到被测物体运动参数，并将其按一定规律变换成为电信号或其他形式的信息输出，完成传输、处理、存储、显示、记录和控制等要求的检测装置，类似于人类的触觉、味觉和嗅觉等感官，是自动控制中不可缺少的装置。

传感器一般由敏感元件、转换元件和转换电路三部分组成。敏感元件是直接感受测量量的变化；转换元件是将敏感元件输出的非电量转换为适合于传输或测量的电信号；转换电路是将得到的电信号进行调理与转换、放大、运算与调制，从而能显示和参与控制。

传感器可以按工作原理分成电阻式、电容式、电感式、压电式、热电式、磁敏式、光电式等；也可按用途分成若干类。为着眼于运用，本书按后者叙述。

应该说明的是，工业中用到的传感器有上千种，限于篇幅和学识，本书中还有很多未能涉及，例如化工、环保、视觉、触觉和听觉等等。本书涉及的用途方面的传感器，也只能是很少一部分品种。

5.1　测力传感器

测力传感器是由一个或多个能在受力后产生形变的弹性体，和能感应这个形变量的电阻应变片组成的电桥电路（如惠斯通电桥），以及能把电阻应变片固定粘贴在弹性体上，并能传导应变量的黏合剂和保护电子电路的密封胶等三大部分组成的仪器。

5.1.1　电阻式测力传感器

(1) 柱筒式称重传感器

在测量时，将应变片贴在不同的部位，它可以感受拉力，也可以感受压力。例如图 5-1 (a)所示称重传感器，用的是 R_1、R_2、R_3、R_4 四个相同的应变片，R_2、R_4 为轴向竖贴贴片，

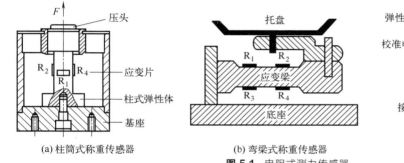
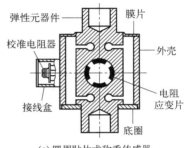

(a) 柱筒式称重传感器　　　　　(b) 弯梁式称重传感器　　　　(c) 圆周贴片式称重传感器

图 5-1　电阻式测力传感器

感受拉伸（正应变）；R_1、R_3（与 R_1 相对）为径向横贴贴片，感受压缩（负应变）。

（2）弯梁式称重传感器

图 5-1（b）为我们常见的称重电子秤结构图。作用于物体上的重力使它的应变梁上的应变片产生变形，电阻 R_1 和 R_2 受到拉伸阻值增大，R_3 和 R_4 受到压缩阻值减小，四个电阻所组成的惠斯通电桥产生的传感器信号（其大小与质量成正比），经过模拟信号放大器放大为 0～3V 左右，再经过 A/D 转换电路将模拟电压转换为数字信号。最后，经过微控制器处理单价设置、金额运算，各种参量送至显示器并显示出重量、单价和金额等数据。

（3）圆周贴片式称重传感器

图 5-1（c）为圆周贴片式称重传感器结构图，主要由弹性元器件、电阻应变片、测量电路和传输电缆部分组成。电阻应变片贴在弹性元器件上，弹性元器件受力变形时，电阻应变片随之变形，并导致电阻值改变。测量电路测量电阻值的变化并将其转换为电信号输出。校准电阻器用来调整输出电信号的大小，电信号经处理后以数字形式显示出被测物体的重量。

5.1.2 电容式称重传感器

电容式称重传感器由弹性体、绝缘材料、动极板、定极板和极板支架构成（图 5-2）。动极板和定极板的一面有绝缘材料，布置在弹性体内腔的中心线上。

电容式称重传感器的原理是，传感器受到重力作用之后，会产生弹性变形，使动定极板之间的距离变小，导致传感器的电容变化。通过调频电路、振荡器等元件处理后，将电容的变化转换成物体重量的数值，传至显示器上后便可得出读数。

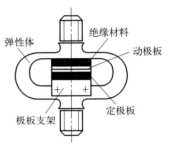

图 5-2 电容式称重传感器

5.1.3 压电式测力传感器

压电式测力传感器在直接测量压力时，通常采用双片或多片石英晶片作压电元件。按测力状态的不同，这种传感器分为单向力、双向力和三向力三种，它们的结构基本相同。

图 5-3（a）为单向力传感器的结构，其中使用了两片压电晶体反向重叠在一起，这样可使灵敏度提高一倍。对于小力值传感器，还可采用多只压电晶体重叠在一起，以进一步提高其灵敏度。

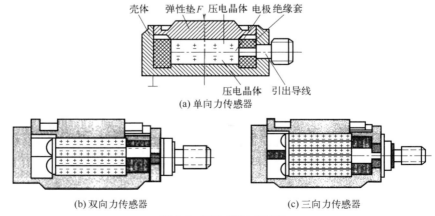

(a) 单向力传感器

(b) 双向力传感器　　　　　　　　(c) 三向力传感器

图 5-3 压电式测力传感器

图 5-3（b）中的压电组件为两组双晶片石英（压电晶片）叠成并联方式，两对压电晶片（体）分别感受两个方向的作用力，并由各自的引线分别输出。

图 5-3（c）中的压电组件为三组双晶片石英叠成并联方式，它可以测量空间任一个或三个方向的力。三组压电晶片的输出极性是相同的，其中一组利用厚度压缩纵向压电效应来实现力-电的转换，测量 F_z。另外两组采用厚度剪切变形压电效应来分别测量 F_x 和 F_y。由于 F_x 和 F_y 相互垂直，因此，在安装两组晶片时应使其最大灵敏轴分别取 x 向和 y 向。

5.2　压力传感器

5.2.1　膜片式压力传感器

膜片式压力传感器，是一种将膜片的变形转换成气体工作压力的仪器，主要用于测量管道内部的压力，广泛应用于工业自动化、医疗器械、汽车电子等领域。

它的金属弹性元件的膜片周边被固定，一般采用金属或半导体薄膜（图 5-4）作为感应元件，当外力作用于薄膜上时，薄膜会发生相应的变形，从而改变电路参数。通过测量电路参数的变化，可以计算出外力的大小。

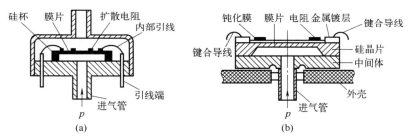

图 5-4　膜片式半导体压力传感器

膜片式压力传感器的压力敏感元件是膜片，如果将其换成弹簧管，则可构成弹簧管压力传感器（图 5-5）。

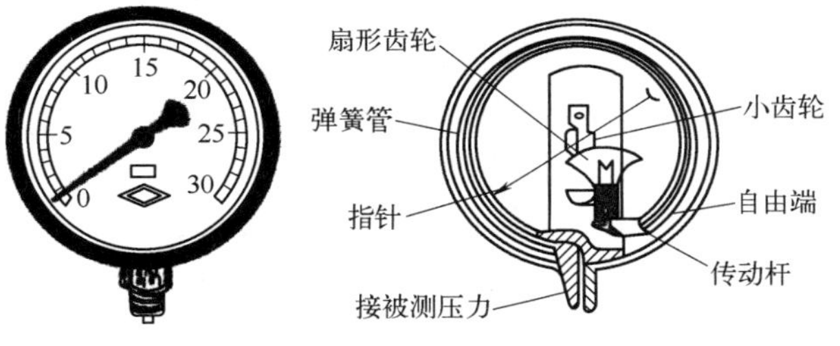

5.2.2　电容式压力传感器

下面两个例子分别用于测量液体的压力或压差。

图 5-5　弹簧管压力传感器

（1）单只变距型电容式压力传感器（图 5-6）

其工作原理是，流体压力作用于加有预张力的弹簧片（动极板），使弹簧片产生位移，结果导致电容量的变化，根据这个变化可以求得液体的压力。

（2）差动式电容压差传感器（图 5-7）

这种传感器弹性敏感元件是加有预张力的不锈钢膜片（兼作电容式压力传感器的动极板），其定极板是凹型玻璃基片上的两个镀有金属层的极板。当被测压力进入空腔时，由于弹性膜片两侧的压力差，使膜片凹向压力小的一侧，从而产生了位移，结果使一个电容的电容量增大，另一个则相应变小。这种传感器的灵敏度和分辨率都很高，灵敏度取决于初始间隙 δ，其值越小，灵敏度越高。

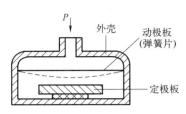

图 5-6 单只变距型电容式压力传感器

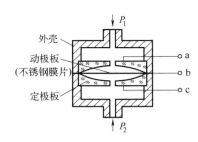

图 5-7 差动式电容压差传感器

(3) MEMS 电容式压力传感器

MEMS 是将微传感器、微执行器、信号处理和控制电路、通信接口和电源等部件集成在一个芯片上的微机电控制器。

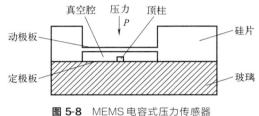

图 5-8 MEMS 电容式压力传感器

图 5-8 中的动极板是利用微机电技术在硅片上制造出的薄膜，可承受外界压力；定极板是有溅射金属膜的玻璃基片。硅片和玻璃基片采用键合技术，在定极板和动极板之间形成真空腔（内有顶柱，防止过载造成的不良影响），构成典型的压力传感器。根据电容的变化即可求得压力大小。

这种传感器广泛于汽车行业、工业领域和医疗行业。与压阻式压力传感器相比，其特点是：具有较高的固有频率和良好的动态响应；低损耗，发热小；具有高的输出阻抗。

5.2.3 压阻式压力传感器

压力作用于敏感元件后会引起电阻变化，MEMS 压阻式压力传感器就是应用这种压阻效应原理。电阻变化转化成电压信号的方法一般是利用直流或交流电桥。

图 5-9（a）所示为压阻式压力传感器的结构。压阻芯片采用周边固定的硅杯结构，封装在外壳内。在一块圆形的单晶硅膜片上，布置四个扩散电阻，两片位于受压应力区，另外两片位于受拉应力区，它们组成一个全桥测量电路。硅膜片用一个圆形硅杯固定，两边有两个压力腔，一个是和被测压力相连接的高压腔，另一个是低压腔（通常和大气相通）。当存在压差时，膜片产生变形，

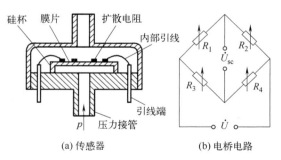

(a) 传感器　　(b) 电桥电路

图 5-9 压阻式压力传感器

使两对电阻的电阻值发生变化，电桥失去平衡，其输出电压反映膜片两边承受的压差大小。在膜片上应力最大处扩散杂质形成 4 只应变电阻，组成如图 5-9（b）的电桥电路。与其他压力传感器一样，测得电阻后可求得压力。

5.2.4 差动式压力传感器

下面介绍 3 种差动式压力传感器。

(1) 差动式非晶态合金带压力传感器

这种传感器由非晶态合金带（宽度10mm）、基板和3个线圈组成 [图5-10 (a)]。

其工作原理是利用非晶态合金带（如 $Fe_{70}Ni_{10}Si_5B_{15}$）的高磁致伸缩系数特性求得压力。合金带粘贴在基板上，其上绕有三个线圈，分别与输入电路和输出电路相连。输入电路经差动连接线圈1、3，同时在合金带两端激发超声波。当基板小孔处无外力时，两超声波相互抵消。而当小孔处有压力时，则感生磁各向异性，两超声波失衡，在输出线圈2中感生出电压 E_0。

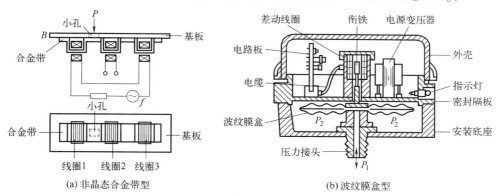

图 5-10 差动式压力传感器

(2) 差动式波纹膜盒压力传感器

这种传感器由波纹膜盒、衔铁、电源变压器、差动线圈、电路板、压力接头和外壳等组成 [图5-10 (b)]。用于测量各种生产流程中液体、气体压力等。

其工作原理是，传感器的敏感元件为波纹膜盒，差动变压器的衔铁和膜盒相连，当被测压力 P_1 输入膜盒中后，膜盒的自由端面便产生一个与压力 P_1 成正比的位移，此位移带动衔铁上下移动，从而使差动变压器有正比于被测压力的电压输出。传感器的信号输出电路与传感器组合在一个壳体内，输出信号可以是电压或电流，多数采用电流输出型，便于远距离传输。

(3) 变气隙式差动式压力传感器

变气隙式差动式压力传感器由 C 形弹簧管、衔铁、铁芯和线圈等组成（图5-11）。其工作原理是，当被测压力 P 进入 C 形弹簧管时，弹簧管产生变形，其自由端发生位移，带动与自由端连接成一体的衔铁运动，使线圈1和线圈2中的电感量发生大小相等、符号相反的变化，即一个电感量增大，另一个变小，这种变化通过电桥电路转化为电压的变化。

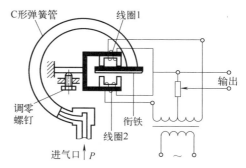

图 5-11 变气隙式差动式压力传感器

5.2.5 压电式压力传感器

压电式压力传感器（图5-12）中，通常采用两片相同元件，以其极性反向相叠后作为一个电极，由夹在中间的铜片作为另一个电极（此时它处于悬空状态，可用有良好绝缘性能的导线引出）。沿厚度方向受力的压电元件，应在装配时施加预紧力，以便使其有良好的机电耦合作用。为使预紧力均匀地分布在压电元件上，用螺钉通过钢球和有凹坑的压板，紧压在压电元件上。压电元件极性为正的一面通过铜片引出，极性为负的一面与壳体相连并引出。

当力作用于膜片时，压电元件的上、下表面产生电荷，电荷量 q 与作用力 F 成正比，即 $q = d_{11} \times F$，d_{11} 表示压电系数。而 $F = PS$，S 为压电元件受力面积，P 为压强。由于压电式压力传感器输出电荷与输入压强 P 也成正比，将产生的电荷由引线插件输出给电荷或电压放大器，经数据处理后就可直接从仪表上读出压力的大小。

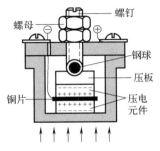

图 5-12 压电式压力传感器

5.2.6 声表面波压力传感器

图 5-13（a）为一种延迟线型 SAW（声表面波）压力传感器的结构，由圆柱体（中空）保护外壳、压力敏感膜、传力杆和压电梁等纽成。压电梁的一端固定在保护壳内壁上，形成悬臂梁结构。图 5-13（b）为其工作原理，敏感膜受压后向内变形，变形量通过传力杆传递到压电梁（包含压电基底、叉指换能器、反射器、天线引线和吸声材料）。图中左边靠近压电梁固定端的反射器用来测量压力产生的变形量，右边的两个反射器用作温度测量或温度补偿。

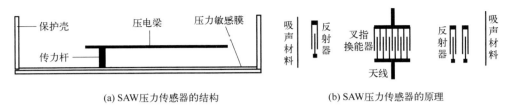

(a) SAW压力传感器的结构　　　　(b) SAW压力传感器的原理

图 5-13 声表面波压力传感器

这种传感器的优点是分辨率高、精度高、无须 A/D 转换、易集成、功耗低、成本低等，在航空航天领域、生产过程检测、交通运输和医疗等方面有较大的发展空间，不足之处是机械品质因数较小，传输损耗大。

5.2.7 光纤压力传感器

光纤受到均匀压力时会致使透过光产生相位或极化面变化；受到非均匀压力时会致使透过光产生振幅变化（图 5-14）。

图 5-14 光纤受压时的变形和透过光的变化

光纤压力传感器的测量方法是，将一个具有一定反射率且质地柔软的反射镜，贴在承受压力（压差）的膜片上，当压力（差）使膜片发生微小变形时，便会改变反射镜所反射的入射光纤的光强，从而测得其压力（差），其结构原理图见图 5-15，测压系统示意图见图 5-16。

5.2.8 石英晶体谐振压力传感器

石英谐振器是用石英晶体经过适当切割后制成，当被测参量发生变化时，它的固有振动频率随之改变，用基于压电效应的激励和测量方法就可获得与被测量成一定关系的频率信号。

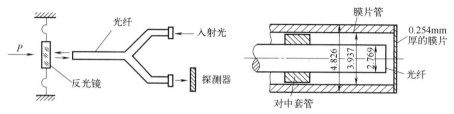

图 5-15 光纤压力传感器原理和一种产品结构

图 5-17 是石英谐振器 QPT 的结构，图 5-18 是由它组成的石英谐振压力传感器的结构。

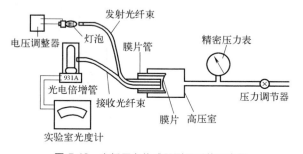

图 5-16 光纤压力传感器测压系统示意图

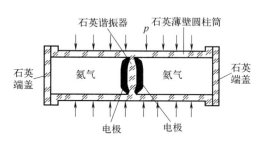

图 5-17 石英谐振器 QPT 的结构

QPT 靠弹簧片悬浮于传压液体油中，压力容器由铜套筒和钢套筒构成，隔膜与钢套筒连接。QPT 的温度由内外加热器控制。传感器工作时，可使 QPT 保持在 ±0.05℃ 恒温以内，从而使振子达到零温度系数。隔膜把容器内的油和外压力介质分开，减小因温度变化引起的液体油压变化而造成的（温度）读数误差，要选择热胀系数比较小的液体油（合成磷酸盐脂溶液）。

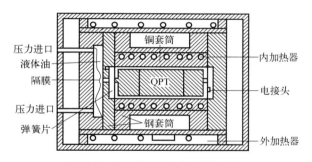

图 5-18 石英谐振压力传感器的结构

5.3 温度传感器

温度传感器是一种将温度变化转化为电量变化的装置。按测量方式可分为接触式（如水银体温计）和非接触式（如手持式/通道式红外测温仪）两大类，按传感器材料及电子元件特性分为膨胀式温度传感器、压力式温度传感器和热电式温度传感器等。

5.3.1 膨胀式温度传感器

根据使用对象，膨胀式温度传感器有液体膨胀式和固体膨胀式两类。通常我们使用的体温表，是液体膨胀式温度传感器的典型产品。不过，它只能模拟显示，要使其改变为数字显示须要对电路进行改造。下面着重叙述固体膨胀式温度传感器。

固体膨胀式温度传感器的敏感元件是双金属片。它是利用两种线胀系数相差较大的金属材料压制在一起而成的。由于温度变化时，它们的伸长不同，从而使其一端产生位移，带动指针就成为双金属温度计（图5-19），带动电节点实现通断就成为双金属温度计开关。

5.3.2 压力式温度传感器

压力式温度传感器主要由温包、毛细管和压力敏感元件（如弹簧管、膜盒、波纹管）等组成（图5-20）。温包、毛细管和弹簧管三者的内腔共同构成一个封闭容器，其中充满工作介质（液体或气体）。当温包受热后，内部工作介质压力增大，使弹簧管产生变形，并由传动系统带动指针指示相应的温度。

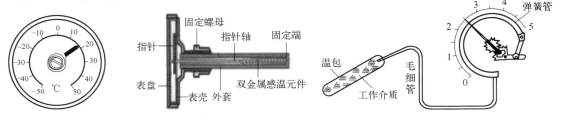

图 5-19 双金属温度计   图 5-20 压力式温度传感器

压力式温度传感器内部工作介质可为空气或氮气。若采用氮气，则可用在$-100\sim+500℃$的范围内工作，但是体积较大。适于用作工作介质的液体有二甲苯（用于$-40\sim200℃$）、甲醇（用于$-40\sim175℃$）、甘油（用于$20\sim175℃$）。因为水银有毒且会引起腐蚀，所以一般不使用。

5.3.3 电阻式温度传感器

纯金属或某些合金的电阻随温度的升高而增大，随温度降低而减小。电阻式温度传感器就是将电阻数据转化成温度值的仪器。通常用铂金、铜或镍材料制成。其外形和结构与热电偶相似（图5-21）。

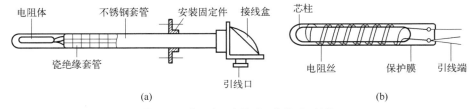

(a)   (b)

图 5-21 电阻式温度传感器的外形和结构

无论哪种热电阻都必须采用无感绕法，即先将铂或铜丝对折起来然后双绕，使两个端头都处于支架的同一端。这种绕法的优点：一是没有电感，二是可防止外界交变磁场在热电阻上形成感应电势，三是便于向外引线。

铜热电阻比较容易制作，可用漆包线绕在绝缘支架上构成。但要注意绕线时，线的张力不要过大，以免产生应力，影响阻值的稳定性，而且绕好后一定要热处理，以消除因弯曲缠绕形成的内应力。另外，支架的热胀系数应该和金属丝的热胀系数相近。

5.3.4 热电式温度传感器

热电式传感器（即热电偶，图5-22）也是将温度变化转换为电量变化的装置。它是利用某些材料或元件的性能随温度变化的特性来进行测量的。例如将温度变化转换为电阻、热电动势、热膨胀、磁导率等的变化，再通过适当的测量电路达到检测温度的目的。

通常热电偶用于测量高温，所以将固定温度的接点称基准点（冷端），恒定在某一标准温度；将待测温度的接点称测温点（热端），置于被测温度场中。

图 5-22 热电偶的几种形状

热电偶常用的材料是铂铑$_{10}$-铂、铂铑$_{10}$-铂铑$_6$、镍铬-镍硅和铜-康铜等。

其工作原理是，两种不同成分的导体（称为热电偶丝或热电极）两端接合成回路时，设其热端的温度为 T，与显示仪表或配套仪表连接的一端（冷端）的温度

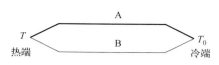

图 5-23 热电偶的工作原理

为 T_0，如果 $T > T_0$，根据热电效应，则必存在着两个接触电势和两个温差电势（图 5-23）。

热电偶的故障与检修见表 5-1。

表 5-1 热电偶的故障与检修

故障现象	可能原因	修复方法
仪表指示值偏低	1. 热电偶内部电极漏电 2. 热电偶内部潮湿 3. 热电偶接线盒内接线柱短路 4. 补偿线短路 5. 热电偶电极变质或工作端霉坏 6. 补偿导线和热电偶不一致 7. 补偿导线与热电极的极性接反 8. 热电偶安装位置不当 9. 热电偶与仪表分度不一致	1. 取出热电极,检查漏电原因。若是因潮湿引起,应将电极烘干;若是绝缘不良引起,则应予以更换 2. 取出热电偶,分别烘干热电极和保护管,并检查保护管是否有渗漏现象,质量不合格则应予以更换 3. 打开接线盒,清洁接线柱,消除造成短路的原因 4. 将短路处重新绝缘或更换补偿线 5. 剪去变质部分,重新焊接工作端或更换新电极 6. 更换与热电偶配套的补偿导线 7. 重新改接 8. 选取适当的安装位置 9. 更换热电偶,使其分度与仪表一致
仪表指示值偏高	1. 热电偶与仪表分度不一致 2. 补偿导线和热电偶不一致 3. 热电偶安装位置不当	1. 更换热电偶,使其与仪表分度一致 2. 更换补偿导线,使其与热电偶配套 3. 选取正确的安装位置
仪表指示值不准	1. 接线盒内热电极和补偿导线接触不良 2. 热电极有断续短路和断续接地现象 3. 热电极似断非断 4. 热电偶安装不牢而发生摆动 5. 补偿导线有接地、断续短路或断路现象	1. 打开接线盒重新接好并紧固 2. 取出热电极,找出断续短路和接地的部位,并加以排除 3. 取出热电极,重新焊好电极,经鉴定合格后使用,或者更换新的 4. 将热电偶安装牢固 5. 找出接地和断续短路或断路的部位,加以修复或更换补偿导线

5.3.5 红外温度传感器

当物体的温度高于绝对零度时，由于它内部分子热运动的存在，会不断地向四周辐射电磁波，其中就包含了波段位于 $0.75\sim100\mu m$ 的红外线。红外温度传感器就是一种利用其辐射热效应，使探测器件接收辐射能后引起温度升高，进而使传感器中一项与温度性能相关的参数发生变化来测量温度的设备。

红外温度传感器由光学系统（透镜、滤光片、调制盘）、红外探测器、步进电机、前置放大器、选频放大器、同步检波电路、加法器、发射率（ε）调节电路、A/D 变换器等组成，其方框图见图 5-24。

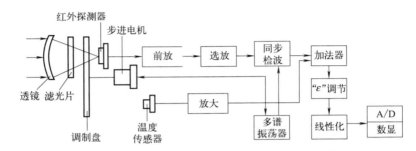

图 5-24 红外温度传感器方框图

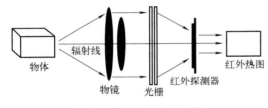

图 5-25 红外热像仪方框图

红外温度传感器只能测出物体某一点的温度，如果要测出某个物体的温度分布情况，就要用红外热像仪。它是一种采用红外热成像技术，通过测量目标物体的红外热辐射，经过光电转换、信号处理等手段，将红外热辐射转换成相应的电信号，然后经过放大和视频处理，将目标物体的热分布数据转换成可供肉眼观察的视频图像的设备，其方框图见图 5-25。

5.3.6 光纤温度传感器

光纤温度传感器，是一类利用光线在光纤中传输时，光的振幅、相位、频率、偏振态等随光纤温度变化而变化的原理制作的传感器。在特殊工况和环境下，如易燃、易爆、高电压、强电磁场、具有腐蚀性气体和液体，以及要求快速响应、非接触等，光纤温度测量技术具有独到的优越性。

光纤温度传感器，可以分为传光型和功能型两类。下面仅简述功能型中的干涉式光纤温度传感器。

干涉式光纤温度传感器（图 5-26）中，来自激光器的光束被波导分成两路，分别经过长度 L_1 和 L_2 两条光纤后，在输出端重新合成。当温度变化时，两束光由于相位不同而发生干涉，干涉产生的光强按正弦规律周期性变化并与长度差 L_1-L_2 成正比。通过干涉式温度传感器光强的检测，可达到检测温度的目的。

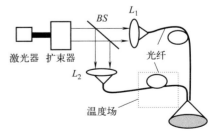

图 5-26 干涉式光纤温度传感器

5.4 湿度传感器

湿度是指物质中所含水分的量，湿度传感器是将环境湿度转换为电信号的装置。

5.4.1 分类

湿度传感器的分类方法见表 5-2。

表 5-2　湿度传感器的分类

材料		湿度敏感元件(湿敏元件)
电解质系		氯化锂-聚乙烯醇光硬化树脂电解质、氯化锂植物纤维含浸系、聚苯乙烯磺酸及其盐类、氟化钡
半导体及陶瓷系	涂覆膜型	四氧化三铁涂覆膜、氧化铝陶瓷
	烧结体型	三氧化钛-氧化物非加热式、锌-锂-钒系、$Ni_{1-x}Fe_{2+x}O_4$ 系、铁-钾-铝系、羟基磷灰石系、$MgCr_2O_4\text{-}TiO_2$ 系、$ZnCrO_4$ 系、氧化铝-氧化镁陶瓷、$Ba_{1-x}Sr_xTiO_5$ 系
	厚膜型	钨酸锆系、钨酸镍系、$LiNbO_3\text{-}PbO$ 系非加热式、钛酸钡-氧化镧-氧化铝系
	薄膜型	三氧化三铝绝对湿度、$Ta\text{-}MnO_2$ 电容式
	MOS 型	MOS 型电容式薄膜湿度传感器
有机物及高分子聚合物系		亲水性高分子-炭黑体、聚酰亚胺薄膜式、等离子聚苯乙烯薄膜电容式、聚丙烯酸系
其他		1. 毛发湿度传感器、肠膜湿度传感器、尼龙湿度传感器 2. 干湿球式、钛酸镁微波吸收式、五氧化二磷电解式、石英晶体振子式、氯化锂露点式、红外线式、中子式

5.4.2 湿敏元件主要技术特性

(1) 氯化锂湿敏元件 (表 5-3)

表 5-3　氯化锂湿敏元件主要技术特性

型号	精度/%RH	测湿范围/%RH	工作温度/℃	响应时间/s
MSK-1 MSK-1A	2～3 5	20～95 30～90	−5～+40 −10～+40	<60
MS	2～4	40～90	0～40	
PL-1	5	20～100	−10～+40	
SL-2 SL-3	2	10～95 40～90	5～50 10～40	
PSB-1 PSB-2 PSB-3 PSB-4	2～3	45～65 55～75 30～70 40～80 30～90 15～90	5～50	

（2）羟基磷灰石陶瓷湿敏元件（表 5-4）

表 5-4　羟基磷灰石陶瓷湿敏元件的主要技术特性

工作温度/℃	耐热温度/℃	测湿范围/%RH	精度/%RH	清洗电压/V	清洗周期	加热温度/℃
1±99	600	5～99	±3～5	6～10（AC 或 DC）	1 天～1 周	450～500

（3）高分子聚合物湿敏元件（表 5-5～表 5-8）

表 5-5　聚苯乙烯磺酸锂湿敏元件主要技术特性

型号	精度/%RH	测湿范围/%RH	工作温度/℃	时间常数/s	稳定性	滞后/%RH	温度系数/(%RH/℃)	寿命	适用环境
SP-1	±8	0～100	−30～+80	升湿时 30	2.5%RH/年	+8	0.5	2 年	不怕水、灰尘、烟雾，一定量的 SO_2 酸雾中可使用
SP-2	±2.5	0～100	−30～+93			±2.5	0.5	使用 1 年后变化率 2.5%RH	

表 5-6　HRP-MQ 高分子湿度传感器主要技术特性

精度/%RH	工作温度范围/℃	测湿范围/%RH	滞后/%RH	响应时间/s	额定功率/mW	额定电压/V	额定电流/mA
2～3	−20～+60	20～99.9	<±2	30	0.3	1.5(AC)	0.2

表 5-7　结露敏感元件主要技术特性

电阻值/Ω	响应时间/s	使用电压/V	工作温度/℃	测湿范围/%RH	湿度检测量程/%RH
75%RH 时：10k 以下 94%RH 时：2k～20k 100%RH 时：200k 以上	25℃、60%RH 60℃、100%RH 达到 100k 的时间<10	0.8 以下（AC 或 DC）	−10～160	0～100	94～100

表 5-8　醋酸纤维素有机膜湿敏元件主要技术特性

型号	测湿范围/%RH	工作温度/℃	精度/%RH	响应时间/s	温度系数/(%RH/℃)
6061HM	0～100	−40～+115	±1～2	1	0.05

5.4.3　湿度传感器的构造

一些湿度传感器的构造图解见图 5-27。

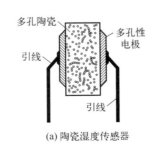

(a) 陶瓷湿度传感器　　(b) 烧结型 MgCrO$_4$-TiO$_2$ 湿度传感器

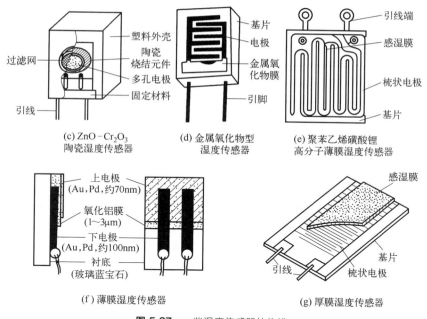

(c) ZnO - Cr₂O₃
陶瓷湿度传感器

(d) 金属氧化物型
湿度传感器

(e) 聚苯乙烯磺酸锂
高分子薄膜湿度传感器

(f) 薄膜湿度传感器

(g) 厚膜湿度传感器

图 5-27 一些湿度传感器的构造

5.5 位移传感器

位移传感器有电阻式、电容式、自感式、光栅、磁栅和光纤位移传感器等几种。

5.5.1 电阻式位移传感器

电阻式位移传感器有电位器式和应变式两种，它们可以将机械位移量变换成电信号。

(1) 电位器式位移传感器

滑线电位器式位移传感器由测杆、电刷、无感电阻、滑线电阻、导轨、弹簧、滑块和外壳组成（图 5-28）。这种传感器的转换元件是触头可随被测体移动的电位器。无感电阻和滑线电阻构成测量电桥的两个桥臂。由于测量前已经利用电路中的电阻电容平衡器平衡了电桥，所以测量时，当测杆与预测物体接触后，物体有位移时，测量轴随之移动，致使相连的触头随之在滑线电阻上移动，从而使电桥失去平衡，输出一个相应的电压增量，测出此电压值，就可求得位移量。

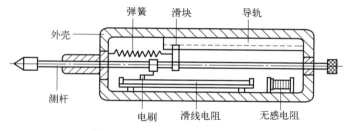

图 5-28 滑线电位器式位移传感器

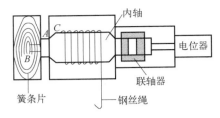

图 5-29 电位器式位移传感器

另一种电位器式位移传感器，由内轴、联轴器、钢丝绳、电位器和外壳等组成（图 5-29）。传感器内轴上绕有钢丝绳，钢丝绳的一端固定在内轴的 C 点处，另一端接外加位移量；内轴通过联轴器与电位器和簧条片相连。当外力拉伸钢丝绳产生位移时，钢丝绳由其固定点 C 端带动内轴转动，簧条被拉紧，角位移电位器经联轴器产生相应的转动，其阻值发生相应变化。当在电位器两固定端加上电压后，其滑动端就有相应的电压输出，且与外加位移量成比例。当外力撤除后，钢丝绳在簧条片恢复力作用下恢复到初始位置。

(2) 应变式位移传感器

应变式位移传感器是把被测位移量转换成弹性元件的变形和应变，使粘贴在弹性元件上的应变片阻值变化，通过应变电桥，输出正比于被测位移的电量。

图 5-30 表示了国产 YW 系列应变式位移传感器结构。拉伸弹簧和悬臂梁串联作为弹性元件；拉伸弹簧一端与测量杆连接；矩形载面悬臂梁根部正反两面贴 4 片应变片。

当测量杆随被测件产生位移时，它带动弹簧使悬臂梁弯曲变形，其弯曲应变与位移成线性关系。通过贴在悬臂梁根部正、反面的 4 片应变片及测量电路，测得弯曲应变值后即可求得位移量。

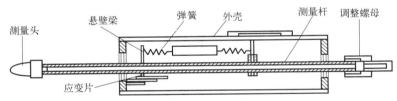

图 5-30 YW 系列应变式位移传感器

5.5.2 电容式位移传感器

图 5-31 为一种变面积型电容式位移传感器。传感器采用差动式结构，两个由绝缘体隔开的圆筒形固定电极，通过绝缘体固定在壳体上，比固定电极直径稍小的活动电极通过绝缘体与测杆固定在一起。开槽模片用以承受横向应力和弯矩。测杆与被测物相连，当被测物移动时，活动电极随被测物位移而做轴向移动，从而改变活动电极与两个固定电极之间的覆盖面积，使电容发生变化，根据电容的变化值，即可得到相应的位移值。

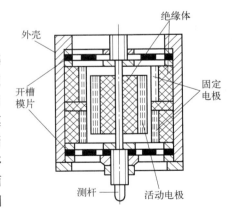

图 5-31 电容式位移传感器

5.5.3 自感式位移传感器

自感式位移传感器由线圈、铁芯和衔铁等构成，它有图 5-32（a）、（b）两种形式。

图 5-32（a）的工作原理是，可动衔铁与铁芯之间的距离 x 可以改变（即气隙长度 δ 可

以变化），从而改变绕在铁芯上的线圈感抗；图 5-32（b）的工作原理是，虽然衔铁与铁芯间的气隙长度 δ 不变，但衔铁可以上下移动，从而改变气隙的横断面积（图中 l 和铁芯厚度的乘积），即改变了线圈感抗。

此法和电容法比较有点笨重，且有电磁吸力及线圈发热问题。但是它能测较大的位移，而且不必用很高频率的电源，阻抗也比较低，抗干扰和避免寄生参数的影响也较易解决。因此，在被测对象具有足够的定位力、动作又不十分快且在有安装空间的情况下，仍然有相当广泛的应用。

5.5.4 光栅位移传感器

光栅位移传感器主要由主光栅、指示光栅、光源和光电器件等组成（图 5-33），其中主光栅和被测物体相连，它随被测物体的直线位移而产生移动。当主光栅产生位移时，莫尔条纹便随着产生位移，若用光电器件记录莫尔条纹通过某点的数目，便可知主光栅移动的距离，也就测得了被测物体的位移量。

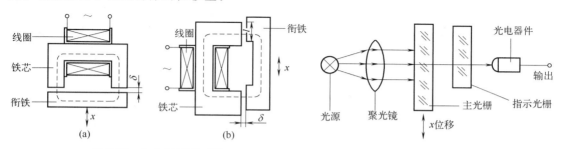

图 5-32 自感式位移传感器　　　　　图 5-33 光栅位移传感器

如果用两个光敏元件，沿横向条纹移动方向安装在相互距离 $B/4$ 的位置上，根据这两个光敏元件的信号领先落后关系，便可辨别被测物体的移动方向。

5.5.5 磁栅位移传感器

磁栅位移传感器由磁尺（磁栅）、磁头、铁芯、绕组和检测电路等组成（图 5-34）。磁尺是检测位移的基准尺，磁头用来读取磁尺上的记录信号。按读取方式的不同，磁头可分为动态磁头和静态磁头两种。动态磁头上只有一个输出绕组，只有当磁头和磁尺相对运动时才有信号输出，因此又称动态磁头为速度响应磁头。静态磁头是一种调制式磁头，其上有两个绕组：一个是激励绕组，加以激励电源电压；另一个是输出绕组。即使在磁头与磁尺之间处于相对静止时，也会因为有交变激励信号使输出绕组有感应电压信号输出。当静态磁头和磁尺之间有相对运动时，输出绕组产生一个新的感应电压信号输出，它

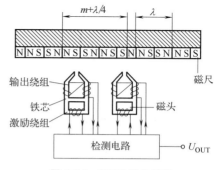

图 5-34 磁栅位移传感器

作为包络，调制在原感应电压信号频率上，这样就提高了测量精度。检测电路主要用来供给磁头激励电压和把磁头检测到的信号转换为脉冲信号输出。

其工作原理是，当磁尺与磁头之间产生相对位移时，磁头的铁芯使磁尺的磁通有效地通

过输出绕组，在绕组中产生感应电压，该电压随磁尺磁场强度周期变化而变化，从而将位移量转换成电信号输出。

5.5.6 光纤位移传感器

光纤位移传感器可分为元件型和天线型两种，前者用光纤作敏感元件，后者把光纤端面作为检测光的天线。

(1) 元件型光纤位移传感器

这种传感器是通过压力和应变等机械量使光纤特性发生变化来检测位移，其工作原理如图 5-35。图 5-35（a）表示由于光纤长度和周径等变化时，相位发生变化的光跟通过光纤的未发生相位变化的光发生干涉，根据干涉光强度的变化即可检测位移。图 5-35（b）表示位移转换成光纤弯曲量应变，输出光强度发生变化。图 5-35（c）表示线状形光纤，很小的力就能产生较大的位移。

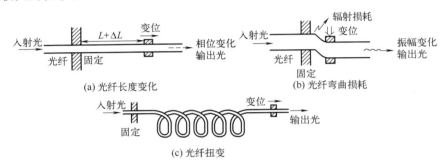

图 5-35 元件型光纤位移传感器的工作原理

(2) 天线型光纤位移传感器

工作原理如图 5-36。

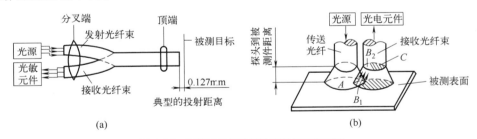

图 5-36 天线型光纤位移传感器的工作原理

5.6 液位传感器

5.6.1 浮力式液位传感器

浮力式液位变送器是根据阿基米德原理工作的，即液体对一个物体浮力的大小，等于该物体所排出的液体的重量。浮力式液位传感器可分为浮球式、浮筒式、静压式和干簧管式四种（图 5-37）。

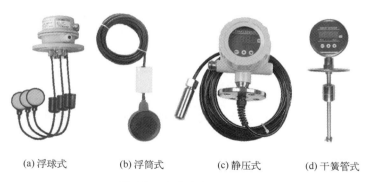

(a) 浮球式　　　(b) 浮筒式　　　(c) 静压式　　　(d) 干簧管式

图 5-37　浮力式液位传感器

（1）浮球式液位传感器

这种传感器由磁性浮球、测量导管、信号单元、电子单元、接线盒及安装件组成［图 5-37 (a)］。一般磁性浮球的相对密度小于 0.5，可漂于液面之上并沿测量导管上下移动，导管内装有测量元件，它可以在外磁作用下将被测液位信号转换成正比于液位变化的电阻信号，并在电子单元转换成 4～20mA 电流信号或其他标准信号输出。

浮球液位开关其实相当于一个限位开关。当液位过低时，低液位开关合拢，控制水泵开启加水；到高液位时，高液位开关合拢，控制水泵断水（不同的浮球式液位传感器也不一样，有的是常开，有的是常闭）。

（2）浮筒式液位传感器

这种传感器［图 5-37 (b)］与浮球式液位传感器相类似，不同的是将磁性浮球改成了浮筒。浮筒式液位变送器是利用微小的金属膜应变传感技术来测量液体的液位、界位或密度的，它在工作时可以通过现场按键来进行常规的设定操作。

（3）静压式液位传感器

这种传感器［图 5-37 (c)］利用液体静压力的测量原理工作，它一般采用安装于底部的扩散硅或陶瓷敏感元件的压阻效应，通过检测底部液体压力，转换计算出液位高度的电信号，再经放大电路放大和补偿电路补偿，以电流方式输出。

（4）干簧管式液位传感器

这种传感器一般由磁性浮球、传感器、导管、干簧管等组合而成［图 5-37 (d)］。当磁性浮球随液位变化，沿导管而上下浮动时，浮球内的磁钢吸合传感器内相应位置上的干簧管，使传感器的总电阻（或电压）发生变化，再由开关将变化后的电阻（或电压）信号输出转换成上下位开关量信号，实现对于液位的检测，输出无源干触点信号。

5.6.2　光电折射式液位传感器

如图 5-38，它的内部有一个近红外发光二极管和一个光敏接收器，头部有一个可以反射光的透明光锥，利用光学折射原理来检测液位。

图 5-38　光电折射式液位传感器

检测时传感器内部的光源发出光线，通过透明树脂全反射至传感器接收器，当遇到液面时，部分光线将折射至液体，根据传感器检测全反射回来光量值的减少数量，可以计算出监控液面高度。这种传感器价格便宜，安装、调试简单，但不能应用于非透明液体，同时只能输出开关量信号。

5.6.3 浮子笛簧开关式液位传感器

浮子笛簧开关式液位传感器由浮子、铁氧体磁铁、笛簧开关等组成（图5-39），利用磁铁对笛簧开关电极进行极化的原理使开关接通。磁场消失后，笛簧开关靠本身电极材料的弹性自动断开。

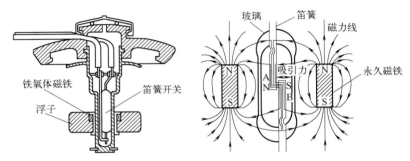

图 5-39 浮子笛簧开关式液位传感器

5.6.4 电容式液位传感器

电容式液位传感器，是利用被测液面高低的变化引起电容大小变化的原理进行测量的一种传感器。电容式液位计的结构形式很多，有平极板式、同心圆柱式等。它对介质本身性质的要求不严格，可作液位控制器，也可用于连续测量。图5-40表示的是同心圆柱式电容式液位传感器的结构。

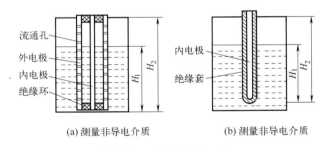

(a) 测量非导电介质　　(b) 测量非导电介质

图 5-40 电容式液位传感器

图5-40（a）为同轴双层电极电容式液位传感器，内电极和与之绝缘的同轴金属圆筒，组成电容的两极，外电极上开有很多流通孔。图5-40（b）为单电极电容式液位传感器，它的内电极为一根金属导电圆柱体（一般用紫铜或不锈钢），外套绝缘套（一般用聚四氟乙烯塑料管或涂敷搪瓷），利用导电液体和容器壁构成电容器的外电极。

5.6.5 电涡流式液位传感器

电涡流式液位传感器的主要用途之一，是测量金属件的静态或动态位移，所以可以用它来作液位监控系统（图5-41）。其工作原理是，当系统中的液位发生变化时，浮子与杠杆带动涡流板上下移动，由电涡流式液位传感器发出信号控制电动泵的开启，而使液位保持在一定范围内。

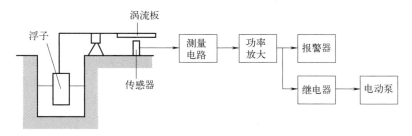

图 5-41 由电涡流式液位传感器构成的液位监控系统

5.7 流速传感器

流速传感器有热敏电阻式、激光多普勒式、光纤旋涡式和光纤式等几种。

5.7.1 热敏电阻式流速传感器

热敏电阻式流速传感器由热敏电阻 R_{T1} 和 R_{T2}、平衡电阻 R_1 和 R_2 四个电阻组成的电桥结构组成。R_{T1} 处于测流量的管道中，R_{T2} 则处于不受流体流速影响的环境内。如图 5-42 所示，当流体静止时，电桥处于平衡状态，电流计上没有指示；当流体以一定速度 v 流动时，R_{T1} 的热量被带走，温度降低引起 R_{T1} 阻值变化，电桥失去平衡，电流计出现电流指示（其值与流体流速 v 成正比）。在桥路结构中，R_{T1} 和 R_{T2} 为两个特性完全相同的热敏电阻，且接入电桥的相邻臂，这样可以消除环境温度等对测量的影响，提高测量精度。

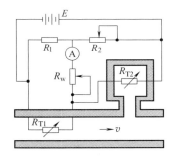

图 5-42 热敏电阻式流速传感器的工作原理

5.7.2 激光多普勒测速传感器

激光多普勒测速传感器（即光纤激光测速系统，图 5-43），它的激光束以及运动微粒散射信号光的传输与耦合，都是通过光纤实现的，不仅解决了光路的准直问题，同时也提高了抗光路干扰的能力，使这种技术的应用范围得到大大扩展，这是它与传统激光测速最大不同之处。

这种传感器系统的光纤探头，在管道中与管中心线夹角为 θ，由光纤梢端发出的激光被运动流体微粒散射，产生多普勒位移的散射光信号，再由同一光纤耦合回传，并与原信号光重叠产生差拍。

5.7.3 光纤漩涡式流量计

将一根多模光纤垂直装入流体管道，当液体或气体流经与其垂直的光纤时，流体流动受到光纤的阻碍，光纤的下游两侧将产生有规则的漩涡，漩涡的频率近似与流体的流速成正比，根据这个原理制成的传感器即为光纤漩涡式流量计。

当一束激光经过受流体绕流而振动的光纤时（图 5-44），其光纤的出射光斑点会产生抖动，其抖动频率与光纤振动频率存在一定的关系，因而只须求得出射光斑的抖动频率，便可求得流体流速及流量。

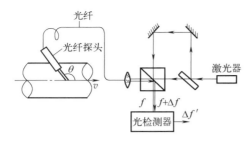

图 5-43 光纤激光测速系统

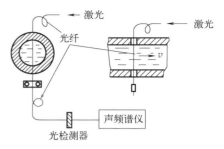

图 5-44 光纤漩涡式流量计

5.7.4 光纤速度流量计

将多模光纤插入顺流而置的铜管中，由于流体流动而使光纤发生机械应变，从而使光纤中传播的各模式的相位差发生变化，光纤中射出的发射光的振幅出现强弱变化，其振幅与流速成正比，这就是光纤流速传感器（速度流量计）的工作原理（图 5-45）。

光纤风速计（图 5-46）由风杯、旋转架、凸轮、透镜系统和光纤等构成，凸轮起遮光作用。工作时，使凸轮和风速成比例旋转，被凸轮遮断而形成的光脉冲由光纤传导，经光电二极管转换成电信号后再进行计算，这样即可检测出风速。采用光纤传输信号的特点是，无需将风速计安装在高塔上，从而使传输信号不易受雷电干扰。

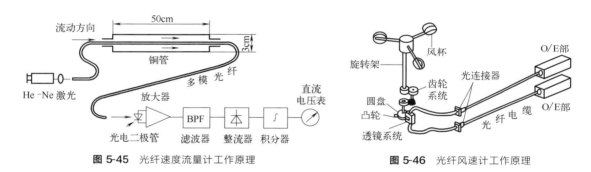

图 5-45 光纤速度流量计工作原理　　　　　　**图 5-46** 光纤风速计工作原理

5.8 加速度传感器

加速度传感器有应变式、电容式、电位式、压电式、声表面波式、MEMS 硅压力式和光纤式等几种。

5.8.1 应变式加速度传感器

由于加速度是个运动参数，不能直接通过作用在弹性元件上的变化求得，而必须引入一个质量和弹性体构成的系统（图 5-47）。

对于悬臂梁系统，要在悬臂梁上贴应变片。测量时将传感器的基座与被测物固定在一起，当被测物做加速度运动时，质量块受到一个与加速度方向相反的惯性力作用，使悬臂梁或弹簧变形，转换元件感受到形变后，转换器将变形转换成电信号。

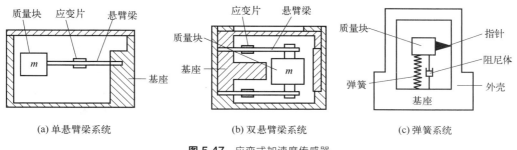

(a) 单悬臂梁系统　　　　　　(b) 双悬臂梁系统　　　　　　(c) 弹簧系统

图 5-47 应变式加速度传感器

5.8.2 电容式加速度传感器

电容式加速度传感器（图 5-48）是一个差动式结构，在定极板 1 和定极板 2 之间，有一个用弹簧支撑的质量块（两端面抛光），与两个定极板构成电容 C_1、C_2。壳体内常充以气体作阻尼材料。传感器产生垂直方向振动时，由于质量块的惯性作用，相对固定电极产生位移，于是 C_1 和 C_2 一个增大、另一个减小。

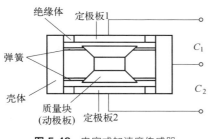

图 5-48 电容式加速度传感器

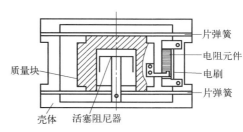

图 5-49 电位式加速度传感器

5.8.3 电位式加速度传感器

电位式加速度传感器的工作原理图见图 5-49。当它工作时，质量块在加速度的作用下，由于惯性力的作用，使片弹簧产生位移，电刷在电位器的电阻元件上滑动，从而输出与加速度相关的电压信号。

5.8.4 压电式加速度传感器

压电式加速度传感器分压缩型、剪切型和三向型压电式加速度传感器三大类，以下介绍前两种。

（1）压缩型压电式加速度传感器

压缩型压电式加速度传感器（图 5-50）由压电元件（晶片）、质量块、基座和测量系统等构成。基座与待测物刚性地固定在一起。

其工作原理是，当待测物运动时，压电元件受到质量块与加速度相反方向的惯性力的作用，在晶体的两个表面上产生交变电荷（电压）。当振动频率远低于传感器的固有共振频率时，传感器的输出电荷（电压）与作用力成正比。电信号经前置放大器放大，即可由一般测量仪器测试出电荷（电压）大小，从而得知物体的加速度。

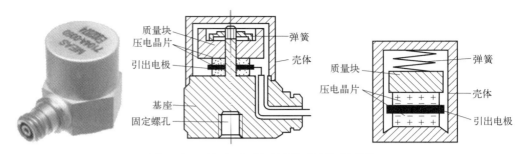

图 5-50 压缩型压电式加速度传感器外形和结构

（2）剪切型压电式加速度传感器

剪切型压电式加速度传感器，是利用压电元件受剪切应力而产生压电效应制成的。按压电元件的结构形式，又有环形剪切型、三角剪切型、H 剪切型等剪切型压电式加速度传感器。

① 环形剪切型压电式加速度传感器［图 5-51（a）］　其环形压电陶瓷和质量环套在传感器的中心柱上，压电陶瓷的极化方向平行于传感器的轴线。当传感器受到轴向振动时，质量环由于惯性产生一滞后，使压电陶瓷受到一个剪切应力的作用，并在其内外表面产生电荷。

环形剪切型压电式加速度传感器的灵敏度和频响都很高，横向灵敏度比压缩型压电式加速度传感器小得多，而且结构简单、体积小、质量小。但是，由于压电陶瓷与中心柱之间，以及惯性质量环与压电陶瓷之间要用胶黏结，装配困难。更主要的是由于胶的使用，限制了传感器的工作温度。

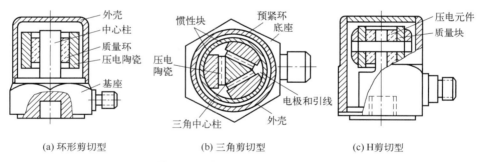

（a）环形剪切型　　　　（b）三角剪切型　　　　（c）H剪切型

图 5-51 剪切型压电式加速度传感器

② 三角剪切型压电式加速度传感器［图 5-51（b）］　由底座、惯性块、预紧环等组成，预紧环通常用铍青铜制成。

通过过盈配合将压电陶瓷紧固于惯性块与三角中心柱之间。由于不用胶接，所以扩大了使用温度范围，线性度也得到了改善。但是，它与压缩型压电式加速度传感器比较，零件的加工精度要求高得多，装配也比较困难。

③ H 剪切型压电式加速度传感器［图 5-51（c）］　与其他剪切型压电式加速度传感器相比，结构更简单，安装也方便。压电元件的预紧力是通过螺栓紧固来完成的。这种结构由于重心左右对称，谐振频率较高，而且不受有机胶黏剂的温度范围的限制。它的另一个优点是压电元件采用片状，经研磨可以多片叠合，增加输出电荷量和电容量。如在压电元件组中

加入温度补偿元件，还能有效地补偿传感器的灵敏度温度误差。

5.8.5 声表面波加速度传感器

声表面波（SAW）加速度传感器，有悬臂梁式和膜片式两种（图 5-52）。其工作原理是质量块在加速度的作用下产生的力，使悬臂梁或膜片产生变形，应变片产生应力，致谐振器声表面波传播速度变化，从而改变谐振器的谐振频率，通过测量频率的变化，即可推算出加速度的大小。

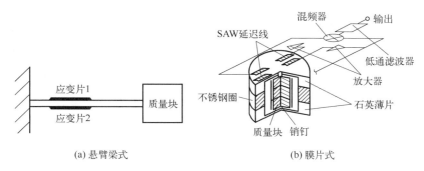

图 5-52　声表面波加速度传感器

图 5-52（b）中，两个直径为 10 mm 的石英薄片固定在不锈钢圈上，惯性质量块通过两个销钉和石英薄片的中心保持接触，两个频率为 251 MHz 的延迟线制作在石英薄片的表面上，一个在中心，另一个在边上，这样它们对加速度的敏感程度不同，但对温度的敏感基本相同。两个振荡器的输出经过混频器输出频差，加速度的大小与频差的变化成正比，温度引起的频率增量在混频器中相抵消。

这种传感器采用半导体工艺制作，所以能实现固态化，便于批量生产，且能直接输出频率信号，灵敏度、精度和可靠性都很高。

5.8.6 MEMS 硅压力加速度传感器

MEMS 硅压力加速度传感器，常用的结构有悬臂梁压阻式、悬臂梁差动电容式和叉指电容式三种。广泛应用于工程测振，如：机械特性检测，土木结构状态监测，铁路、桥梁、大坝的振动测试与分析；等等。

（1）悬臂梁压阻式加速度传感器

悬臂梁压阻式加速度传感器（图 5-53），其敏感元件通常是一个平行的悬臂梁，其一端固定在边框架上，另一端固定一个小质量块，当有垂直加速度时，其端部产生位移，从而可以根据其变化情况计算出加速度数值。

（2）悬臂梁差动电容式加速度传感器

悬臂梁差动电容式加速度传感器（图 5-54），其敏感元件采用玻璃-硅-玻璃的套式结构。质量块和玻璃内侧面均沉积铝膜，构成三端差动电容。质量块作动极板，上下两片玻璃作定极板（兼过载保护）。电容间隙介质为空气，改变气压可调节系统的阻尼。定电极上加了反相偏压。当硅片的垂直方向有加速度时，惯性力使多晶硅质量块偏移，上下两个电容发生变化，经过测量电路的处理，便可得到加速度的输出电信号。

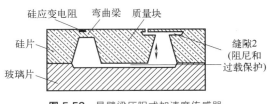

图 5-53 悬臂梁压阻式加速度传感器

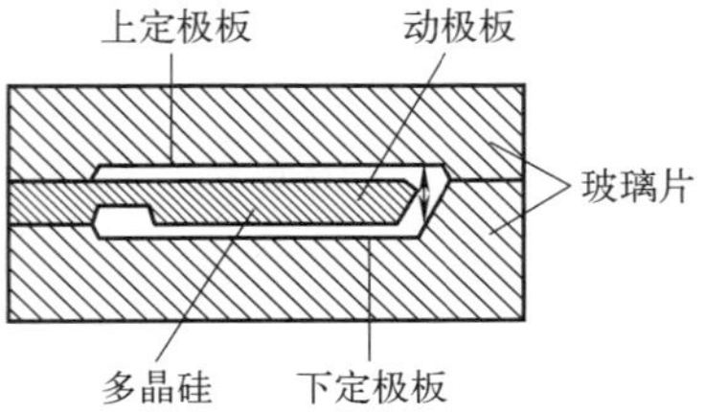

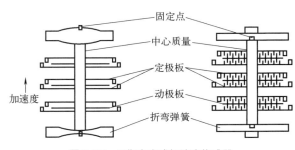

图 5-54 悬臂梁差动电容式加速度传感器

(3) 叉指电容式加速度传感器

叉指电容式加速度传感器（图 5-55），通常采用各向同性的多晶硅材料，用 LI-GA（用同步辐射 X 射线制造三维微器件）技术制作，其电容量很大，灵敏度得到提高，但理论计算和结构设计复杂。

图 5-55 叉指电容式加速度传感器

5.8.7 光纤加速度传感器

光纤加速度传感器有双光纤上下支撑型和悬臂支撑型两种。

(1) 双光纤上下支撑型

这种光纤加速度传感器由质量块、上下支撑双光纤、膜片和外壳组成 [图 5-56 (a)]，连接在由耦合器、差分放大器、低通滤波器、激光二极管等组成的测量系统中。其工作原理是，当质量块受到加速度作用时，会使上下支撑双光纤发出相同量的伸长和缩短信号，测量系统接收到信号后，经过计算便可得到相应的加速度数值。

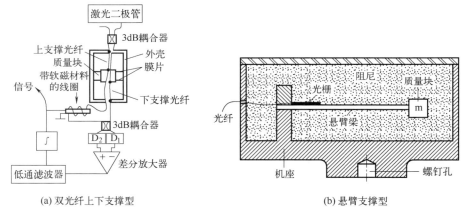

(a) 双光纤上下支撑型

(b) 悬臂支撑型

图 5-56 光纤加速度传感器

(2) 悬臂支撑型

这种光纤加速度传感器由悬臂梁、质量块、光栅、阻尼等组成 [图 5-56 (b)]。悬臂梁一端固定在机座上，另一端放有质量块 m，把光纤光栅两端点粘贴在悬臂梁的固定端附近，有利于光栅在受力时应变均匀。

测量物体振动时，把机座固定在振动源上，振动源与机座同时振动，从而引起质量块 m 的振动，在惯性力的作用下悬臂梁产生收缩和伸长，带动光纤光栅产生应变，从而引起波长的变化，通过探测波长的变化来实现振动和加速度的测量。

5.9 转速传感器

转速传感器有电容式、电涡流式、光电数字式和霍尔式等几种。

5.9.1 电容式转速传感器

电容式转速传感器又分介质变化型和面积变化型两种。

（1）介质变化型

用两个定极作敏感电容，插入其中的齿轮转动，便会引起电容量的周期变化，可看成是介质变化型［图 5-57（a）］。

（2）面积变化型

用两个定极的其中之一和齿轮（动极板）组成敏感电容，则齿轮的转动引起电容量的周期变化，可看成是面积变化型［图 5-57（b）］。当定极板与齿顶相对时，电容量最大；与齿隙相对时，电容量最小。齿轮转动时，电容量发生周期性变化。

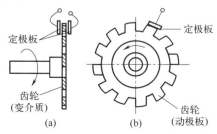

图 5-57 电容式转速传感器

电容的变化通过测量电路可得到脉冲信号，脉冲频率反映了转速的大小。

5.9.2 电涡流式转速传感器

如图 5-58 所示，测量转速的结构，由一个旋转轴上安装了一个齿轮（齿数为 N），旁边安装电涡流式转速传感器构成。当旋转体转动时，齿轮的齿与传感器的距离变小，电感量变小，经电路处理后将周期地输出信号。该输出信号的频率 f 可用频率计测出，然后换算成转速 n，即 $n=60f/N$（n 为被测旋转体转速，r/min）。

5.9.3 光电数字转速表

光电数字转速表是利用光电效应原理制成的，即利用光电管或光电晶体管将光脉冲变成电脉冲。由光电管构成的转速计分直射型和反射型两种。

（1）直射型

图 5-59（a）是在待测转速轴上固定一个带孔的调制圆盘，在调制盘一边用发光元件（白炽灯或发光二极管）产生恒定光，透过盘上小孔到达光敏二（三）极管组成的光电转换器上，并将其转换成相应的电脉冲信号。

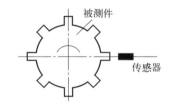

图 5-58 电涡流式转速传感器测量转速

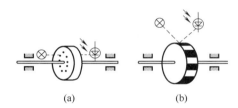

图 5-59 光电数字转速表的工作原理

（2）反射型

图 5-59（b）是在待测转速的轴上固定一个涂上黑白相间条纹的调制圆盘，由于黑白条纹具有不同的反射率，所以当转轴转动时，反光与不反光的条带交替出现，光电敏感器件便间断地接收光的反射信号，并将其转换成电脉冲信号。

5.9.4 霍尔法转速表

霍尔法转速表的工作原理是，当磁力线穿过传感器上感应元件时产生霍尔电势，经过霍尔芯片的放大整形后，成为电信号供二次仪表使用。使用时，只要在旋转物体上粘一块小磁钢，传感器固定在离磁钢一定距离内，对准磁钢 S 极即可进行测量。具有性能稳定、功耗小、抗干扰能力强、使用温度范围宽等优点。

测量时霍尔元件可以安装在轴端，也可以安装在轴侧（图 5-60）。

5.9.5 离心式转速表

离心式转速表是一种比较传统的测量转速的装置，由重锤、转轴、套筒、拉杆、连杆和弹簧等组成（图 5-61）。

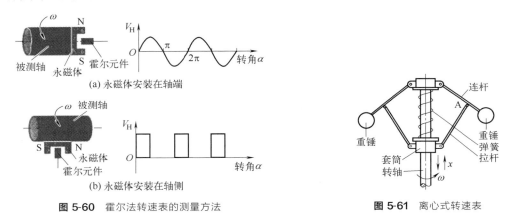

图 5-60　霍尔法转速表的测量方法　　　图 5-61　离心式转速表

它的基本工作原理是，当转轴转动时，重锤在锤重和连杆张力共同作用下，做匀速圆周运动，它带动的连杆和拉杆也做同样运动。而套筒则在转轴方向向上下移动，致使套筒弹簧产生一个反弹力，最后使套筒达到动态平衡，停留在轴向某个位置上。测出该位移量 x 的大小，就可知道对应的被测物的转速。

根据离心力公式 $F = mr\omega^2$（m 为质量，r 为运动半径），可知 F 与旋转角速度的平方成正比，因而这种转速表的刻度盘是不等分度的。

5.10　扭矩传感器

5.10.1　应变式扭矩传感器

应变式扭矩传感器是将从应变片上测得的扭转角，转化为扭矩的仪器。主要有应变形和同轴线圈式两种形式。

（1）应变形式扭矩传感器

其工作原理是，在传动轴上粘贴应变片，测出相距一定长度处两个横断面的相对扭转角度，由此计算扭矩的大小。通常要在轴上安装与轴绝缘的导电滑环（集流环），用电刷和滑环接触输出信号，测出应变片的阻值变化（图 5-62）。

（2）同轴线圈式扭矩传感器

其工作原理是，它有两个作为同轴变压器磁芯的非晶态合金片，分别感受轴体在扭矩载荷下所产生的剪切应变，并将它转换成两个次级线圈的差动电压。这种扭矩传感器可以实现高灵敏度的动扭矩非接触式测量（图 5-63）。

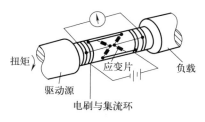

图 5-62　应变形式扭矩传感器

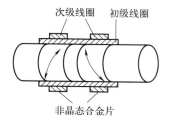

图 5-63　同轴线圈式扭矩传感器

5.10.2　磁阻式扭矩传感器

磁阻式扭矩传感器是利用铁磁材料制成的转轴，在受到扭矩作用后，利用磁力变化导致磁阻变化的现象来测量扭矩的仪器，主要有十字形和圆环形两种形式。

（1）十字形磁阻式扭矩传感器

这种传感器由两个缠有线圈且相互垂直的 U 形铁芯组成，一个铁芯的两磁极与被测轴轴线平行，另一个铁芯的两磁极则与被测轴的轴线垂直，两个铁芯的两对磁极与被测轴表面之间留有 1～2mm 的气隙。两个磁极的励磁线圈和输出线圈分别是 P_1、P_2 及 S_1、S_2（图 5-64）。

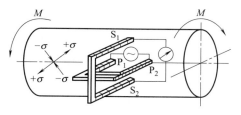

图 5-64　十字形磁阻式扭矩传感器

其工作原理是，若 A、B、C、D 分别为轴体表面上与磁极 P_1、S_1 及 P_2、S_2 之间对应的磁阻，则在轴体表面上形成以磁阻 A、B、C、D 为桥臂的磁阻桥 [图 5-65（a）]，此磁桥（磁阻桥）可用单臂电桥来模拟 [图 5-65（b）]。当励磁线圈 P_1、P_2 只通入励磁电流时，在轴体表面对应部位便产生磁场。若轴体不受扭矩作用，其材料可视为各向同性，桥臂磁阻 A、B、C、D 互等，磁桥处于平衡状态，输出线圈无感应信号产生。当轴受扭矩作用时，在轴表面的两个主应变方向上，处于压应力方向上的磁阻增大，处于拉应力方向上的磁阻减小，磁桥失去平衡，输出线圈电路中将有与扭矩成比例的感应信号产生，

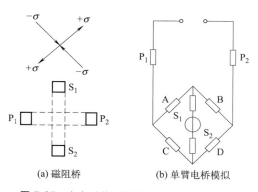

（a）磁阻桥　　　　（b）单臂电桥模拟

图 5-65　十字形磁阻式扭矩传感器的测量桥路

从而实现扭矩的测量。

（2）圆环形磁阻式扭矩传感器

圆环形磁阻式扭矩传感器，由受扭轴体上的三个固定圆环组成［图 5-66（a）］。三个圆环的材料（硅钢片）结构和尺寸完全相同，每个环的内表面上都带有数目相等（4 的倍数）并朝向轴表面的径向磁极，各环间距为半个磁矩。外环与内环的磁极按对称交错方式排列，其任何一组相邻的四个对应磁极的投影位置，在轴表面展开图上都呈正方形排列。中环为励磁环，其相邻磁极 S、N 的线圈首尾相接并联后组成励磁绕组。两外环为输出环，其磁极线圈相互交错，头尾串联组成输出绕组［图 5-66（b）］。

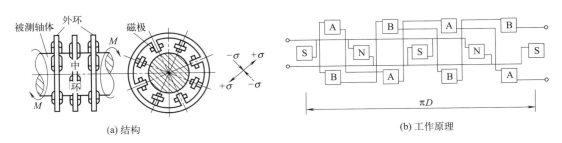

(a) 结构   (b) 工作原理

图 5-66 圆环形磁阻式扭矩传感器

5.10.3 相位差式扭矩传感器

（1）光电式相位差扭矩传感器

光电式相位差扭矩传感器，由弹性轴、两个分度盘、两个光电管、光源、轴承和壳体等构成。弹性轴上相隔一定距离安装了两个带孔或槽的分度盘，两个分度盘之间有光源；其外面壳体上安装了两个光电管（图 5-67）。

其工作原理是，工作时轴带着分度盘转动，当分度盘上的孔和槽转到和光源、光电管在一条直线上时，光源的光线射到光电管上后便会产生一个电脉冲；当分度盘将光线遮住时，光电信号自行消失。轴每转动一周，两个光电管就产生两列数目与分度盘孔数相等的电脉冲。空载时，由于两个分度盘安装相对应，两列电脉冲信号的初始相位差等于零；若两分度盘安装时错开一个角度，则两列电脉冲信号的初始相位差为 φ。当轴受到扭转载荷时，由于扭转变形，两分度盘相对转过一个角度 θ，两列电脉冲信号间的相位差增加了 $\Delta\varphi$，其值与所受到的扭矩成正比。

这种光电式相位差扭矩传感器也可用数字显示（图 5-68），其原理是在扭杆上一定距离的两个圆柱面上，制作出准确等分黑白相间的反射环，光源发出的光（图中未示出）照射在两反射环上，由它们发射到两个光电管上，各产生一组连续方波脉冲信号 A、B。空载时，A、B 两组脉冲信号的相位差为零，逻辑电路中的"门"关闭，脉冲不能进入数字计数器，故显示为零。当扭杆承受扭矩 M 作用时，两反射环之间有一相对扭角 θ，方波脉冲 A、B 之间产生了相位差，脉冲波 A 前沿将"门"打开，同步脉冲进入计数器，打开的时间愈长，计数器所记脉冲数愈多，其显示值便反映了扭矩的大小。

（2）磁电式相位差扭矩传感器

磁电式相位差扭矩传感器，由齿形圆盘、扭转轴和两个磁电传感器构成（图 5-69）。

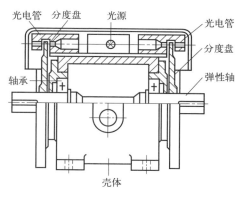

图 5-67 光电式相位差扭矩传感器结构

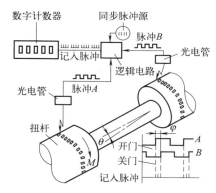

图 5-68 数字式光电式相位差扭矩传感器结构

其工作原理是，在驱动源和负载之间的扭转轴的两侧安装有齿形圆盘，它们旁边装有相应的两个磁电传感器（图 5-70）。齿形圆盘的齿顶与磁芯之间有一微小气隙，永久磁铁产生的磁力线与齿形圆盘交链。当齿形圆盘旋转时，圆盘齿凸凹引起磁路气隙的变化，于是磁通量也跟着变化，在线圈中感应出交流电压，其频率等于圆盘上齿数和转数的乘积。当转轴空载旋转时，两个磁电传感器输出信号电压 u_1、u_2。信号的频率随转速而变，但两个信号的初始相位差 φ_0 为某一常数。当转轴传递扭矩而产生扭转变形时，转轴两端的圆盘产生相对转角为 θ，使两磁电传感器的输出信号电压在相位上相应地改变了 $\Delta\varphi$ 角（即产生了附加相位差）。测得 $\Delta\varphi$ 角，便可得出相应的扭矩值。

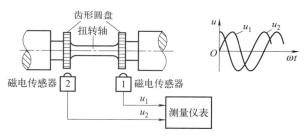

图 5-69 磁电式相位差扭矩传感器

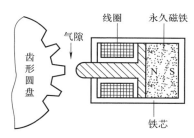

图 5-70 磁电传感器结构

5.10.4 振弦式扭矩传感器

振弦式转矩传感器由两个套筒、四个凸柱、两个振弦构成（图 5-71）。

其工作原理是，测量时整个装置用两个套筒卡在被测轴的两个相邻面上。两个振弦分别跨接在两个套筒的 4 个凸柱上。当轴受扭时产生扭转形变，轴的两相邻截面就扭转一个角度，使装在套筒上的两个振弦中的一个受拉、一个受压。由于轴的扭转角度是与外加的扭矩成正比的，振弦的伸缩变形也就与外加的扭矩成正比，而振弦的振动频率的平方差与它所受应力成正比，因此可利用测量振弦的振动频率的方法来测量轴所承受的扭矩。

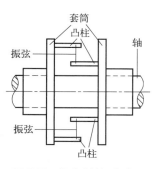

图 5-71 振弦式转矩传感器

5.11 流量传感器

流量传感器（流量计）主要有容积式、速度式、差压式、涡轮式、核辐射和声表面波式等几种。

5.11.1 容积式流量计

容积式流量计的优点是计量精度高、应用范围广、可用于高黏度液体的测量；缺点是结构复杂，体积庞大，不适用于高低温场合，有噪声及振动。有腰轮流量计、椭圆齿轮流量计、双转子流量计、刮板流量计、旋转活塞流量计等几种。

（1）**腰轮流量计**（罗茨流量计）

这种流量计由一对相互滚动旋转的腰轮、两个等速驱动齿轮、计数器和壳体组成。计量室由壳体和两个腰轮构成，根据旋转次数即可测量出流经圆筒形容室的流体总体积。其工作原理可从图 5-72 看出，主要用于对管道中液体流量进行连续或间歇测量的高精度计量仪表。

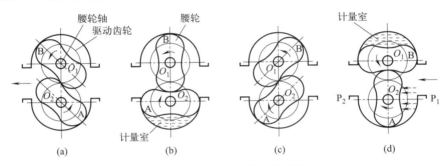

图 5-72 腰轮流量计的工作原理

（2）**椭圆齿轮流量计**

这种流量计主要是由壳体、计数器、两个相互啮合的椭圆齿轮和联轴器等组成，其工作原理可从图 5-73 看出，特别适合于重油、聚乙烯醇、树脂等黏度较高介质的流量测量。

图 5-73 椭圆齿轮流量计的工作原理

（3）**双转子流量计**

这种流量计由一对特殊齿型的螺旋转子直接啮合，无相对滑动，不需要同步齿轮。其工作原理可从图 5-74 看出，特别适用于原油、精炼油、轻烃等工业液体的计量。

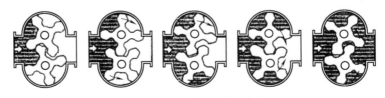

图 5-74 双转子流量计的工作原理

(4) 刮板流量计

这种流量计由转轮、壳体和两个刮板构成（图5-75），主要用于计量含有气泡、微粒杂质液体的总量。

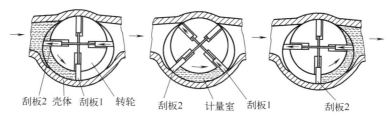

刮板2 壳体 刮板1 转轮   刮板2 计量室 刮板1   刮板2

图 5-75 刮板流量计的工作原理

(5) 旋转活塞流量计

这种流量计由壳体、活塞、偏心轮、齿轮机械和磁性耦合器等部件组成（图5-76）。主要用于石油、液压油、添加剂、油漆、一些聚合物和各种化学物品等小口径高黏度、高压力和低流速流体的测量。

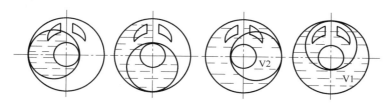

图 5-76 旋转活塞流量计的工作原理

(6) 转筒气体流量计

这种流量计主要由鼓轮、鼓轮轴和壳体等组成（图5-77）。鼓轮分为几个空间部分，可转动的鼓轮一半浸在液体中。鼓轮旋转一周，"充满""排出"的气体等于鼓轮内部空间部分的体积，于是测出鼓轮的转数即可知道流过气体的总量。

(7) 皮膜煤气流量计

这种流量计主要由滑阀、皮膜、硬芯和壳体等组成（图5-78）。煤气自入口I进入壳体，在可以左右运动的两个滑阀开启时，依实线箭头方向进入气室II和IV。每个气室都是在刚性容器中央用柔性皮膜分隔成两半形成的，气室II和I之间、IV和III之间都有皮膜相连。当II和IV充入煤气时，将皮膜向左压，气室I和III里的煤气被挤出，顺虚线所示路径由出气口送往燃具。

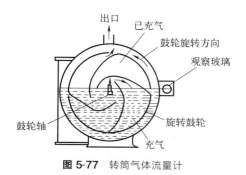

图 5-77 转筒气体流量计

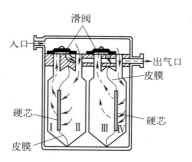

图 5-78 皮膜煤气流量计

5.11.2　速度式流量计

速度式流量计的原理是用流体冲击叶轮或涡轮旋转，用转速与时间乘积求得总流量。由于靠流体的流速工作，故称为"速度式"流量计。主要有叶轮式和涡轮式两种结构形式。

(1) 叶轮式流量计

叶轮式流量计的结构如图 5-79。其工作原理是，进水口水流经筒状部件周围的斜孔，沿切线方向冲击叶轮。叶轮轴经过齿轮逐级减速，带动指针以指示累积总流量，然后水流经小孔流至出水口。

(2) 涡轮式流量计

涡轮式流量计的结构如图 5-80。其工作原理是，涡轮上装有螺旋桨形的叶片，在流体冲击下旋转。由于涡轮材质具有一定的铁磁性，当叶片在永久磁铁前扫过时，会引起磁通的变化，因而在线圈两端产生感应电势，经过放大和整形，便可得到测出频率的方波脉冲，将其送入计数器后，便可求得累积总流量。

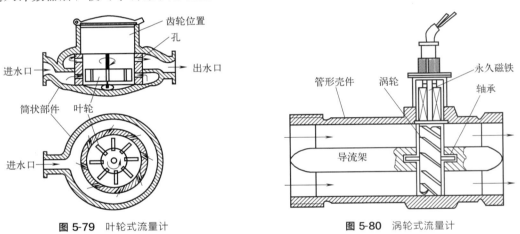

图 5-79　叶轮式流量计　　　　　　　　图 5-80　涡轮式流量计

5.11.3　差压式流量计

差压式流量计有双波纹管式和电动膜片式两种。

(1) 双波纹管式差压流量计

这种流量计主要由波纹管、量程弹簧、扭力管（摆杆）及外壳等部分组成（图 5-81）。

其工作原理是，当被测流体的压力 p_1 和 p_2 分别由导压管引入高、低压室后，在压差 $\Delta p = p_1 - p_2 > 0$ 的作用下，高压室的波纹管被压缩，容积减小，内部充填的不可压缩液体将流向低压室，使低压室的波纹管伸长，容积增大，从而带动连接轴自左向右运动，带动量程弹簧伸长，直至其弹性变形与压差值产生的测量力平衡为止。而连接中心上的挡板将推动扭力管转动，通过扭力管的芯轴将连接轴的位移传给指针或显示单元，指示差压值。

(2) 电动膜片式差压流量计

电动膜片式差压流量计的结构如图 5-82。其工作原理是，当液体流过节流孔板时，前后产生压力差（可从节流孔板前后引出压力信号分别送入差压流量计的高压室和低压室测得），使差动变压器的铁芯偏离中间位置，输出相应的电压信号。流量越大，孔板前后的压

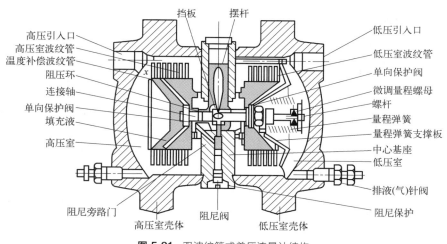

图 5-81　双波纹管式差压流量计结构

差越大，输出的电压信号越大，从而就把流量的变化按比例转换成电压信号输出。

5.11.4　涡轮式流量计

这种流量计的结构如图 5-83 所示。

其工作原理是，当流体通过管道时，冲击管道中心涡轮叶片，对涡轮产生驱动力矩，使涡轮克服摩擦力矩和流体阻力矩而产生旋转（涡轮的转速通过装在外壳上的检测线圈来检测）。在一定的流量范围内，对一定的流体介质黏度，涡轮的旋转角速度与流体流速成正比。由此，流体流速可通过涡轮的旋转角速度得到，从而可以计算得到通过管道的流体流量。

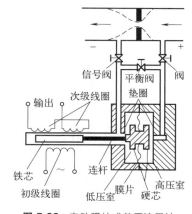

图 5-82　电动膜片式差压流量计

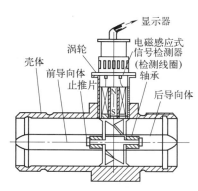

图 5-83　涡轮式流量计

5.11.5　核辐射流量计

测量气体流量时，一般需将敏感元件插在被测气流中，不仅会引起压差损失，而且当气体有腐蚀性时，还会损坏敏感元件。应用核辐射流量计测量流量即可避免这个问题。

核辐射流量计原理如图 5-84 所示。其工作原理是，气流管壁中装有两个电位差不同的电极。其中一个涂有放射性物质。它放出的粒子可以使气体电离。当被测气体流过电离室时，部分离子被带出电离室，因而室内的电离电流减小。当气体流动速度加大时，从电离室带出的离子数增多，电离电流减小也越多。由于辐射强度、离子迁移率等因素也会影响电离电流，为了提高测量准确度，应采用差动测量线路。

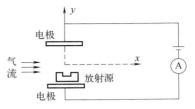

图 5-84 核辐射流量计原理图

5.11.6 声表面波流量传感器

声表面波（SAW）流量传感器由加热元件、压电基片、叉指式换能器、放大器和频率计数器等构成（图 5-85）。压电基片上的两个叉指式换能器组成延迟线振荡器，两个叉指式换能器之间有加热元件。当加热元件将基片加热至高于环境温度的某一温度值时，流体经过基片表面会带走部分热量，使基片温度降低，致振荡器的频率偏移。通过测量频率的变化，可得知流体流速的大小，进而得到流量的大小。由于它是直接数字量输出，故频率测量精度高，动态范围宽。

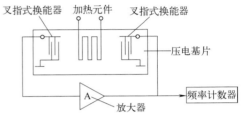

图 5-85 声表面波流量传感器工作原理

5.11.7 超声波传感器

超声波在超声场中，由一种介质入射到另一种介质时，在两种介质中传播速度不同，且在介质界面上会产生反射、折射和波形转换等现象，利用这一现象研制成的装置即为超声波传感器。由于它不阻碍流体流动，所以可用来测量非导电的流体、高黏度的流体、浆状流体等，也可用来测量物体的有无，或液体的液位和速度。

超声波测量流量的原理见图 5-86。根据超声波探头的工作原理，可将其分为压电式、磁致伸缩式、电磁式等，其中以压电式最为常用，其典型结构见图 5-87。

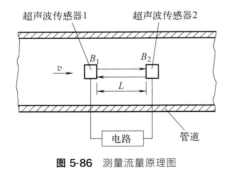

图 5-86 测量流量原理图

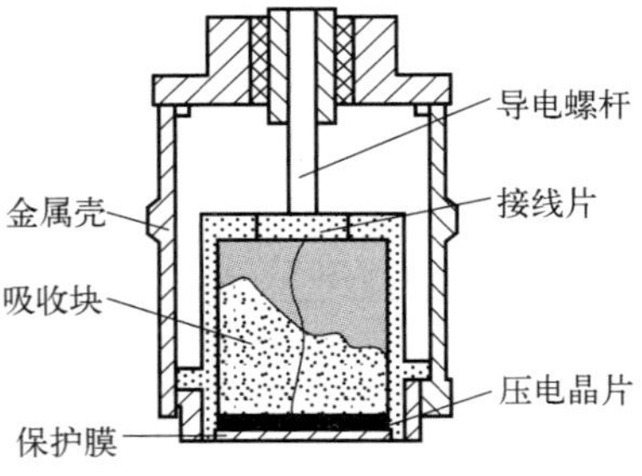

图 5-87 压电式超声波传感器的结构

5.12 测厚传感器

5.12.1 电容测厚传感器

电容测厚传感器（图 5-88）应用于板材轧制装置中时，传感器上下两个极板与金属板材上、下表面间构成敏感电容。当金属板材的厚度不同时，两极板之间的距离就不同，形成两个差动变化的电容，通过脉冲调宽电路可以转化为电压的变化。

电容测厚装置方框线路图见图 5-89。这种电容测厚传感器可将测出的变化量与标定量进行比较，用比较后的偏差量反馈控制轧制板材厚度。

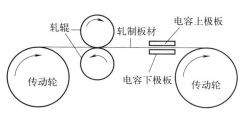

图 5-88 电容测厚传感器工作原理

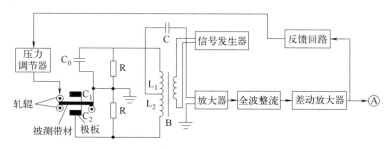

图 5-89 电容测厚装置方框线路图

5.12.2 差动式电感测厚仪

差动式电感测厚仪由电桥式相敏检波测量电路组成（图 5-90），当电感传感器的衔铁处于中间位置时，$L_1 = L_2$，电桥平衡，$U_c = U_d$，电流表 A 中无电流通过。

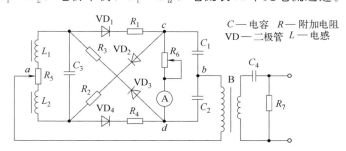

图 5-90 差动式电感测厚仪线路

当试件的厚度发生变化时，衔铁有位移，$L_1 \neq L_2$，此时有两种情况：

① 若 $L_1 > L_2$，无论电源电压极性是 a 点为正、b 点为负（VD_1 和 VD_4 导通），还是 a 点为负、b 点为正（VD_2 和 VD_3 导通），d 点电位总是高于 c 点电位，A 的指针向一个方向偏转。

② 若 $L_1 < L_2$，c 点电位总是高于 d 点电位，A 的指针总是向另一个方向偏转。

因此，根据电流表的指针偏转方向和刻度就可以判定衔铁的移动方向，同时确定被测件的厚度发生了多大的变化。

5.12.3 电涡流式测厚传感器

当导体置于交流磁场或在磁场中运动时，导体上会产生感应电流 i_s，此电流在导体内闭合，称为涡流［图 5-91（a）］。

电涡流的测量电路有调频和调幅两种，用此原理制成的传感器有高频反射式［图5-91（b）］和低频透射式［图5-91（c）］两种。

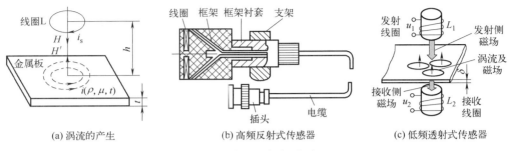

(a) 涡流的产生　　　　　(b) 高频反射式传感器　　　　　(c) 低频透射式传感器

图 5-91　电涡流式测厚传感器

电涡流式测厚传感器可用于测量金属板材厚度和金属表面的氧化膜厚度等。

(1) 测量金属表面的氧化膜厚度（图5-92）

设当金属表面无氧化层时，传感器与其表面的距离为 x_0，对应的电感量为 L_0；当金属表面有氧化膜时，传感器与其表面的距离减小为 x，由于金属表面电涡流对传感器线圈中磁场的反作用加强，传感器的电感量减小为 $L = L_0 - \Delta L$。因此，通过电感量的变化即可测得金属表面氧化膜层的厚度 $d = x_0 - x$。

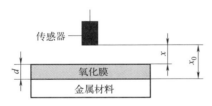

图 5-92　测量金属表面的氧化膜厚度

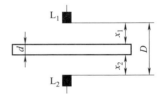

图 5-93　测量金属板材厚度

(2) 测量金属板材厚度（图5-93）

在板材上下两侧对称放置两个特性相同的传感器 L_1 和 L_2，设两个传感器之间的距离为 D，板材离两个传感器 L_1 和 L_2 之间的距离为 x_1 和 x_2。则板厚 $d = D - (x_1 + x_2)$。工作中板厚不变时，即使板材波动或表面不平整，$(x_1 + x_2)$ 始终是常数；而板厚改变时，$(x_1 + x_2)$ 随之变化，由输出电压可反映出来。

当然，利用涡流这一原理，还可以做成其他用途的传感器，如用来测位移、振幅、表面温度、材料、应力、硬度等的传感器。

5.12.4　超声波测厚、测距仪

超声波测距仪的原理（图5-94）是，其发生器（探头）T 在某一时刻发出一个超声波信号，当这个超声波遇到被测物体后反射回来，就被超声波接收器 R 接收到，这样我们只要计算出从发出超声波信号到接收到返回信号所用的时间，就可算出超声波发生器与反射物体的距离。其计算公式为：$d = s/2 = (v \times t)/2$。

其中，d 为被测物与测距器的距离；s 为超声波来回路程；v 为超声波在空气中的传播速度；t 为所用的时间。

超声波测厚与测距的原理是相同的，只不过测厚时的入射波、反射波穿透物体，而测距

图 5-94　超声波测厚、测距仪的工作原理

(a) 测厚　　　　　　　　　　(b) 测距

的入射波、反射波不穿过物体。

5.12.5　核辐射测厚仪

核辐射测厚仪（图 5-95），是利用物质对射线的吸收程度高低工作的。图 5-95 中两个电离室外壳加上极性相反的电压，形成相反的栅极电流，使电阻 R 的压降正比于两电离室核辐射强度的差值。左边电离室的核辐射强度，取决于左边的放射源的放射线，经镀锡钢带镀锡层后的反向散射；中间电离室的辐射强度，取决于辅助放射源的放射线，经挡板的位置调制程度。利用经过放大后 R 上的电压，控制可逆电机转动，带动挡板位移，使电极电流相等。用检测仪表测量出挡板的移动量，即可得出镀锡层的厚度。

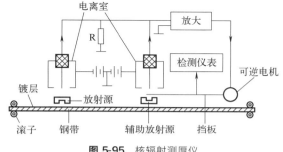

图 5-95　核辐射测厚仪

5.13　其他传感器

5.13.1　霍尔电流传感器

霍尔电流传感器可用于测定电流，它是根据霍尔效应制作的一种磁场传感器，有开环和闭环两种工作方式。

闭环式霍尔电流传感器由被测电流母线、铁芯、霍尔芯片等组成（图 5-96）。

其工作原理是，当被测电流母线中电流 I 产生的磁通，通过绕在铁芯上的多匝线圈输出反向的补偿电流，抵消原边电流产生的磁通，使得磁路中磁通始终保持为零。经过特殊电路的处理，传感器的输出端能够精确反映原边电流的变化。

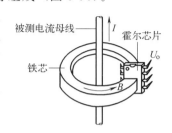

图 5-96　霍尔电流传感器

霍尔电流传感器可用于测量直流、交流和其他复杂波形的电流，并且功耗低、尺寸小、重量轻，相对来说，价格较低，抗干扰能力强，用于一般工业应用的智能仪表非常合适。但由于有随电流增大，磁芯有可能出现磁饱和以及频率高，磁芯中的涡流损耗、磁滞损耗等也会随之升高等情况，从而会出现精度、线性度变差，响应时间较慢，温度漂移较大，同时它的测量范围、带宽等也会受到一定限制等问题。

5.13.2　电感传感器

(1)　自感式电感传感器

自感式电感传感器由线圈、铁芯和衔铁组成。其铁芯和衔铁由导磁材料（如硅钢片或坡莫合金）制成，铁芯上绕有线圈。在铁芯和衔铁之间保持一定的气隙 δ（一般 $0.1\sim1\mathrm{mm}$），被测体与衔铁相连。当被测体产生位移时，衔铁随着移动，引起磁路中的磁阻变化，从而使线圈的电感值发生变化，这种传感器又称为变磁阻式电感传感器。当传感器线圈接入测量电器后，电感的变化进一步转换成电压、电流或频率的变化，实现非电量到电量的转换。

自感式电感传感器（图 5-97）主要有变气隙式和变面积式两种。

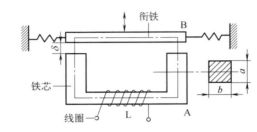

(a) 变气隙式电感传感器

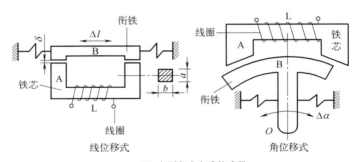

(b) 变面积式电感传感器

图 5-97　自感式电感传感器

假设气隙磁场是均匀的，且忽略磁路磁损，则电感传感器的电感量：

$$L=\frac{W^2}{R_m}=\frac{W^2\mu_0 S}{2\delta}$$

式中，W 为线圈匝数；R_m 为电阻；μ_0 为真空磁导率。可见 L 是气隙长度 δ 和气隙截面积 S 的函数。如果 S 保持不变，则 L 是 δ 的单值函数，据此可构成变气隙式电感传感器；若保持 δ 不变，使 S 随位移变化，则可构成变面积式电感传感器。

(2)　差动变气隙式自感传感器

为了改善自感式电感传感器的灵敏度和线性度，往往采用差动式结构（图 5-98）。其中图 5-98（a）为变间隙式、（b）为变面积式、（c）为螺管式。由图可见，差动变气隙式自感传感器由两个相同的电感线圈和相应磁路组成。测量时，衔铁通过导杆与被测体相连，当被测体移动时，导杆带动衔铁也相应移动，使两个磁回路中磁阻发生大小相等、方向相反的变化，导致一个线圈的电感量增加，另一个线圈的电感量减小，形成差动形式。

根据推导的结果，可以得到下面的结论：差动变气隙式自感传感器的灵敏度是单线圈式

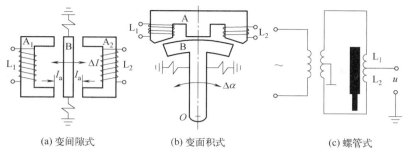

(a) 变间隙式　　　　(b) 变面积式　　　　(c) 螺管式

图 5-98 差动变气隙式自感传感器

传感器的 2 倍，且线性度也有明显提高。

5.13.3　气敏传感器

气敏材料与气体接触后会发生化学或物理相互作用，导致其某些特性参数（质量、电参数、光学参数等）的改变。气敏传感器利用这些材料作为气敏元件，把被测气体种类或浓度的变化转化成传感器输出信号的变化，从而达到检测气体浓度和成分的目的。

根据气敏元件的不同，这种传感器可分为红外吸收式、电容式、电阻式、膜型气敏传感器，以及接触燃烧式和电极-电解液式的电化学气敏传感器等。

(1) 红外吸收式气敏传感器

红外吸收式气敏传感器是光学气敏传感器的一种，它可以在红外波段和紫外可见光波段工作。当入射红外辐射的频率与分子的振动转动特征频率相同时，红外辐射就会被气体分子所吸收，致使辐射强度衰减。典型的红外吸收式气敏传感器结构如图 5-99 所示。

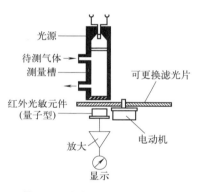

图 5-99 红外吸收式气敏传感器

其工作原理是红外光源产生的红外光入射到测量槽，照射到某种被测气体时，由于不同种类的气体，对不同波长的红外光的吸收特性不同，同种气体不同浓度对红外光的吸收量也不尽相同；因此，通过测量到达光敏元件的红外光的强度，根据红外光源的波长和光敏元件输出的电信号就可以确定被测气体的种类和浓度。

(2) 电容式气体浓度仪

电容式气敏传感器（气体浓度仪）的检测系统如图 5-100 所示，它有两个用镍铬合金丝制成的红外线光源（红外灯丝），其几何尺寸形状和物理参数完全相同。这两束红外线光，经同步电动机带动的调制片形成 1.25Hz 的光束，其中一束光经工作室、滤波室进入检测器上室；另一束光经参比滤波室进入检测器下室。由金属铝膜片和固定极板组成的薄膜电容器，安装在检测器内，膜片将上、下两室隔开。待测气体置于检测器内。

当检测器两室受到红外线光照射时，红外线光的能量被里面所充待测气体吸收，导致气体温度有所上升，从而产生热膨胀。又由于工作室中有待测气体流通，上边的红外光能量在进入检测器上室前，被此工作室的待测气体吸收了一部分，其被吸收程度与待测气体浓度成正比，从而使进入检测器上、下两室里的红外辐射能量存在差异，使检测器里电容器的膜片产生一个位移，电容量随之发生相应的变化，再经测量电路转换为电压（或电流）信号并放大，可直接从记录仪上读出待测气体的浓度。

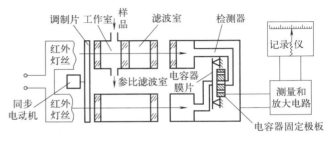

图 5-100 电容式气体浓度仪

（3）电阻式气敏传感器

下面介绍还原性气体传感器和二氧化钛氧浓度传感器。

① 还原性气体传感器。这种气敏传感器由气敏元件、透气金属膜、出线端子、外壳和底座组成（图 5-101）。气敏元件由气敏烧结体以及包裹在烧结体中的两组铂丝组成。一组铂丝为工作电极，另一组为加热电极兼工作电极。

还原性气体多数属于可燃性气体，例如石油蒸气、酒精蒸气、甲烷、乙烷、煤气、天然气、氢气等。

测量还原性气体的气敏电阻，一般是用 SnO_2、ZnO 或 Fe_2O_3 等金属氧化物粉料，添加少量铂催化剂、激活剂及其他添加剂，按一定比例烧结而成的半导体器件。

气敏电阻工作时必须加热到 $200\sim300℃$，其目的是加速被测气体的化学吸附和电离的过程并烧去气敏电阻表面的污物（起清洁作用）。

② 二氧化钛氧浓度传感器。这种传感器的结构见图 5-102。其工作原理是，半导体材料二氧化钛（TiO_2）属于 N 型半导体，对氧气十分敏感，其电阻值的大小取决于周围环境的氧气浓度。当周围氧气浓度较大时，氧原子进入二氧化钛晶格，改变了半导体的电阻率，使其电阻值增大，所以可用于汽车或燃烧炉排放气体中的氧浓度检测。其气敏电阻与补偿热敏电阻同处于陶瓷绝缘体的末端。当氧气含量减小时，R_{TiO_2}（气敏电阻）的阻值减小，U_0 增大。

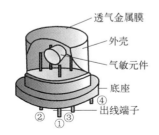

图 5-101 还原性气体传感器

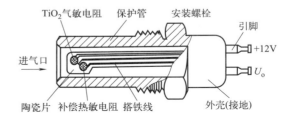

图 5-102 二氧化钛氧浓度传感器

（4）膜型气敏传感器

膜型气敏传感器分薄膜型气敏传感器和厚膜型气敏传感器。

① 薄膜型气敏传感器 ［图 5-103（a）］。薄膜型气敏传感器是采用蒸发或溅射的方法，在处理好的石英基片上形成一薄层金属氧化物薄膜（如 SnO_2、ZnO 等），再引出电极。因为 SnO_2 和 ZnO 薄膜的气敏特性较好，所以其灵敏度高、响应迅速、机械强度高、互换性好、产量高、成本低。

② 厚膜型气敏传感器 ［图 5-103（b）］。厚膜型气敏传感器是将 SnO_2 和 ZnO 等材料，与 $3\%\sim15\%$ 质量的硅凝胶混合制成能印刷的厚膜胶，再用丝网印制到装有铂电极的氧化铝绝缘基片上，在 $400\sim800℃$ 高温下烧结 $1\sim2h$ 制成，具有一致性好、机械强度高、适于批量生产的特点。

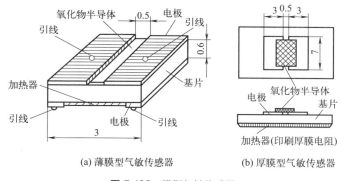

(a) 薄膜型气敏传感器　　　　(b) 厚膜型气敏传感器

图 5-103　膜型气敏传感器

5.13.4　磁栅传感器

磁栅传感器是由磁栅（磁尺）、磁头、检测电路组成（图 5-104），属于一种位置检测传感器。磁栅是它的主要部件之一，用非导磁材料做尺基，在上面镀一层均匀的磁性薄膜，然后录上一定波长的磁信号制成。磁信号的极性首尾相接，在 N、N 重叠处为正的最强，在 S、S 重叠处为负的最强。

磁栅传感器工作时，磁头相对于磁栅有一定的相对位置，通过读取磁栅的输入输出感应电动势相位差，即可把磁栅上的磁信号读出来，从而把被测位移转换成电信号。

磁栅传感器的工作原理是，它有两个绕组 N_1（励磁绕组）和 N_2（感应输出绕组）。在 N_1 中通入交变的励磁电流（一般频率为 5kHz 或 25kHz，幅值约为 200 mA），使磁芯的可饱和部分在每周期内发

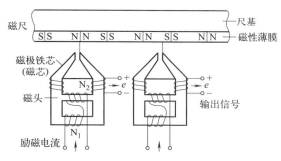

图 5-104　磁栅传感器工作原理

生两次磁饱和。由于磁饱和时磁芯的磁阻很大，磁栅上的漏磁通不能通过磁芯，故输出绕组不产生感应电动势。只有在励磁电流每周两次过零时，可饱和磁芯才能导磁，磁栅上的漏磁通使输出绕组产生感应电动势 E。可见感应电动势的频率为励磁电流频率的两倍，而 E 的包络线反映了磁头与磁尺的位置关系，其幅值与磁栅到磁芯漏磁通的大小成正比。

磁栅传感器广泛应用于大型机床数字检测和自动化机床的定位控制等方面。

5.13.5　光栅传感器

光栅传感器是采用光栅叠栅条纹原理测量位移的传感器。

光栅传感器由主光栅、指示光栅、光源、透镜和测量系统等几部分组成（图 5-105）。其核心部件光栅是由大量等宽等间距的平行狭缝构成的光学器件。一般常用的光栅是在玻璃片上刻出大量平行刻痕制成，刻痕本身不透光，透光的是两刻痕之间的玻璃狭缝。精制的光栅，其刻痕在 1cm 宽度内可达几千条乃至上万条。

光栅传感器的工作原理是，主光栅（标尺光栅）相对于指示光栅移动时，形成大致按正

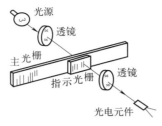

图 5-105　光栅传感器

弦规律分布的明暗相间的叠栅条纹。这些条纹以光栅的相对运动速度移动，并直接照射到光电元件上，从而在它们的输出端得到一串电脉冲，通过放大、整形、辨向和计数系统产生数字信号输出，直接显示被测量的位移量。

由于光栅传感器测量精度高、动态测量范围广、可进行无接触测量、易实现系统的自动化和数字化，因而在机械工业中得到了广泛的应用。例如测量船舶和飞机的弯曲应力，乃至桥梁、矿井、隧道、大坝、建筑物结构局部的载荷及应变分布。

5.13.6　角度传感器

角度传感器是指能感受被测角度并转换成可用输出信号的传感器。根据敏感元件的不同，又有磁敏感式、电容式和电位器式等几种。

(1)　磁敏感式角度传感器

磁敏感式角度传感器是能将磁场的大小和变化转换为角度电信号的传感器。这种传感器是采用高性能集成磁敏感元件，应用磁信号感应非接触的特性，配合微处理器进行智能化信号处理制成的 360°全量程角度传感器，具有分辨率高、温度稳定性好等突出优点。

磁敏感式角度传感器的结构由外壳、传动机构、磁钢、传感元件和线路板组成。其传感元件是强磁性 RCM01 磁敏电阻。

RCM01 磁敏电阻是由两个图形和阻值完全相同，而图形相互垂直的金属薄膜电阻条构成的（图 5-106）。其磁敏电阻等效电路图中 $R_A = R_B$，θ 角为所加磁场方向与流经磁敏电阻的电流方向的夹角。当磁场方向与 R_A 或 R_B 的电流方向相平行时，R_A 或 R_B 值最大，反之相垂直时阻值最小。

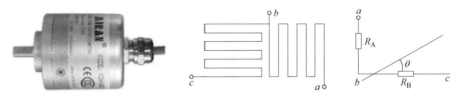

图 5-106　磁敏电阻芯片及 RCM01 磁敏电阻等效电路

磁敏感式角度传感器的测量系统结构框图见图 5-107。

磁敏感式角度传感器主要用途有：用于轮船、飞机、汽车等交通工具的方向控制，各种机械设备的测量角度表，工业过程自动控制与检测等。

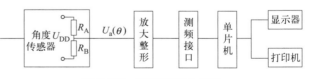

图 5-107　测量系统结构框图

(2)　电容式角度传感器

电容式角度传感器由敏感元件、测量部件、智能部件与接口部件构成。敏感元件由发射极板、转动极板和接收极板组成；测量部件由选择单元、激励源和电荷检测电路组成；智能部件由 I/O（输入/输出）单元、A/D（模/数）单元、滤波模块、计算模块等组成；接口部件由电流输出单元、RS232 输出单元等组成。用于测量固定部件（定子）与转动部件（转子）之间的旋转角度。

该传感器系统原理框图如图5-108。

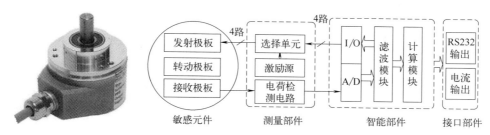

图5-108 电容式角度传感器的外形和原理框图

（3）电位器式角度传感器

电位器式角度传感器由金属电阻丝、骨架和电刷组成（图5-109）。

其工作原理是，作变阻器使用，电阻与角度的关系为：$R_a = \alpha R_{max}/\alpha_{max}$，即 $\alpha = R_a \alpha_{max}/R_{max}$。由于 R_{max} 和 α_{max} 为定值，据此，测得 R_a 便可推算出它对应的 α。

5.13.7 智能传感器

智能传感器的构成见图5-110。它是随着电子自动化产业的迅速发展而兴起的，能够对被测对象的某一信息具有感受、检出的功能，能学习、推理、判断、处理信号，并具有通信及管理功能的一类新型传感器。它有自动采集数据、校零、标定、补偿等能力，可以创造出新数据，是传感器集成化与微处理器的结合。与一般传感器相比，智能传感器具有以下几个优点：通过软件技术可实现高精度的信息采集，而且成本低；具有一定的编程自动化能力且功能多样化。

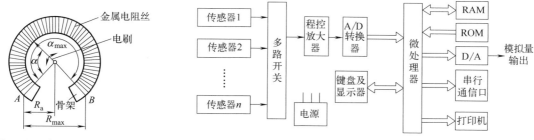

图5-109 电位器式角度传感器原理

图5-110 智能传感器的构成
RAM—随机存储器；ROM—只读存储器

智能传感器类型很多。例如，安装在机器人智能手爪上的传感器（图5-111），就有一个刚性三维力/三维力矩传感器、一个柔性三维力/三维力矩传感器、两个长距离测距传感器、两个张力传感器、四个短距离接近觉传感器、两个触觉传感器、一个扫描测距传感器、一个微型CCD（电荷耦合器件）摄像机，还有一个手爪驱动电机。传感器信号处理和电机驱动由其上的传感器电路完成，并由两根信号传输线与外部连接。据此可以想象，安装在一个完整机器人上的传感器需要成百上千个。

智能传感器在实际生活和工作中，已经得到广泛应用，例如自动驾驶汽车、基于物联网的环境监测、可穿戴无线传感设备和机器人的自动控制等等。

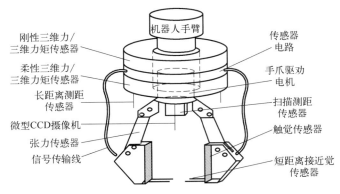

刚性三维力/三维力矩传感器
柔性三维力/三维力矩传感器
长距离测距传感器
微型CCD摄像机
张力传感器
信号传输线
机器人手臂
传感器电路
手爪驱劝电机
扫描测距传感器
触觉传感器
短距离接近觉传感器

图 5-111 机器人智能手爪上的传感器

5.14 传感器的选择原则

(1) 类型

首先要根据测量对象参数考虑采用何种原理的传感器，以及量程的大小、被测位置对传感器体积的要求、测量方式、信号的引出方法、有线或是非接触测量、模拟量还是数字量。

(2) 灵敏度

传感器的灵敏度并非越高越好，因为灵敏度愈高，与被测量无关的外界噪声也愈容易混入，会反过来影响测量精度。因此，要求传感器本身应具有较高的信噪比。

另一方面，传感器的灵敏度是有方向性的。当被测量是单向量，而且对其方向性要求较高，则应选择其他方向灵敏度小的传感器；如果被测量是多维向量，则要求传感器的交叉灵敏度越小越好。

(3) 频率响应特性

传感器的频率响应特性决定了被测量的频率范围，必须在允许频率范围内保持不失真的测量条件。传感器的频率响应高，可测的信号频率范围就宽，而由于受到结构特性的影响，机械系统的惯性较大，因而频率低的传感器可测信号的频率较低。

在动态测量中，应根据信号的特点（稳态、瞬态、随机等响应特性），以免产生过大的误差。

(4) 线性范围

传感器的线性范围是指输出与输入成正比的范围。传感器的线性范围越宽，则其量程越大，并且能保证一定的测量精度。在选择传感器时，当传感器的种类确定以后，首先要看其量程是否满足要求。

(5) 稳定性

影响传感器长期稳定性的因素，除传感器本身结构外，主要是传感器的使用环境。因此，要使传感器具有良好的稳定性，传感器必须要有较强的环境适应能力。

(6) 使用和维护特性

应该选择使用简单、可靠性高、维护方便，甚至是免维护的产品。

(7) 传感器的来源、价格

比如说，还要考虑选择国产的还是进口的，价格能否承受，零配件是否易得，售后服务等。

第**6**章　电机启动装置

电机是现代工农业生产和交通运输业的重要设备，随着时代的发展，其功率也不断提高。但是，大功率电机启动瞬间不仅会对电网造成很大的冲击，而且容易损坏电机，还要引起增容投资，所以必须加以克服。传统的星-三角转换、自耦降压、磁控降压等设备，虽然可以缩短大电流冲击的时间，但是存在对负载适应性差、启动电流不连续，以及触点继电器控制、维修工作量大和浪费能源等问题。因此，随着自动化、机械化要求的提高，软启动器、变频器等设备便应运而生。

6.1　软启动器

软启动器（软启动器）是一种集软停车、轻载节能和多种保护功能于一体的新颖电机控制装置，其主要部分，是串接于电源与被控电机之间的三相反并联晶闸管及其电子控制电路。其特点是启动电压低，启动电流小，适合所有的空载、轻载异步电机。

软启动器（图 6-1）不仅可以用在电机启动、控制与保护，还可以用于水泵、风机、破碎机等一系列通用机械设备上。

图 6-1　软启动器的外形

软启动器一般采用 16 位单片机进行智能化控制，随着晶闸管的输出电压逐渐增加，电机逐渐加速，直到晶闸管全导通。电机工作在额定电压的机械特性上，实现平滑启动，降低启动电流，避免启动过流跳闸。电机启动过程结束时，软启动器自动用旁路接触器取代晶闸管。

6.1.1　型号识别

软启动器的型号，《矿用低压交流软启动器》（MT/T 943—2019）规定的表示方法是：

而国外软启动器的型号则由各原生产企业自行规定，现将常用的几种型号说明如下。

(1) ABB 型软启动器

ABB 型软启动器是 ABB 公司的集电机软启动、软停车、轻载节能和多种保护功能于一体的，可以实现现场总线控制的控制装置。它的主要构成是串接于电源与被控电机之间的三相反并联晶闸管及其电子控制电路。其型号表示方法是：

(2) SJR 型软启动器

SJR3-2000 系列是数恩公司的软启动器，在 SJR2 的基础上新增了全中文显示、工业通信和多种保护功能。其型号表示方法是：

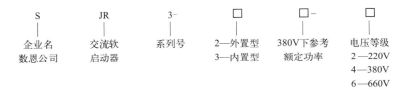

(3) CMC-L 系列数码型电机软启动器

CMC-L 系列数码型电机软启动器，是一种将电力电子技术、微处理器和模糊控制理论相结合的新型电机启动装置。其型号表示方法是：

(4) MT800 系列高压软启动器

MT800 系列高压（3～15kV）软启动器，功率组件室、主控继电室、主回路连接室三室隔离，为进线装有真空接触器。其型号表示方法是：

高压软启动器，一般可分为晶闸管、液阻（液体电阻）和磁控式软启动器三种。

6.1.2 晶闸管软启动器

晶闸管软启动器是一种集电机软启动、软停车、轻载节能和多种保护功能于一体的新颖电机控制装置，其主要性能优于磁控软启动、液阻软启动等传统软启动方式，用于替代传统高压大容量电机其他启动装置。

晶闸管软启动控制柜（图6-2）由输入端的断路器、软启动器（包括电子控制电路与三相晶闸管）、软启动器的旁路接触器、二次侧控制电路（完成手动启动、遥控启动、软启动及直接启动等功能的选择与运行）组成，有电压、电流显示和故障、运行、工作状态等指示灯显示。

晶闸管软启动器主要由功率单元和控制单元两个部分组成（图6-3）。功率单元是将晶闸管作为调压器件，在三相电源与被控电机之间串入三相反并联晶闸管及电子控制电路（图6-4），它利用晶闸管的电子开关特性，改变晶闸管的触发角。启动时电机端电压随晶闸管的导通角从零逐渐上升，就可调节晶闸管调压电路的输出电压，电机转速逐渐增大，直至达到满足启动转矩的要求而结束启动过程；软启动器的输出是一个平滑的升压过程（且可具有限

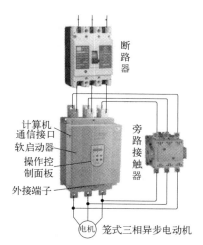

图6-2 晶闸管软启动器

流功能），直到晶闸管全导通，电机在额定电压下工作；此时旁路接触器接通（避免电机在运行中对电网形成谐波污染，延长晶闸管寿命），电机进入稳定运行状态；停车时先切断旁路接触器，然后由软启动器内晶闸管导通角由大逐渐减小，使三相供电电压逐渐减小，电机转速由大逐渐减小到零，停车过程完成。控制单元则由微处理器、输入-输出电路、保护显示电路及显示面板等构成。它们协同工作，调整电动机的启动电流和启动模式，使电动机处于最佳启动过程。

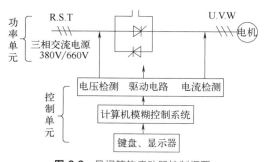

图6-3 晶闸管软启动器控制框图

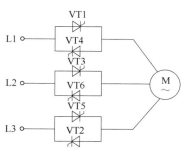

图6-4 晶闸管软启动器主电路

晶闸管软启动器主要的启动方式有电压双斜坡启动和限流启动两种。

① 电压双斜坡启动。在启动过程中，电机的输出力矩随电压增加，在启动时提供一个初始的启动电压，根据负载可调，将调到大于负载静摩擦力矩，使负载能立即开始转动。这时输出电压从开始按一定的斜率（可调）上升，电机不断加速。当输出电压达到额定电压时，电机也基本达到额定转速。软启动器在启动过程中自动检测额定电压，当电机达到额定转速时，使输出电压达到额定电压。

② 限流启动。电机的启动过程中，限制其启动电流不超过某一设定值。其输出电压从零开始迅速增长，直到输出电流达到预先设定的电流限值，然后保持输出电流的条件下逐渐升高电压，直到额定电压，使电机转速逐渐升高，直到额定转速。

其他还有斜坡电压软启动、斜坡恒流软启动、阶跃恒流软启动等。

晶闸管软启动器的运用领域：

① 短期重复工作的机械。长期空载（轻载＜40％）、短时重载运行。例如：起重机、带式输送机、金属材料压延机、车床、冲床、刨床、剪床等。

② 频繁启动的工作机械。有些机械经常处于开停状态，如果允许轻载启动，则可以使用软启动技术。

6.1.3　绕线式液体电阻启动器

绕线式液体电阻启动器，是用电解液电阻接在电机转子回路中的软启动器。其特点是：启动过程平滑，对机械设备无冲击；对电网要求不高，不产生谐波；具有启动超时、失压、超行程、超温等多重保护功能。用于三相交流 50Hz，额定工作电压为 380V～10kV，额定功率为 75kW～10MW 的绕线式交流异步电动机的重载平滑软启动，尤其是电网电压不稳定或偏低的工矿企业。

这种启动器的结构由柜体、电气控制室、电液箱、传动机构等部分组成，主要部分的结构如下（图6-5）：

① 柜体　用塑料、玻璃钢或金属制成，使用时应良好接地。

② 电气控制室　包括低压控制保护元器件、计量仪表、信号灯、操作按钮以及 PLC（可编程逻辑控制器）等。

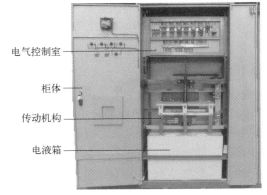

图 6-5　绕线式液体电阻启动器

③ 电液箱　内部安装有动、静极板，液位高、低保护开关以及调节电阻的电解液，它和传动机构是启动器的核心部件。

④ 传动机构　主要包括传动电机、传动系统和限位保护开关，带动极板运动即可改变电阻值的大小。

其工作原理（图6-6）是，由于电解液导电介质是离子，其阻值与两块极板之间的距离成正比，与电解液的电导率成反比，控制和调节两块极板之间的距离或电解液的电导率，就能方便、平滑地改变液阻的电阻值。而两极板间距离可利用电动机旋转时产生的离心力控制，使串入电阻阻值在启动过程中始终满足电动机机械特性的要求，从而使电动机在获得最大启动转矩及最小启动电流的情况下均匀升速、平稳启动，启动结束后短接转子回路，完成电动机的启动。

绕线式液体电阻启动器的优点：一是热容量大，二是

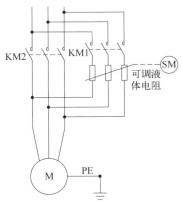

图 6-6　绕线式液体电阻启动器的工作原理图

成本低。缺点：体积大；一次启动温升可高达 $10\sim30℃$，所以重复启动性差；极板移动需要一套伺服机构，反应速度较慢，难以实现启动方式的多样化；维护工作量较大，需要定期补充电液箱中的水；电极表面会被腐蚀，需要定期进行处理（一般要 $2\sim3$ 年一次）；不适宜放置在易结冰或颠簸的场合使用。另外，绕线式液体电阻启动器在 $0℃$ 以下使用时，应事先对其电解液加热熔化，需选用带加热装置的品种。

【注意事项】　① 电液箱内液位要适当，以免在电极移动过程中液体溢出，使相间短路，或使单位散热量不够而液体沸腾。

② 活动电极的行程控制开关一定要可靠，以免造成（可调）液体电阻器（变阻器）不切除而致液体沸腾和传动机构损坏，或传动机构卡死顶坏启动器（在实际使用中，有时采用上下限位开关备用并联双保险式）。

③ 动静电极应经常（$1\sim2$ 天）检查、除锈，以免腐蚀引起电极导电性减弱，有效通电流面积减少而烧坏。

④ 三相电极绝缘箱体之间及对外壳之间要保持良好绝缘（最好不低于 $5M$），以免短路烧坏设备。

⑤ 双传动电动机的 2 台液体电阻启动器，最好带有循环泵搅拌，使 2 台启动器相通，电阻值一致，否则会损坏设备。

⑥ 切除液体电阻器用接触器内触头，一定要有足够的接触压力，以免三相触头压力不均衡时，造成电动机运行电流摆动或星点母排发热，甚至烧坏、烧粘。

⑦ 启动前要检查启动器极板是否在初始位置上，同时也看一看电阻器的各部分是否正常；最好先空启动一次液体电阻器。

⑧ 启动完成后要看一看电阻器是否切除，极板是否回到初始位置。

注：启动完成后，电极有活动极返回式或不返回式。前者的优点是电动机启动完毕后，液体电阻处在最大位置，以备下次启动；而后者的优点是电动机启动完毕后电阻在最小位置，一旦发生切除失败，则可使设备维持运行。

【故障及排除】　见表 6-1。

表 6-1　液体电阻启动器常见故障与排除

故障现象	可能原因	排除办法
行程开关故障	外壳锈蚀和导电接点接触不良等	在箱体外侧增加一对同类型行程开关，将其接点分别与第一组行程开关移至箱体外安装
电源倒相	电极升降与系统控制要求不一致（安装调试阶段极易出现）	最好设计电源倒相电路，防止产生事故
电气回路故障	1. 主回路　启动结束后转子短接，接触器未及时闭合，造成变阻器长期通电，发生电机转速下降，电解液温度升高而沸腾，碳酸钠溶液化作泡沫溢出箱外等	1. 从查找控制短接接触器的二次控制回路入手
	2. 二次控制回路　温度不正常；极板位置不正确、行程开关状态不正常；主电机短接接触器断电开路不符合启动要求	2. 经常检查变阻器的液位、温度是否正常，检查各接线连接是否完好、接触是否紧密；检查各类接触器、继电器接点弹簧压力是否正常，各行程开关位置是否准确，等
电液箱箱体故障	1. 箱体渗漏	1. 经常测量箱体和机架（地）之间的绝缘电阻，当此电阻小于 $1M\Omega$ 时要仔细检查箱体，如果箱体渗漏量不大，在电液箱体与金属构架间垫一层 $2\sim3mm$ 厚度的绝缘软橡胶将电阻液入地回路阻断；渗漏严重时应该更换箱体或进行修补
	2. 箱体变形，主要是材质不好、厚度不足、焊接质量欠佳，设计有问题	2. 选用优质 PVC 材料，保证焊接质量，厚度一般为 $12mm$；箱体应尽可能大，以保证有足够的热容量

故障现象	可能原因	排除办法
传动机构故障	1. 滑块松动、滑块卡滞和传动带张力不当 2. 传动机构的运行速度过快，行程开关受冲撞，致开关过度磨损	1. 要经常注意传动机械的润滑，及时调整传动带的松紧程度 2. 板传动架的移动线速度不宜超过20mm/s，启动过程时间一般在20～45s
极板变形或卷曲	1. 铜材强度低，长期运行变形，受电解液腐蚀 2. 极板安装时水平度和垂直度误差大	1. 在其外表均匀镀锡，以增加防腐性能；此外还要定期进行清洗 2. 安装极板时，必须注意其水平度和垂直度
冲击电流大，系统跳闸	箱体内液位低于动电极板，或电液变脏，引起电阻液温度上升过快	需经常向电液箱内补充纯净水；定期对箱体进行清洗，电阻液浓度变化较大时，必须重新配置电阻液
电机启动电流大	电解液浓度过大（电阻值小）	加入纯净水稀释，使溶液电阻与计算值相接近
二次冲击电流大	启动电阻配置不当，或电机没有完成启动过程而提前进入运行	合理调整启动电阻值，调整动、静电极板间行程以延长启动时间。此外还可考虑改变变阻器移动机构运行速度来增加启动时间
启动速度慢	电解液浓度过小，电阻值大	检测后如果确认需要降低电阻值，可用40～60℃温水溶解少量粉状碳酸钠作为母液，逐相均匀掺入电液箱内，以降低电阻值
温升过高	1. 设计欠周到 2. 变阻器箱体内液位不高	1. 选用变阻器时要考虑电机各方面的性能参数和运行要求（电机的启动电流、启动频繁程度、液体变阻器周围的环境温度、散热条件等） 2. 增加液体量，得以部分改善

6.1.4 磁控式软启动器

磁控式软启动器，是在电机的定子回路中串入三相磁饱和电抗器（调节其阻抗值可改变电机的电压），通过闭环控制系统，调整自耦直流励磁绕组中直流电流的大小，平滑改变磁饱和电抗器的感抗，使感抗在预定的时间内由大到小自动无级变化，实现电机软启动的装置。

磁控式软启动器的工作原理，是利用铁磁材料的交流有效磁导率随直流磁场大小变化的特性，改变交流绕组的电抗来实现电机的无级调压。图6-7中，把左侧的直流绕组和右侧的交流绕组共同绕制在同一个铁芯上，构成一个最简单的磁放大器。当直流绕组输入电流为0时，交流绕组的电抗值最大；随着直流电流的增加，交流绕组的电抗值就由大变小，施加在负载端（RL）的电压则由低向高过渡（图6-8）。此时，串联在电源和电机之间的三相磁饱和电抗器，通过数字控制板调节磁放大器控制绕组的励磁电流，改变磁饱和电抗器的电抗值调节启动电压降，实现电机软启动（QF为真空断路器，M为电机）。

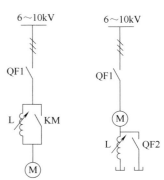

图6-7 磁控式软启动器
工作原理

【**安装调试**】 分下面4个步骤：

1. 主回路调试

首先必须按照常规进行高压试验，包括封星点的真空断路器、PT、CT和避雷器等交接试验，对于大容量的电机，由于存在电机绕组的差动保护，因此CT试验尤为重要，其极性、变比和保护等级应和运行断路器侧的CT一致。

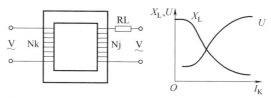

图 6-8 输出电抗 X_L 和负载端电压 U 与直流控制电流（I_K）的特性曲线

电抗器的试验包括直流电阻测试，要求其结果与出厂值不相上下，绝缘电阻和工频交流耐压试验应符合要求。直流励磁绕组直流电阻测试应符合出厂要求。工频交流系统耐压应按相应电压等级进行，且无明显闪络。

2. 励磁回路调试

测试晶闸管是否触发良好，输出直流电压波形是否符合要求。

3. 系统联调

根据原理图设计，测试所有的信号是否采集正确，包括一些工艺的起车允许信号，各种装置的准备信号等，进行合闸，并且模拟各种故障信号进行联调试验，检验保护的正确性，以达到设计要求。

4. 空载试车

现场的空载试车要检验设备是否符合设计要求的性能。根据电机的额定情况设置微控制器参数，如额定电流、过流、低压和相电流不平衡等保护定值，然后根据现场的负载工艺情况设置启动倍数等。

6.1.5 软启动器的选用

目前，软启动器多用在交流 380V、电机功率从 5.5kW 到 800kW 的场合，其选用一般要考虑其规格、防护等级和结构类型等。

（1）选择启动器的规格

① 电动机的标称功率、电流负载性质。

a. 软启动器的额定电流和额定电压，应始终大于电动机的额定电流和额定电压。

b. 充分了解负载情况，按照正常负载、重载或超重载三种情况选择和计算合适容量的软启动器。

c. 不仅要考虑负载状况和负载类别，还需要考虑负载的连续性（工作制）、启停频率。负载较大或者启停频率增加，必须选择较大额定值的产品。

② 要求保护功能（缺相保护、短路保护、过载保护、逆序保护、过压保护、欠压保护等）完备。

③ 产品质量、性价比以及现场使用要求等。

（2）根据不同的工作场所选择防护等级（表 6-2）

表 6-2 不同的工作场所设备的启动器要求的最低防护等级

类别	工作场所	最低	类别	工作场所	最低
风冷装置	只装启动电阻及大型设备	IP22	电控设备	纺织和木工车间	IP54
	装有其他设备	IP33		水喷清洗场所	IP55
电控设备	机械加工车间	IP4		需要防止灰尘进入	IP65
	金属加工场所	IP43		热带地区	IP3X

(3) 各类负载选用软启动器参数整定（表 6-3）

表 6-3　各类负载选用软启动器参数整定

应用机械	负载类型	启动转矩额定转矩/%	总折合惯量/电机惯量	负载工艺控制要点	启动电流/%	启动时间/s
离心泵	$M \propto n^2$	40	1	慢速停止,负载保护,防止相位颠倒保护	300	5～15
活塞泵	$M =$ 常量	150	0.2～0.8	检测泵运转方向	350	5～10
热　泵	$M \propto n$	40	0.5		350	5～10
离心风机	$M \propto n^2$	40	15	提供停机制动转矩,检测阻塞物造成的过载	350	10～40
离心过滤机	$M \propto n^2$	20	30	防止相位颠倒保护,停止自动排空气体	300	10～40
活塞式压缩机	$M \propto n$	50	1		350	5～10
螺旋式压缩机	$M \propto n$	10	1		300	3～20
离心式空压机	$M \propto n^2$	50	15		350	10～40 重载＞30
鼓风机	$M \propto n$ 或 n^2	30～40	10	提供停机制动转矩,检测阻塞物造成的过载	300	
带式输送机	$M =$ 常量	100～150	10	检测故障的过载控制或检测损坏的负载控制	300	3～30
T 型缆车	$M =$ 常量	100	10	恒定启动,检测阻塞过载控制,软停止,制动控制	400	2～10
电梯提升机	$M =$ 常量	100	10	检测故障的过载控制或检测损坏的负载控制及变化负载恒定启动	350	5～10
输送机	$M \propto n$	100	5	检测恶劣环境的过载和损坏时的欠载	300	3～10
搅拌机	$M \propto 1/n$	120	10	工作电流显示搅拌材料密度	350	5～20
粉碎机	$M \propto 1/n$	100	10	停机时限制振动,检测阻塞时过载控制,高启停转矩	400	1～40
拉丝机	$M \propto n$	20	10		350	5～40
切料机	$M =$ 常量	100	10	控制启动转矩	400	3～10
压延机 滚压机	$M \propto n$	120	15	停止限制振动,检测阻塞的过载	450	5～60
精炼机	标准负载	100	10	控制启动停止转矩	300	5～30
压力机	重载	120	15	增加工作周期的振动	400	20～60
车床	$M \propto 1/n$	100	3		350	5～10

注：M—负载力矩；n—转速。

(4) 考虑使用条件

除了进行技术、性能、价格比较外，还要考虑设备现场的电网容量、设备启动负载轻重、启动频繁程度等使用条件。

① 对于水泵类启动负载较轻的设备，可选择功能简单、价格较低、操作方便的软启动器。

② 对于大型风机、破碎机等启动负载比较重的设备，应该选用启动功能比较多、有限流启动功能、自身保护比较齐全的软启动器（尤其是功率比较大的设备）。

机械性负载，如带式机、球磨机、砖机、破碎机等也属于重型负载，增大软启动器容量能提高产品使用寿命，从长远考虑，会降低维护成本。

③ 在频繁工作的场所，根据频繁度的不同按 1.2～1.5 倍选取软启动器的容量。

④ 在海拔高的地区和紫外线强烈的高原地区，由于昼夜温差大等因素，会造成电子元

器件提前老化，因此增大容量使用也是必需的。

（5）考虑是否要带通信功能以及其他各功能的需求

6.1.6 安装调试

（1）准备工作和注意事项

① 检查产品在运输中是否有外壳凹陷、变形等损伤，内部连线、连接件松动等。然后清洁箱（柜）体及内部元件。

② 检查软启动器的铭牌是否符合电气设备产品设计要求。

③ 检查包装箱内软启动器及相关质量证明技术文件是否齐全。

④ 安装位置应选择在无灰尘和腐蚀性气体的场所。其上方和下方应留出 200mm 以上的空间，以利于散热，必要时设置风机。

⑤ 如果控制柜内装有热继电器，应采用隔板来防止强冷或强热气流吹到热继电器上，避免影响热继电器的动作整定值。

（2）安装调试

① 软启动器安装和接线应遵循相应的安装标准和安全规程，严禁在软启动器通电时接线。

② 三相输入电源（无相序要求）通过断路器后连接至电机软启动器 R、S、T 输入端子，远程端子禁止有源输入。

③ 按外壳防护等级（一般为 IP20）要求，垂直安装在户内（不得倒装、斜装或水平安装），安装底座基础应牢固和平整。

④ 按照图纸规定正确接线。对带有旁路接触器者，连接接触器主触头时务必仔细，以免造成短路事故。

⑤ 不用兆欧表测试软启动器的相间和相对地的绝缘电阻。如果一定要测试，必须先将三相输入与输出端短路，并拔掉控制板上的所有插头。

⑥ 当软启动器输入端接通电源后，在负载开路或断相时，输出端会带有很高的感应电压，因此在安装调试、检修和使用时，禁止接触软启动器的输出端，以免造成触电事故。

⑦ 软启动器的输入端与输出端不可接反，以免损坏软启动器和电动机。

⑧ 补偿功率因数电容器必须接在软启动器的输入端。

⑨ 软启动器调试时必须接入负载（可以小于实际数值）；启动次数，建议每小时不超过 20 次。

6.1.7 运行维护

① 每天巡检及定期维修。检查有无冷却系统异常、过热、变色、异味、异声和异常振动；设备元件是否有松动，是否有积尘或油污。

② 避免频繁启动。建议 1h 启动不超过 6 次，重载时尤其要注意。

③ 确保一次线接线正确并务必压紧，以免损坏软启动器或引起保护误动作。

④ 输入端接通电源后，当负载开路或缺相时，即使在停止状态，禁止接触软启动器的输出端。

⑤ 定期维修冷却风扇及清理过滤网。运行 2～3 年后，应更换冷却风扇，清扫和紧固接

线端子。

⑥ 当软启动器功率较大或使用的台数较多时,为消除电动机运行所产生的高次谐波影响,应在启动完成后用旁路接触器将软启动器短路。

6.1.8 常见故障和解决办法

见表 6-4 和表 6-5。

表 6-4 软启动器常见故障及排除办法

故障	可能原因	解决办法
调试过程中启动报缺相,软启动器故障灯亮,电机没有反应	1. 采用带电方式时,操作顺序有误 2. 电源缺相,软启动器保护动作 3. 输出端未接负载	1. 先送主电源,后送控制电源 2. 检查电源 3. 输出端接上负载
启动时出现过热故障灯亮,软启动器停止工作	1. 启动频繁,导致温度过高,引起软启动器过热保护动作 2. 保护元件动作,使接触器不能旁路,软启动器长时间工作,引起保护动作 3. 负载过重、启动时间过长引起过热保护 4. 软启动器的设置时间过长,起始电压过低 5. 软启动器的散热风扇损坏	1. 软启动器的启动次数不要超过 6 次/h(特别是重负载时一定要注意) 2. 检查外围电路 3. 启动时尽可能地减轻负载 4. 将起始电压升高 5. 更换风扇
在启动过程中,偶尔有跳空气开关现象	1. 空气开关长延时的整定值过小或选型和电机不配 2. 软启动器的起始电压参数设置过高或者启动时间过长 3. 电网电压波动比较大,易引起软启动器发出错误指令,出现提前旁路现象 4. 启动时满负载启动	1. 适量放大空气开关参数或重新选型 2. 根据负载情况适当调小起始电压或适当缩短启动时间 3. 不要同时启动大功率的电机 4. 启动时尽量减轻负载
启动完毕,旁路接触器不吸合	1. 保护装置因整定偏小出现误动作 2. 调试时软启动器的参数设置不合理 3. 控制线路接触不良	1. 重新整定保护装置 2. 重新设置参数 3. 检查控制线路
显示屏无显示或显示乱码	1. 因外部元件所产生的振动使软启动器内部连线振松 2. 软启动器控制板故障	1. 打开软启动器的面盖,重新插紧显示屏连线 2. 更换控制板
启动时报故障,软启动器不工作,电机没有反应	1. 电机缺相 2. 软启动器内主元件晶闸管短路 3. 滤波板击穿短路	1. 检查电机和外围电路 2. 检查电机以及电网电压是否有异常。和厂家联系更换晶闸管 3. 更换滤波板
启动超时,软启动器停止工作,电机自由停车	1. 参数设置不合理 2. 启动时满负载启动	1. 重新整定参数,起始电压适当升高,时间适当加长 2. 启动时应尽量减轻负载
启动过程中电流不稳定且偏大	1. 电流表指示不准确或者与互感器不相匹配 2. 电网电压波动较大,引起软启动器误动作 3. 软启动器参数设置不合理	1. 更换新的电流表 2. 更换控制板 3. 重新整定参数
重复启动	启动过程中外围保护元件动作,接触器不能吸合	检查外围元件和线路

故障	可能原因	解决办法
晶闸管损坏	1. 启动时,过电流将软启动器击穿 2. 软启动器的散热风扇损坏 3. 启动频繁,高温将晶闸管损坏 4. 滤波板损坏 5. 输入缺相	1. 软启动器功率与电机功率应该匹配,电机不能带载启动 2. 更换风扇 3. 控制启动次数 4. 更换损坏元件 5. ①接好进线电源与电机进线 ②使负载与电机匹配 ③用万用表检测软启动器的模块或晶闸管是否击穿,及它们的触发门极电阻是否符合正常情况下的要求(一般在 $20\sim30\Omega$) ④检查内部的接线插座

表 6-5 配有 PLC 的液体变阻启动器常见故障与排除

故障现象		可能原因	排除办法
无法启动	液体温度超过设定值	1. 液体温度低于下限设定值 2. 液体温度高于上限设定值 3. 测温元件热电阻开路	1. 开启加热器 2. ①让液体自然冷却或用冷却风机使其冷却 ②将水阻柜中的液体抽出 1/2,加入凉水降温 3. 更换热电阻
	水箱液位低	环境温度高或经常启动后溶液的温度升高,引起水蒸发过多	加水至正常水位
	水阻柜复位后活动极板回不到上限	1. 带动活动极板移动的丝杠滑丝 2. 伺服电动机不转 3. 行程上限开关损坏	1. 更换丝杠 2. 更换复位接触器或伺服电动机本体 3. 更换行程上限开关
	PLC 自检不正常	长时期停机再启动主机时,水阻柜报警	检查水阻柜报警原因并排除
	启动瞬间即跳闸	水蒸发过多后溶液浓度变大,使阻值变小,启动电流过大	加水至标准水位即可
启动过程结束切除水电阻时跳闸		1. 水阻柜使用一段后,铜排上产生 Na_2CO_3 结晶,或因溶液渗漏补水,导致液体电阻变大,致电动机启动完毕后达不到额定转速,短路接触器短接后电动机电流猛增,致使电流速断保护跳闸 2. 箱底极板表面附着污物致使启动电阻偏大 3. 短路接触器线圈或中间继电器辅助点接触不良或烧坏 4. 带动活动极板移动的丝杠滑丝、伺服电动机不转或行程下限开关坏,致启动过程超过 PLC 内部的设定时间	1. 向溶液中逐步定量添加 Na_2CO_3 2. 用浓度为 20% 的稀盐酸刷洗极板 3. 检查辅助接点,更换短路接触器线圈或中间继电器 4. 更换丝杠和行程下限开关;检查伺服启动接触器 KM1 和伺服电动机本体,修理或更换
运行中跳闸		1. 启动 30min 后液体温度仍高于上限设定值 2. 电动机启动完毕,短路接触器主接点接触不良 3. 短路接触器在运行中断开	1. 同前述的"液体温度超过设定值" 2. 检查短路接触器吸合是否可靠,主接点接触面是否平整 3. 同前述的"短路接触器线圈或中间继电器辅助接点接触不良或烧坏"

6.1.9 几种软启动器技术数据

(1) SJR 型软启动器

SJR3-2000 系列是数恩公司,在 SJR2 的基础上发展的产品,具有全中文显示、工业通信和多种保护功能。其技术数据见表 6-6。

表 6-6　SJR 型软启动器的技术数据

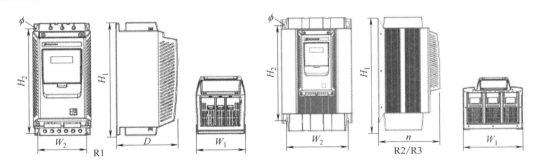

软启动器 型号	10 级最大 允许电流/A	电机额定功率/kW			外形图
		220V	380V	660V	
SJR3-2018	38	9	18.5	30	
SJR3-2022	44	11	22	37	
SJR3-2030	60	15	30	45	
SJR3-2037	74	18.5	37	55	R1
SJR3-2045	100	22	45	75	
SJR3-2055	110	30	55	90	
SJR3-2075	150	37	75	115	
SJR3-2090	160	45	90	132	
SJR3-2115	200	55	115	160	
SJR3-2132	250	75	132	200	R2
SJR3-2160	300	90	160	250	
SJR3-2200	360	115	200	355	
SJR3-2250	480	132	250	400	
SJR3-2315	590	160	315	560	
SJR3-2400	790	200	400	—	
SJR3-2500	1000	250	500	—	
SJR3-2630	1200	355	630	—	

外形图	外形尺寸/mm			安装尺寸/mm			质量 /kg
	H_1	W_1	D	H_2	W_2	ϕ	
R1	310	155	175	296	127	M6	5
R2	400	270	240	355	244	M8	20.5
R3	455	300	265	395	265	M8	31

(2) 艾克威尔 FC1000 全功能型软启动器

其产品参数和技术数据分别见表 6-7 和表 6-8。

表 6-7　艾克威尔 FC1000 全功能型软启动器产品参数

项目		产品数据
适用标准		GB/T 14048.6－2016(IEC 60947-4-2:2011)
适配电机类型		笼式三相异步电动机
电机功率		7.5～630kW(15～1260A)
输入	三相电源	AC380V:(50Hz/60Hz)+5%
	控制电源	AC220V:(50Hz/60Hz)+5%
	允许电压 波动范围	电压持续波动不超过±10%,短暂波动不超过−15%～+10%。电压失衡率:<3%; 频率:±5%
可调启动时间		1～60s
可调停止时间		0～60s

项目		产品数据
I/O	逻辑输入	3个逻辑输入(启动、停止、急停) 2个逻辑输入(扩展)备选
	逻辑输出	2个继电器输出;1个继电器输出(扩展) 4～20mA模拟量输出(扩展)
	运行命令 输入	ICD键盘显示单元给定;控制端子给定 通信协议备选;RS485外网通信(扩展)备选
显示单元	LCD中文显示	可显示电流、电压、报警等多种电机参数
	按键锁定和 功能选择	实现按键的部分或全部锁定,定义部分按键的作用范围,以防止误操作
保护与监控		过压、欠压、过载、过温、缺相、过流、失速等保护
使用场所(户内)		不受阳光直晒,无尘埃,腐蚀性、可燃性气体,油雾,水蒸气,滴水或盐分等
环境	海拔高度	对于1000～2000m之间的海拔高度,每升高100m,额定电流降容2.2%
	环境温度	−10～+40℃,气温变化小于0.5℃/min; +40～+60℃,每升高1℃,额定电流降容2.2%
	湿度 振动 存储温度	小于95%RH,无水珠凝结 小于5.9m/s²(0.6g) −40～70℃
结构	防护等级 冷却方式	IP20 散热器、自然冷却
安装方式		柜内安装
拓展功能		一拖多功能、I/O功能、模拟量功能、空压机控制、电机监控功能

生产商:苏州艾克威尔科技有限公司,下同。

表6-8 艾克威尔FC1000全功能型软启动器技术数据

型号	适配电机功率 /kW	额定电流 /A	旁路接触器 额定电流/A	互感器 匝数	壳体型号	外形尺寸/mm		
						长	宽	高
FC1000-00840	7.5	15	18					
FC1000-01140	11	22	25	100				
FC1000-01540	15	30	32					
FC1000-01840	18.5	37	40		M-SS-01	230	130	128
FC1000-02240	22	44	50	200				
FC1000-03040	30	60	63					
FC1000-03740	37	74	80					
FC1000-04540	45	90	95	400				
FC1000-05540	55	110	115					
FC1000-07540	75	150	150	500	M-SS-02	296	139	192
FC1000-09040	90	180	185					
FC1000-11040	110	220	225					
FC1000-13240	132	264	265	1000	M-SS-03	380	220	190
FC1000-16040	160	320	330					
FC1000-20040	200	400	400					
FC1000-22040	220	440	500					
FC1000-25040	250	500	500	2000	M-SS-04	410	260	190
FC1000-28040	280	560	630					
FC1000-31540	315	630	630					
FC1000-35540	355	710	800					
FC1000-40040	400	800	1000					
FC1000-45040	450	900	1000	3000	M-SS-05	480	370	190
FC1000-50040	500	1000	1200					
FC1000-63040	630	1260	1810					

（3）MT800 系列高压软启动器

MT800 系列高压（3～15kV）软启动器技术指标、性能和技术数据分别见表 6-9 和表 6-10。

表 6-9 MT800 系列高压软启动器技术指标和性能

负载种类	三相中压异步笼式电机、同步电机
交流电压	3kV、3.3kV、6kV、6.6kV、10kV、15kV
绝缘电压	线电压/绝缘电压：6600V/19500V、10kV /30000V
过载容量	连续：125%控制器标准值；过载：500%/60s
频率	50Hz
主回路组成	18SCRS 或 30SCRS，视型号而定
相序	MT800 允许在任何相序下工作
瞬时过电压保护	dV/dt 吸收网络
旁路接触器	具有直接启动容量的接触器，无特殊要求时均采用真空接触器
环境条件	机柜温度和底盘温度均为 0～50℃；海拔 2000m 及以下；5%～95%相对湿度
控制方式	用户提供 2 线 220VAC
电压	低电压、过电压保护
过载	堵转保护，过负荷报警
冷却	自然冷却
防护等级	IP32
柜体尺寸	宽 1.2m，深 1m，高 2.3m

生产商：苏州艾克威尔科技有限公司。

表 6-10 MT800 系列高压软启动器技术数据

标称电压/kV	标称电流/A	输出功率/kW	宽×深×高/mm	标称电压/kV	标称电流/A	输出功率/kW	宽×深×高/mm
3	160	620	100×1500×2300	10	85	1100	1200×1600×2300
	200	830			120	1500	
	270	1100			185	2500	
	850	3500			260	3600	
6	85	7100			350	4500	1400×1660×2300
	120	1000			400	5500	
	170	1500			480	6500	
	280	2500			520	7100	
	400	3500			600	8000	
	500	4500		15	730	15000	
	650	5800			1600	32000	

（4）SMC 系列软启动器

SMC-2 和 SMC-PLUS 软启动器的技术数据分别见表 6-11 和表 6-12。

表 6-11 SMC-2 软启动器的技术数据

型号	SMC-2 为 150A××—电流等级	150-A05	150-A09	150-A16	150-A24	150-A35	150-A54	150-A68	150-A97
	NC380～480V NB500～600V	150-A05-NB(NC)	150-A09-NB(NC)	150-A16-NB(NC)	150-A24-NB(NC)	150-A35-NB(NC)	150-A54-NB(NC)	150-A68-NB(NC)	150-A97-NB(NC)
	NA—有软停止	150-A05-NB-NA	150-A09-NB-NA	150-A16-NB-NA	150-A24-NB-NA	150-A35-NB-NA	150-A54-NB-NA	150-A68-NB-NA	150-A97-NB-NA
额定电流/A		5	9	16	24	35	54	68	97

控制电机 额定功率/kW	380~480V	2.2	4	7.5	11	18.5	22	37	45
	500~600V	2.2	4	7.5	11	18.5	22	37	45
最大热损耗/W		32	45	70	80	120	170	215	285
控制电源功率/(VA)		15							
起停时 间选择	可选启动时间/s	2,5,10,20,25,30							
	限流时间/s	15,30							
	全压启动时间/s	1~10							
	软停止时间/s	5,10,15,25,35,45,55,110							
质量/kg		2	2.25	3.15	4.5	4.5	6.8	6.8	10.5
外形尺寸 （无附件时） /mm	宽度	122	122	154	214	214	244	244	248
	高度	127	180	180	250	250	290	290	336
	厚度	134	134	160	160	160	190	190	230

注：具有软启动、限流启动、全压启动、电动机制动、带制动的低速运行、软停止、准确停车、节能运行、相平衡等控制和故障诊断功能。

表 6-12 SMC-PLUS 软启动器的技术数据

型号 （SMC PLUS 为 150）		150-A24 NBD	150-A35 NBD	150-A54 NBD	150-A97 NBD	150-A135 NBD	150-A180 NBD	150-A360 NBD	150-A500 NBD	150-A650 NBD	150-A720 NBD	150-A850 NBD	150-A1000 NBD
额定电流/A		24	35	54	97	135	180	360	500	650	720	850	1000
控制电机 的功率/kW	480V	11	18.5	22	45	75	90	200	250	355	400	475	531
	600V	15	22	37	55	90	110	250	356	450	500	600	710
功率损耗	最大热损耗/W	110	150	200	285	490	660	170	1400	2025	2250	2400	276
	控制功率/VA	30	30	30	30	30	30	30	30	30	30	30	30
可选的启动 时间控制/s	全压启动	1/4											
	软启动	2.5,10,20,25,30											
	限流启动	50%~500%满载电流											
质量/kg		4.5	6.8	11.3	10.4	11.8	25	30	40.8	167.8	167.8	167.8	167.8
外形尺寸 /mm	宽度	155	215	245	248	248	273	273	508	813	813	813	813
	高度	180	240	290	336	336	560	560	609.6	1524	1524	1524	1524
	厚度	160	170	200	230	230	268	268	304.8	395	395	395	395

用途：有软停止、泵控、智能电机制动、预置低速控制、低速制动、准确停车等特殊功能，广泛应用于纺织、冶金、水处理、食品和保健品加工、采矿和机械装备等行业。

6.2 变频器

众所周知，电动机使用的电源频率愈高，其转速就愈快。变频器（图 6-9）是能把工频（50Hz/60Hz）电源变换成各种频率交流电，从而达到改变电源电压，控制用电设备（电机、机床、水泵等），实现节能、软启动、变频调速功能的设备。其文字符号是 UF；图形符号是 。不过，虽然它具备所有软启动器的功能，但结构复杂，价格要比软启动器贵。

变频器的分类方法有多种：

① 按电流变化方式分，有"交-直-交"变频器和"交-交"变频器。

② 按电源性质分，有电压型变频器和电流型变频器。

③ 按工作原理分，有压/频（U/f）控制变频器、转差频率（SF）控制变频器、矢量（VC）控制变频器和直接转矩（DTC）控制变频器。

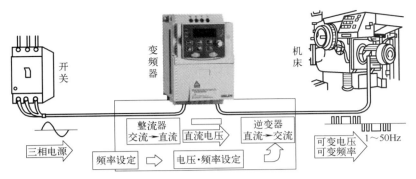

图 6-9 变频器在调速系统中的位置

④ 按调制方法分，有 PAM（脉冲幅度调制）变频器和 PWM（脉冲宽度调制）变频器。

⑤ 按用途分，有通用变频器和专用变频器。

6.2.1 结构和工作原理

变频器（图 6-10）主要由外壳、显示屏、操作按键、接线端子和整流（交流变直流）模块，以及滤波、逆变（直流变交流）模块，以及驱动单元、大容量电容、电流互感器、检测单元和微处理单元等组成。

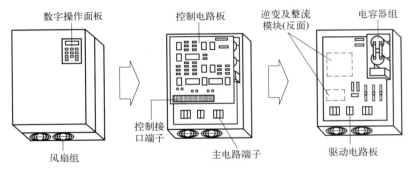

图 6-10 变频器的外观

变频器通常分为 4 个部分（图 6-11）：

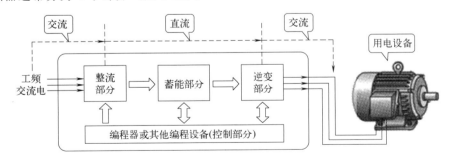

图 6-11 变频器的工作原理

① 整流部分：将工作频率固定的交流电转换为直流电。

② 蓄能部分：存储转换后的电能。

③ 逆变部分：由大功率开关晶体管车列组成电子开关，将直流电再转化成不同频率、

宽度、幅度的交流电。

④ 控制部分：按设定的程序工作，控制输出方波电流的幅度与脉宽，使叠加为近似正弦波的交流电，驱动用电设备。

其工作原理是，电流通过变频器先进行整流（交流→直流）、滤波，再整流（直流→交流），从而把频率固定的交流电变成频率连续可调的交流电源，送入电动机后即可得到要求的转速，达到启动的目的。

6.2.2 变频器的选择

正确选择变频器是控制系统正常运行的关键。其要素一般包括选择变频器的类型、电压、频率、防护等级和容量。

(1) 类型选择

主要根据负载的三种类型。

① 恒转矩类负载（如传送带、搅拌机、吊车、提升机等）：可以采用普通功能型变频器。当要实现恒转矩调速时，可适当加大电动机和变频器的容量（这种变频器低速转矩大，静态机械特性硬度大，不怕负载冲击）。

② 恒功率负载（如机床主轴和轧机、造纸机等）：可采用 U/f 控制方式（改变频率的同时，控制变频器输出电压）。

③ 负载转矩与转速的平方成正比的负载（风机、泵类）：通常可选择专用或普通功能型通用变频器（有些通用变频器对以上 2 种负载不适用）。

④ 对于要求精度高、动态性能好、速度响应快的生产机械：应采用矢量控制或者直接转矩控制的高性能通用变频器。

(2) 电压和频率选择

① 输入电压：小功率的变频器可以选择三相 380V 或单相 220V 输入；大功率的变频器一般选择三相 380V 输入。

② 输出电压：按电动机的额定电压选择，低压电动机多数为 380V，可选用 400V 系列变频器。

③ 频率：变频器的最高输出频率根据机型不同而不同，有 50/60Hz、120Hz、240Hz，甚至高达 400～500Hz，可根据使用目的所确定的最高输出频率来选择。不过，我国一般设置为 50Hz。

(3) 防护等级选择

① 环境条件较好，尤其是多台变频器集中使用的，选择敞开型 IP00 型（无机箱，装在电控箱内或电气室内的屏、架上）。

② 一般场合（可有少量粉尘或少许温度、湿度），选择封闭型 IP20 型。

③ 现场条件较差的环境，选择密封型 IP45 型。

④ 环境条件差，有水、尘及一定腐蚀性气体的场合，选择密闭型 IP65 型。

(4) 容量选择

变频器容量的选择，要考虑变频器容量与电机容量的匹配，大致的原则是：

① 根据电机功率和负载特性选定容量。

② 风机、水泵负载可按照对应关系选择容量。

③ 普通机械负载变频器加一等级的功率后选择容量。

④ 对于重负载或带有冲击负载特性的电机，长期高温大负荷，不能有异常或故障停机，现场电网长期偏低而负载接近额定，绕线电机、同步电机或 6 极以上电机等情况，需要更大的容量。

6.2.3 型号和技术数据

【型号】 高压变频器的型号千差万别，最常用的方法是：

【产品数据】 见表 6-13 至表 6-17。

表 6-13 台安通用变频器的规格和主要技术数据

型号	N2-×××-××									
	2P5	201	202	203	205	208	210	215	220	230
适用电动机容量/kW	0.4	0.75	1.5	2.2	3.7	5.5	7.5	11	15	22
额定电流/A	3.1	4.5	7.5	10.5	17.5	26	35	49	64	87
额定容量/(kVA)	1.2	1.7	2.9	4.0	6.7	9.9	13.3	18.7	24.4	87
质量/kg	1.4	1.4	2.5	4.0	4.0	6.8	7.1	11.3	11.7	33.2
允许瞬停时间/s	1.0	1.0	2.0	2.0	2.0	2.0	2.0	2.0	2.0	2.0
输入电压	单相或三相(200～240V)±10%；(50/60Hz)±5%；250V 以上为三相输入									
输出电压	三相 200～240V(对应输入电压)									
控制方式	近似正弦波 PWM 控制方式									

型号	N2-×××-××								
	401	402	403	405	408	410	415	420	430
适用电动机容量/kW	0.75	1.5	2.2	3.7	5.5	7.5	11	15	22
额定电流/A	2.3	3.8	5.2	8.8	13	17.5	25	32	48
额定容量/(kVA)	1.7	2.9	4.0	6.7	9.9	13.3	19.1	24.4	36.6
质量/kg	2.4	2.5	3.8	4.0	7.0	7.3	12.3	12.5	13.5
允许瞬停时间/s	1.0	1.0	2.0	2.0	2.0	2.0	2.0	2.0	2.0
输入电压	三相(380～480V)±10%								
输出电压	三相 380～480V(对应输入电压)								
控制方式	近似正弦波 PWM 控制方式								

表 6-14 AV230 单/三相系列变频器的规格和主要技术数据

型号	VFD×××M					
	004	007	015	022	037	055
标准适用电动机输出功率/kW	0.4	0.75	1.5	2.2	3.7	5.5
输出额定容量/(kVA)	1.0	1.9	2.7	3.8	6.5	9.5
输出额定电流/A	2.5	5.0	7.0	10	17	25
输出频率范围/Hz	0.1～400					
过负载能力	150%输出电流运行 60s					
最大输出电压	对应输入电源					
相数、电压、频率	单相/三相,200～240V,50/60Hz					①
电压、频率允许变动范围	电压：±10%，频率：±5%					
输入电流/A	6.3/2.9	11.5/6.3	15.7/8.8	NA②/12.5	19.6	33.5
冷却散热系统	强制风冷					

① 三相，200～240V，50/60Hz。

② 表示没有数据。

表 6-15　AV460 三相变频器的规格和主要技术数据

型号	VFD×××M				
	007	015	022	037	055
标准适用电动机输出功率/kW	0.75	1.5	2.2	3.7	5.5
输出额定容量/(kVA)	2.3	3.1	3.8	6.2	9.9
输出额定电流/A	3.0	4.0	5.0	8.2	13
输出频率范围/Hz	0.1～400				
过负载能力	150%输出电流运行 60s				
最大输出电压	对应输入电源				
相数、电压、频率	三相,380～480V,50/60Hz				
电压、频率允许变动范围	电压:±10%,频率:±5%				
输入电流/A	4.2	5.7	7.0	8.5	14
冷却散热系统	强制风冷				

表 6-16　CHF 系列变频器技术数据

变频器 型号	输入电压	额定输出 功率 /kW	额定输入 电流/A	额定输出 电流/A	机型
CHF100-0R4G-S2	单相 220V 范围: −15%～15%	0.4	5.4	2.3	A
CHF100-0R7G-S2		0.75	8.2	4.5	A
CHF100-1R5G-S2		1.5	14.2	7.0	B
CHF100-2R2G-S2		2.2	23.0	10	B
CHF100-0R7G-2	三相 220V 范围: −15%～15%	0.75	5.0	4.5	A
CHF100-1R5G-2		1.5	7.7	7	B
CHF100-2R2G-2		2.2	11.0	10	B
CHFWQ-004C-2		3.7	17.0	16	C
CHF100-5R5G-2		5.5	21.0	20	C
CHF100-7R5G-2		7.5	31.0	30	D
Cf1F100-011G-2		11.0	43.0	42	D
CHF100-015G-2		15.0	56.0	55	D
CHF100-018G-2		18.5	71.0	70	E
CHF100-022G-2		22.0	81.0	80	E
CHF100-030G-2		30.0	112.0	110	E
CHF100-037G-2		37.0	132.0	130	F
CHF100-045G-2		45.0	163.0	160	F
CHF100-0R7G-4	三相 380V 范围: −15%～15%	0.75	3.4	2.5	A
CHF100-1R5G-4		1.5	5.0	3.7	B
CHF100-2R2G-4		2.2	5.8	5	B
CHF100-004G/5R5P-4		4.0/5.5	10/15	9/13	C
CHF100-5R5C/7R5P-4		5.5/7.5	15/20	13/17	C
CHF100-7R5G/011P-4		7.5/11.0	20/26	17/25	D
CHF100-011G/015P-4		11.0/15.0	26/35	25/32	D
CHF100-015G/018P-4		15.0/18.5	35/38	32/37	D
CHF100-018G/Q22P-4		18.5/22.0	38/45	37/45	E
CHF100-022G/030P-4		22.0/30.0	46/62	45/60	E
CHF100-030G/037P-4		30.0/37.0	62/76	60/75	E
CHF100-037G/045P-4		37.0/45.0	76/90	75/90	F
CHF100-045G/055P-4		45.0/55.0	90/105	90/110	F
CHF100-055G/075P-4		55.0/75.0	105/140	110/150	F
CHF100-075G/090P-4		75.0/90.0	140/160	150/176	G
CHF100-090G/110P-4		90.0/110.0	160/210	176/210	G
CHF100-110G/132P-4		110.0/132.0	210/240	210/250	G

变频器 型号	输入电压	额定输出 功率 /kW	额定输入 电流/A	额定输出 电流/A	机型
CHF100-132G/160P-4		132.0/160.0	240/290	250/300	H
CHF100-160G/185P-4		160.0/185.0	290/330	330/340	H
CHF100-185G/200P-4		185.0/200.0	330/370	340/380	H
CHF100-200G/220P-4	三相 380V 范围: −15%～15%	200.0/220.0	370/410	380/415	I
CHF100-220G/250P-4		220.0/250.0	410/460	415/470	I
CHF100-250G/280P-4		250.0/280.0	460/500	470/520	I
CHF100-280G/315P-4		280.0/315.0	500/580	520/600	I
CHF100-315G/350P-4		315.0/350.0	580/620	600/640	I

机型	安装尺寸/mm		外形尺寸/mm			安装 孔径 /mm	机型	安装尺寸/mm		外形尺寸/mm			安装 孔径 /mm
	宽	厚	高	宽	厚			宽	厚	高	宽	厚	
B	110.4	170.2	180	120	140	5	G	230	378.5	755	460	330	9
C	147.5	237.5	250	160	175	5	H(有底座)			1490	490	301	
D	206	305.5	320	220	180	6	H(无底座)	270	123.3	1275	490	391	13
E	176	454.5	467	290	215	5.5	I(有底座)			1670	750	402	
F	230	564.5	577	375	270	7	I(无底座)	500	J32.4	1358	750	402	12.5

表 6-17 英格索兰系列变频器技术数据

机型	溶剂流量/压力 /[(m³/min)/bar[①]]	功率 /kW	出口 管径	外形尺寸/mm			质量 /kg
				长	宽	高	
MN7.5	1.12/0.7　1.05/0.8 0.92/1.0　0.84/1.25	7.5	G3/4″	840	600	850	215
MN11	1.72/0.7　1.61/0.8 1.41/1.0　1.29/1.25	11		910	700	1000	260
MN15	2.28/0.7　3.6/0.8 1.87/1.0　1.71/1.25	15					270
MN18.5	2.92/0.7　2.73/0.8 2.39/1.0　2.18/1.25	18.5	G11/4″	1000	750	1150	385
MN22	3.6/0.7　3.36/0.8 2.95/1.0　2.69/1.25	22					405
MN30	5.17/0.7　4.83/0.8 4.24/1.0　3.86/1.25	30		1100	900	1300	600
MN37	6.85/0.7　6.41/0.8 5.62/1.0　5.12/1.25	37	G11/2″	1150	950	1360	650
MN45	8.20/0.7　7.67/0.8 6.72/1.0　6.13/1.25	45					680
MN55	10.67/0.7　9.98/0.8 8.75/1.0　7.98/1.25	55	G2″	1570	1200	1500	1350
MN75	13.71/0.7　12.81/0.8 11.24/1.0　10.25/1.25	75					1380
MN110	20.22/0.7　18.90/0.8 16.58/1.0　15.12/1.25	110	DN65	2200	1550	2000	2250
MN132	24.72/0.7　23.9/0.8 20.26/1.0　18.48/1.25	132					2350

注:冷却方式—风冷;驱动方式:直联变频。

① 1bar=10^5Pa。

6.2.4 接线方法

(1) 主回路接线（图 6-12）

① 将 R、S、T 端子外接工频电源，内接变频器整流电路（不可接反）。

② 将 U、V、W 端子外接电动机，内接逆变电路（不可接反）。

③ 将 P、P1 端子外接短路片（或提高功率因数的直流电抗器），连接整流电路与逆变电路。

④ 将 PX、PR 端子外接短路片，连接内部制动电阻和制动控制器件。如果内部制动电阻制动效果不理想，可取下 PX、PR 端子之间的短路片，再在 P、PR 端外接制动电阻。

⑤ 将 P、N 端子分别作为内部直流电压的正、负端，如果要增强减速时的制动能力，可取下 PX、PR 端子之间的短路片，再在 P、N 端外接专用制动单元（制动电路）。

⑥ 将 R1、S1 端子内接控制电路（系统），外部通过短路片与 R、S 端子连接，R、S 端的电源通过短路片由 R1、S1 端子提供给控制电路作为电源。如果欲 R、S、T 端无工频电源输入时控制电路也能工作，可以取下 R、R1 和 S、S1 之间的短路片，将两相工频电源直接接 R1、S1 端。

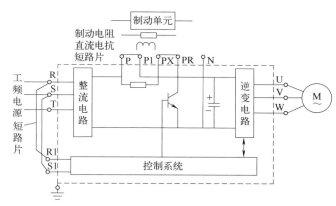

图 6-12 变频器的主回路接线原理

(2) 电源、电动机与变频器接线（图 6-13）

① 将断路器一端接入电源线，另一端分别接变频器 R、S、T。

② 将电动机 U、V、W 端分别接变频器 U、V、W 端，并连接接地端子与接地线。

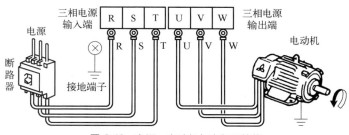

图 6-13 电源、电动机与变频器接线

(3) 外接制动电阻的连接线路

先将 PR、PX 端子间的短路片取下，然后用连接线将制动电阻与 PR、P 端子连接。

(4) 直流电抗器的连接线路

先将 P1、P 端子间的短路片取下，然后用连接线将直流电抗器与 P1、P 端子连接，如

图 6-14。

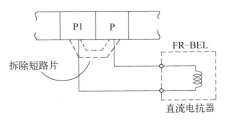

图 6-14 直流电抗器的连接

(5) 控制回路接线

① 端子 SD、SE 和 5 为输入输出信号的公共端，不接地（不要连接 SD-5 和 SE-5 端子）。

② 控制回路端子的接线应使用屏障线或双绞线，而且须与主回路、强电回路（含 200V 继电器程序回路）分开布线。

③ 控制回路的频率输入信号电流微弱，应使用两个并联的接点或双生接点。

④ 控制回路的接点建议选用 $0.3\sim0.75\text{mm}^2$ 的电缆。

(6) 接地

① 变频器和电机必须接地。当变频器和其他设备或有多台变频器一起接地时，每台设备都必须分别和地线相接，不允许将几个接地端并接后再接地。接地导线截面应不小于 2mm^2，长度应控制在 20m 内。

② 接地端子要经镀锡处理，且镀锡中不含铅。

③ 接地电缆尽量用粗的线径，必须等于或大于规定标准，接地点尽量靠近变频器，接地线越短越好。

④ 在雷电活跃地区，如果电源是架空进线，应在进线处装设变频专用避雷器，或按规范要求在离变频器 20m 的远处预埋钢管保护接地。

6.2.5 变频器的安装

(1) 准备工作

主要工作是检查变频器是否有损坏，对主回路和控制回路进行绝缘检查。

(2) 安装方式

变频器应垂直安装（多台安装在同一装置或控制箱里时，最好横向并列），不可倒置。

(3) 安装环境

一般环境：

① 要求温度在 $-10\sim40℃$ 之间、湿变低于 90%；无腐蚀、无易燃易爆气体和液体；无灰尘和漂浮性杂质；无阳光直射；无电磁干扰。变频器附近不能有发热元件。

② 变频器与周围阻挡物之间的距离，两侧应大于 100mm，上、下方应大于 150mm。

多粉尘环境：

① 其正上方和正下方不要安装可能阻挡进风、出风的大部件；距控制柜顶部、底部，或其他部件的距离不应小于 300mm（图 6-15）。

② 控制柜应密封，顶部应有出风口、防风网和防护盖；底部应设有底板、进线孔、进风口和防尘网。

③ 风道要设计合理，排风通畅，不易产生积尘。

④ 控制柜内的轴流风机的风口需设防尘网，运行时应向外抽风。

⑤ 定期维护控制柜，及时清理内外部的粉尘、絮毛等杂物。粉尘严重的场所，每月 1 次。

图 6-15 安装于多粉尘环境

6.2.6 变频器的调试

调试变频器有好几个步骤：通电前的检查、空载通电检查、主回路反送电试验、接口信号检查试验、空载升压试验和带电机测试等。

(1) 通电前的检查

对新安装或长时间停用的变频器，试机通电前应进行下列检查。

① 参数检查。对变频器的型号、额定容量、额定电压、适配电动机功率等仔细核对。

② 外观、构造检查。

a. 检查外观和内部（是否清洁、受潮，有无异物，通风管道是否堵塞等），进行接线检查和上电前检查。

b. 检查安装环境（温度、湿度和通风等）有无问题、装置是否有脱落或破损等。

c. 核对图纸与变频器内部元件是否相符。

③ 电气检查。

a. 检查电缆直径和种类是否合适，螺钉、螺母、插件等是否有松动或损坏，电源电缆、电动机电缆、控制电缆连接是否正确可靠，变频器的接地端子是否接地。

b. 将变频器的电源输入端子（经过漏电保护开关）接到电源上。

c. 检查变频器显示窗出厂显示是否正常，如果不正确应复位。

d. 熟悉变频器的操作键，并仔细检查变频器上各接线端子的接线是否正确。

e. 检查主电路绝缘电阻等。

(2) 空载通电检查

检查目的是熟悉变频器的电气线路及确定其可靠性。

① 卸下电动机的接线，然后按电压等级接上 R、S、T（或 11、12、13）电源线。

② 接通电源，查看键盘监控显示与功能是否正常，有无故障码显示；机内有无冒烟及异味等不正常现象；风扇是否运转，轴承运转是否正常。

③ 检查变频器输出端各线之间的电压是否对称。

④ 根据现场电机及负载情况预设变频器参数，查看冷却风扇转向是否正确。

(3) 主回路反送电试验

试验目的是检查变频器的电源供电线路的可靠性。

① 切断控制电源，拆所有单元 T1、T2 间连线，接入输出可调三相调压器。

② 连接控制电源，调节调压器输出电压。慢慢升至最大，测量并观察单元工作情况。

③ 再次切断控制电源，脱开调压器接 T1、T2 间连线，接上动力进线（出线脱开）。

(4) 接口信号检查试验

包括 VFD（真空荧光显示屏）的高压柜跳闸信号、启动信号、停止信号、故障信号、报警信号、变频器输出的电机速度信号（4～20mA）和紧急停止信号。

(5) 空载升压试验

试验目的是，检查电动机转向（或正反转）是否正确，运行是否平稳，有无异常声响和振动，启动、停止、加/减速等是否平稳，观察变频器运行是否有异常情况（风机运行及发热）。

① 下载控制程序。

② 将变频器置于开环试验模式，并设置适当参数。

③ 接上变频器的进线电缆（输出侧电缆不接）。

④ 将高压柜推至试验位置，合上开关，从变频器侧模拟高压柜跳闸信号。

⑤ 给变频器送电。注意，由于进线隔离变压器励磁涌流较大，进线开关有可能跳闸。此时应适当放大高压柜速断倍数（一般为变压器一次侧输入电流的 8～10 倍）。

⑥ 送上高压后，检查面板显示电压与实际是否相符，频率是否为正值。

⑦ 从变频器操作面板上启动变频器，在不同输出时记录相应电压波形。

⑧ 再次断开高压，准备带电机运行。

（6）带电机负载测试

测试的目的是，检验各设置参数是否合理，电机传动系统运行是否正常，同时检验变频器在极端运行状态下的工作。

① 确认电机与机械联轴器脱开，冷却和润滑条件正常。

② 接上变频器至电机的电缆，设置好变频器相应的参数并接好电源。

③ 在变频器操作面板上给出 1‰ 转速，观察电机转动方向是否正确。

④ 通过操作面板，控制电机在不同转速下运行，并记录相应的测试点电压及波形。

6.2.7 变频器的运行

变频器试运转时，最好先空载运行一次。

（1）带电机空载运行

① 设置电机的功率、极数，要综合考虑变频器的工作电流。

② 设定变频器的最大输出频率、基频，设置转矩特性。如果是风机和泵类负载，要将变频器的转矩运行代码设置成变转矩和降转矩运行特性。为了改善变频器启动时的低速性能，一般变频器用户要进行人工设定补偿。

③ 将变频器设置为自带的键盘操作模式，按运行键、停止键，观察电机是否能正常地启动、停止。

④ 熟悉变频器运行发生故障时的保护代码，观察热保护继电器的出厂值、过载保护的设定值，需要时可以修改。

（2）带电机负载运行

① 将工作频率从 0Hz 开始慢慢增加，观察传动系统能否启动运转（启动困难时，可加大启动转矩）。

② 将频率升到额定频率及若干个常用的工作频率，分别观察传动系统的运行情况。

③ 如果电动机的转速达不到相应频率下的预设转速，则应检查系统是否发生共振（可通过观察振动和电动机异常声响来判断）。如果没有共振现象，应检查电动机的输出转矩是否缺陷。为此，可增加转矩提升量试试。若仍不行，应考虑变频器选择是否正确。

④ 在启、停过程中，如果变频器出现过电流跳闸，应检查变频器电子保护设定值是否正确，如果正确，则应重新设定加、减速时间。如果系统在某一速度段启动或结束电流偏大，可通过改变加速方式或减速方式（有线性、S 形、半 S 形）来解决。

⑤ 观察停机后输出频率为 0Hz 时，传动系统有无"蠕动"（爬行）现象。若有而生产工艺又不允许，则应增加直流制动。

⑥ 检查最高工作频率 f_{max} 和最低工作频率 f_{min} 下，电动机的带负载能力和发热情况。

a. 如果 $f_{max} > f_e$（如 50Hz），则应在 f_{max} 频率下做满载运行试验，此时应能正常驱动。如果普通电动机不能胜任在最高频率下工作，则应更换成变频电动机。

b. 在 $f_{\min}$ 频率下做满载运行试验，检查普通电动机发热情况。由于在低频下普通电动机因风扇转速低会发热，如果要求在最低频率下运行很长时间，电动机发热严重，则应更换变频电动机。

⑦ 过载试验。在额定工作频率下，增加电动机负载，观察电动机定子电流。当定子电流大于设定值（一般按电动机额定电流的 1～1.05 倍设定）时，过电流保护应动作；否则，应检查电流表指示是否正确，电子热保护设定值是否正确。

（3）日常保养

变频器的检查项目和周期，见表 6-18。

表 6-18 变频器的检查项目和周期

检查项目		检查内容	检查方法和手段	检测标准
总体	运行环境	1. 温度、湿度 2. 尘埃、水及滴漏 3. 气体	1. 温度计、湿度计 2. 目测和嗅觉 3. 目测和嗅觉	1. 温度：-10～50℃，湿度<90%，不结露 2. 尘埃少、无水痕 3. 无腐蚀性气体
	整机	是否有异常振动、发热、噪声	手感、目测和听觉	无异常
	电源电压	变频器端子排 R、S、T 相间电压是否正常	万用表、数字式多用表	根据变频器的铭牌
	显示	是否正常、清扫	目测，用棉纱清扫	
	仪表	指示值是否正确	电压表、电流表	确认指示值
主电路	总体	1. 元件是否过热（每半年） 2. 紧固件是否松动（每半年） 3. 保持清洁（每半年） 4. 主回路端子与接地端子间绝缘（每半年）	1. 手感、观察 2. 目测 3. 目测 4. 500VDC 兆欧表	1. 无异常 2. 牢固 3. 洁净 4. 在 5MΩ 以上
	母线、软导线、接插件	1. 母线有无变形（一年） 2. 导线有无受损/过热/烧毁（一年） 3. 接插件状态（一年）	观察	电线表面无破损、劣化、裂缝和变色等；接插件完好，弹力正常
	变压器、电抗器	1. 绝缘物是否过热/烧焦/异味 2. 铁芯是否有异声	观察、听	无异常
	电解电容	1. 液体是否泄漏 2. 安全阀是否突出 3. 测定静电容量（每半年） 4. 耐压试验（每半年）	1. 目测 2. 目测 3. 用电容量测定器测量 4. 按检验规程	1. 无漏液 2. 安全阀未膨胀 3. 额定容量的 85% 以上 4. 按检验规程
	接触器、继电器	1. 有无异常声音、发热（每半年） 2. 触点是否粗糙、破裂（每半年）	1. 听、观察 2. 观察	1. 无异常 2. 无异常
	导线、端子排	1. 是否破损、歪斜（每半年） 2. 导线外皮是否老化（每半年）	1. 目测 2. 目测	1. 无异常 2. 无异常
	IGBT 模块整流桥	各端子间电阻和漏电电流（一年）	指针式万用表整流型电压表	无异常
	电阻器	1. 电阻绝缘物有无裂痕（每半年） 2. 是否有开路或短路（每半年）	1. 观察 2. 万用表	1. 无异常 2. 阻值误差<10%
控制电路与保护电路	元件检查	1. 控制板电阻表层有无裂纹或变色 2. 电解电容器有无漏液或膨胀鼓出 3. 驱动电路晶体管、IC（集成电路）、电阻、电容等有无异常或开裂	1. 观察 2. 观察 3. 观察	1. 无裂纹或变色 2. 无漏液或膨胀鼓出 3. 无异常
	变压器	1. 变频器单独运行时，电压、电流是否平衡（每半年） 2. 顺序保护动作试验是否正常（每半年）	1. 电压表、钳形表测各相电压、电流 2. 模拟故障	1. 失衡率<5% 2. 显示对应故障报警，并正确保护

检查项目		检查内容	检查方法和手段	检测标准
控制电路与保护电路	印刷电路板	1. 基板及铜箔走线有无烧损 2. 电路板表面清洁程度	1. 目测 2. 观察	1. 正常 2. 清洁
	工作状态	1. 检查三相输出电压是否对称(每半年) 2. 进行保护动作试验(视条件而定)	1. 电压表 2. 将变频器的保护回路输出短路	1. 相间电压平衡 200V 在 4V 以内,400V 在 8V 以内 2. 在程序上有异常动作
	运行状态参数	1. 输入、输出电流 2. 输入、输出电压 3. 模块温度	1. 钳形表 2. 电压表 3. 温度计	1(2). 三相平衡,且在额定范围 3. 整流桥、IGBT/IPM(智能功率模块)或 PIM(功率集成模块)温度<80℃
电机	全部	1. 是否有异常振动、异常声音或发热(每半年) 2. 是否有异味(每半年) 3. 清洁	1. 手感、目测、耳听 2. 嗅觉,有无过热损伤产生的异味	1. 无异常 2. 无油污和灰尘
	绝缘	1. 全部端子对地绝缘(一年) 2. 相间绝缘(一年)	拆下所有连线,用兆欧表测量	绝缘电阻在 5MΩ 以上
冷却系统	风机及风扇	1. 部件有无松脱,是否有异常振动、异常声音,有无油污 2. 电线和连接部件是否松脱	1. 手感、目测、耳听 2. 手感、目测	1. 螺钉紧固,风扇没有油污,运转平稳,无异常振动和怪音 2. 牢固无松动
	风道	有无杂物,是否堵塞	目测	通畅,无异物

注:未标明检查周期者为日常。

6.2.8 变频器的维修

下面介绍变频器维修的两则实用方法和经典的故障排除方法。

(1) 逐步缩小法

此法就是通过对故障现象进行分析、对测量参数做出判断,把故障产生的范围一步一步地缩小,最后落实到故障产生的具体电路或元器件上。它实质上是一个肯定、否定、再肯定、再否定,最后做到肯定(判定)的判断过程。

例如,一台变频器通电后,发现操作盘上无显示。首先判断肯定是无直流供电(可用万用表测量其直流电源电压),进一步检查,发现高压指示灯是亮的(测量 PN 电压进一步证实),否定主回路高压电路的故障,肯定了开关电源中给操作盘供电的一路电源有问题。测得该路电源的交流电压正常,无直流输出,又无短路现象,就可以断定是该电源电路的整流管损坏。

(2) 顺藤摸瓜法

此法就是根据变频器工作原理,顺着故障现场,沿着信号通路,逐步深入,直达故障发生点,最终寻找到故障产生部位的一种方法。

例如,一台变频器输出电压三相不平衡。这种故障显然是由 2 种可能性造成的:一种可能是逆变桥内 6 个单元中至少有 1 个单元损坏(开路),另一种可能是 6 组驱动信号中至少有 1 组损坏。假设已确定有 1 个逆变单元无驱动信号,进一步确定驱动电路中故障的产生部位,可采用顺藤摸瓜法来寻找。具体到这个例子,可从上而下地查,即从驱动信号的源头,也就是 CPU 的输出端起往下查。

CPU输出有信号时检查光耦输入端有无信号，若无信号，则CPU到光耦输入端有断线现象。若有信号，则要检查光耦输出端，查看光耦输出端有无信号。若无信号，则表明光耦损坏。若有信号，则再检查放大电路的输入端和输出端，若输入端有信号而输出端无信号，则表明故障产生在放大电路，或放大管或相关元器件损坏。然后进一步落实就很容易了。

熟练掌握上述两法，举一反三，即可排除变频器所有故障。

（3）故障及排除

见表6-19至表6-21。

表6-19 变频器故障及排除方法

故障	可能原因	排除方法
主板自检 P.OFF 灯常亮	1. 输入电源电压过低 2. 输入电源缺相 3. 变频器直流电路限流电阻烧断 4. 变频器电压检测电路故障	1. 检测电源各线电压是否为380V,若低于320V或输入电源缺相,要排除外部电源故障 2. 如果输入电源正常,则为变频器内部故障,排除内部电压电路或缺相保护故障 3. 排除开关电源故障,改善散热条件,若是驱动电路短路,则要更换限流电阻 4. 若是主接触器故障,则要检查限流电阻串接主回路带负载运行情况
指示灯故障闪烁,设备误动作	周围有电气控制设备,特别是电流电压检测设备及控制回路产生电磁干扰	1. 安装变频柜时合理选择适当位置,不能与控制柜并排,不得已时一定要保证1m以上的间距,避免干扰源影响 2. 控制电缆和动力电缆不能共用同一电缆桥架,且敷设完毕后一定要盖上桥架盖板 3. 所有电气设备要妥善接地 4. 采用专用变频电力电缆,控制电缆采用屏蔽电缆 5. 采用防电磁干扰的指示灯及相关元器件,并联电容
故障灯闪烁瞬间又不跳车	1. 参数设置不符合设备启动条件 2. 设备参数不正确	检查参数设置和设备参数。故障复位后,如还有故障信号,则需要联系设备生产厂家咨询
启动或者运行时跳车	1. 电机运行启动电流过大 2. 电机运行时电压过低或者不稳定 3. 中间电路直流电压过高(在大功率设备启停时经常会出现) ①过电压保护控制器工作不正常 ②制动斩波器或者制动电阻动作不正常或者电阻不工作 ③减速时间设置不对	1. 检查变频器功率容量和电机参数是否正常,变频器启动电流是否在3～5倍额定电流,电力电缆绝缘及电机绝缘是否良好。若环境温度在40℃以上时必须降容使用 2. 检查设备功率容量是否合适,设备运行启动时间是否过短 3. ①检查过电压保护器是否正常,若输出电压不平稳,更换电压保护器 ②检查设备制动电阻或者斩波器是否完好,制动器是否正常打开或者关闭 ③检查制动减速时间。若减速时间比机械制动时间短,会引起中间电路直流电压升高;否则,会引起制动电阻或者变频器制动单元发热严重
外部因素引起故障跳车	1. 供给电源质量不合格(电压过低、缺相、频率不规则、有谐波出现等) 2. 控制线路电压等级不对,控制信号方式不对及通信线路信号中断 3. 驱动模式有误	1. 检查线路是否出现故障,不能消除时只能改善电源质量,增加无功补偿或者隔离变压器,消除电源谐波 2. 检查变频器电路,按照正确电压等级取电压电流信号,紧固所有控制电缆的接线端子和通信控制线插接头,避免接触不良引起的信号失真 3. 检查控制系统的启动方式(远程控制还是就地控制),设置驱动模式,要与实际工况一致

故障	可能原因	排除方法
带载试车时设备故障跳车	设备负荷过大(如炉体驱动系统带炉体运行,炉体偏心造成过力矩或者过流情况),造成启动电流过大或者启动时间超时	用机械配重改变重心,或者更改变频器参数使其转到正常位置处理。这类故障在炉体停炉维修过程中经常性出现
主板温度高	1. 环境温度过高或者 IGBT 发热量大,热量不能及时发散,造成局部温度高。变频器的 IGBT 的运行温度一般在 90℃ 以下 2. 电机设备功率大于变频器的容量 3. 变频器运行年份长,内部积灰严重	1. 环境温度控制在 40℃ 以内,如果长期高温会增加变频器的故障率,且会降低设备寿命;检查并保证设备的通风流量合适,风扇运行良好 2. 如果超额定功率,则要更改变频器的容量,使其和设备容量相匹配 3. 要定期对变频器内部清理
参数设置故障	1. 参数设置类有故障时,变频器都不能正常运行 2. 设计时 AOP(高级操作面板)中的内存不够	1. 可把所有参数恢复到出厂值,然后重新设置。对第二、三类参数可以用改变应用宏的方式来恢复 2. 西门子 MM420/MM440 变频器 AOP 中能存储 10 组参数,若出现仅能存储一组参数的情况时,解决办法是先在菜单中选择"语言"项,在"语言"项中选择一种不使用的语言,按 Fn+△键选择删除,经提示后按 P 键确认
变频器无法开机	1. 交流输入缺相或整流桥的二极管损坏,直流母线电压偏低 2. 滤波电容器老化,致带载时变频器输出电压偏低,输入回路接触器跳闸 3. 滤波电容器因直流母线过电压击穿,或因均压电阻有开路,引起与之连接的电容器两端电压升高,超过额定电压值而损坏 4. 充电接触器接点烧损造成限流电阻开路	1. 连接缺相电线或更换整流桥的二极管 2. 更换滤波电容器 3. 更换滤波电容器或均压电阻 4. 更换充电接触器
主电路故障	1. 送电跳闸 2. 送电时整流模块击穿引起跳闸 3. 整流模块过热、击穿而使短路 4. 由于误触发引起变频器内部短路 5. 主电源绝缘介质损坏,对地短路 6. 自整定不良	1. 不能将"N"作为接地线 2. 进线端加装电抗器 3. 更换整流模块(均匀涂传热性能好的硅导热膏) 4. 在门极触发信号线前端加装限波器 5. 修复绝缘结构 6. 重新自整定
充电电阻损坏	1. 重载启动时,主回路通电和 RUN 信号同时接通 2. 主回路接触器吸合不好	1. 更换充电电阻 2. 更换交流接触器
逆变模块烧坏	1. 输出负载发生短路 2. 负载过大 3. 大电流持续运行 4. 负载波动很大,导致浪涌电流过大 5. 冷却风扇效果差	1. 接线 2. 减轻负载 3. 设法消除 4. 消除负载波动 5. 改善冷却效果
缺相故障报警	1. 电机各项参数不正常 2. 电力线路有绝缘或者断开情况 3. 电源或者变频器逆变模块故障,输出电压不对	检查电机设备参数是否正常,电力电缆是否绝缘良好和通断情况,以及检查变频器逆变模块输出电压数值是否正确
接地故障报警	1. 电机各项参数不正常 2. 电力线路绝缘故障 3. 变频器内部元器件潮湿有污垢	1. 用绝缘摇表检查绝缘情况,用直流电阻测试仪测量电机直流电阻 2. 用绝缘摇表测量电力线路绝缘情况 3. 检查变频器内部元器件并清理变频器内部积灰,保证内部干净干燥

故障	可能原因	排除方法
两台变频器驱动一台机械设备时运行时间或转速不同步	1. 电机及变频器内部参数设置不正确,或两台变频器设置不一致 2. 设备抱闸不打开或者打开关闭不同时 3. 电机运行检测参数相差大,特别是编码器工作不正常	1. 检查电机及变频器内部参数设置是否正确,两台变频器设置是否一致 2. 检查电机抱闸系统是否正常 3. 检查电机运行检测参数是否一致,特别是编码器数据,如果数据相差大,检测编码器是否工作正常
驱动电路故障	1. 控制板驱动电路有元件损坏 2. 电容、电阻、三极管及印刷板爆裂、变色、断线 3. 缺相,或三相输出电压不相等,三相电流不平衡 4. 通电后无显示 5. 电源板不给控制板供电	1. 检查驱动二极管、保护稳压管、光耦等是否损坏,若有应予以更换 2. 每组驱动电路逐级逆向检查、测量、替代、比较;或与另一块正品(新的)驱动板对照检查 3. 更换电源板 4. 更换电源板 5. 检查各接线端子有无开路,大电源端子有无电压,控制线路有无信号,电机有无烧坏短路,IG-BT是否完好
开关电源异常	1. 开关电源完好,但变频器直流母线无电压 2. 开关管击穿或起振电路电阻开路 3. 脉冲变压器匝间短路或PWM控制电路芯片损坏 4. 控制电源短路或开关电源因保护动作停止工作 5. 次级输出整流二极管损坏 6. 滤波电容特性变化 7. 一路或多路输出电压纹波大,直流电压值偏低,致变频器工作不正常	1. 检查充电指示灯是否点亮,直流母线电压值是否正常,充电电阻是否损坏,再检查电路器件是否损坏 2. 查找输入过电压原因并作相应更换 3. 更换或修理变压器及芯片 4. 更换损坏元件 5. 更换二极管 6. 提高滤波电容容量或消除漏电 7. 检查滤波电容有无"胖顶"现象,用电容表测量实际电容值,必要时更换
控制电路异常	1. 存储器异常 2. 面板通信异常 3. 过电流报警 4. 过电压报警 5. 欠电压报警 6. 散热片过热报警	1. 更换控制板 2. 更换操作面板或控制板 3. 更换电源板或模板 4. 延长减速时间或加制动单元、制动电阻 5. 加大电源容量 6. 检修散热风扇或更换控制板
整流桥烧毁	整流模块在瞬间流过短路电流后,引起新的相间或对壳放电短路,使直流母线内部放电短路、电容器击穿短路或逆变桥短路	改变裸露母线结构或母线集成在印制电路板的变频器的性能
整流桥击穿	1. 电网电压浪涌或自备发电所致 2. 电动机再生引起的直流过电压,或使用了制动单元但制动放电功能失效(例如制动单元损坏、放电电阻损坏) 3. 整流模块因电压击穿而损坏 4. 输入电路中阻容吸收或压敏电阻元件损坏	1. 加装浪涌保护器 2. 设法延长变频器减速时间,或检查制动单元和放电电阻是否损坏,若有损坏应予更换 3. 修理或更换整流模块 4. 串联压敏电阻

故障	可能原因	排除方法
逆变桥故障	1. 一路逆变模块的控制极损坏或无触发信号，引起输出电压缺相 2. IGBT门极开路或驱动电路引起的脉冲异常(如上下桥臂中有一臂的晶体管始终被开通而造成臂内贯穿短路) 3. 驱动电路或开关电源工作异常，致触发脉冲幅值过低，造成开关管电压降过大，发热而损坏 4. 缓冲电路元件损坏或在没有制动斩波器的情况下，由于不适当地快速降频而造成直流过电压，造成模块电压击穿而损坏 5. 变频器输出短路后，短路保护不能有效动作，快速切除短路电流 6. 模块长期在极低频率下工作(如1Hz以下)，此时模块内部管芯的结温容易高于125℃，致使模块加速老化而损坏 7. 逆变器冷却通风不良，造成模块长期过热，加速了模块的老化 8. 接线错误(如将电网电源接至变频器的输出)	1. 修理损坏的逆变模块的控制极及触发信号器，保证三相电压对称 2. 首先要设法确认出逆变器的故障桥臂，及时将系统进行在线重配置，隔离故障桥臂，并将系统配置为三相四开关容错控制结构，驱动电路有故障要修理 3. 修理驱动电路或开关电源 4. 检查修理或更换缓冲电路元件和模块，后续操作要正确、准确 5. 改装IBGT功率模块 6. 采用变频器专用电机，或者加装风扇 7. 检查变频器的冷却风扇是否有故障，通风是否良好，有无污垢堵塞 8. 正确改接线路
三相输入电流不平衡	电源回路(熔断器式刀开关、熔断器、低压断路器、接触器等及其连线)接触电阻大或线径不一致，引起如接触器触点氧化严重等问题，会造成触点间的接触电阻增大，出现三相输入电流不平衡	增加主触点的个数或者采用有灭弧装置的接触器；调整线径
过电流保护频繁动作	1. 通用变频器输出线、电动机输入端子等处有短路和接地 2. 变频器输出电压不平衡、幅值不正常 3. 电动机接线不可靠，会造成电动机输入断相、电动机绕组匝间短路、电动机绕组绝缘击穿、电动机输入端子间的绝缘降低 4. 变频器通风冷却条件变差、温升加大等	1. 检查通用变频器输出线、电动机输入端子等有无短路和接地 2. 断开电动机测量变频器输出电压和幅值，如有电压不平衡、幅值不正常时纠正 3. 检查电动机接线，保证无电动机输入断相、绕组匝间短路和绝缘降低等 4. 改善变频器通风冷却条件
晶闸管异常	1. 三相半控整流的晶闸管整流模块损坏或控制板触发脉冲不正常 2. 带开机限流晶闸管的整流模块的晶闸管损坏 3. 脉冲控制信号不正常 ①每周期波形连续少了4个波头 ②每周期波形连续少了3个波头 ③每周期波形连续少了2个波头 ④每周期波形连续少了1个波头 ⑤每半个周期连续少了2个波头 ⑥输出电压波形不对称	1. 更换三相半控整流的晶闸管整流模块，改善控制板的工作环境，定时清理金属粉尘，检查线路是否有短路 2. 更换整流模块晶闸管 3. 分别按下列情况处置 ①修理同一连接组相邻的2个桥臂线路 ②修理共阴极组和共阳极组各1个桥臂 ③修理共阴极组或共阳极组的1个桥臂 ④若触发电路丢失ω_1时刻脉冲，则要在ω_2时刻补发脉冲使其导通 ⑤排除1相失电或该相2个桥臂断路故障 ⑥调整某一个触发器输出的脉冲周期
"过电流"跳闸后不复位	变频器逆变器侧各元器件、电缆及电动机工作不正常	若变频器中间直流回路上的继电器不能工作，则说明故障在检测电路或其后续电路；当测量电流反馈信号测试端，其中V相电压值远大于变频器允许通过最大电流对应的2.5V，而另外两相的电流反馈电压值为0V，则更换V相电流互感器

故障	可能原因	排除方法
接入三相四线制漏电断路器后频繁跳闸	变频器运行时,电动机绕组与外壳之间,以及导线对地之间产生寄生电容,通过导线与地、机壳与地构成漏电流通路,当这个漏电流大于漏电断路器的整定电流值时,漏电断路器就会跳闸	更换原有的漏电断路器,或采取降低变频器载波频率的方法,减小寄生电容造成的对地漏电流的影响。一般是在变频器输入侧加装隔离变压器的方法隔离漏电流
主回路功率模块过热跳闸	一般是由短路、接地、过负载、负载突变、加/减速时间设定太短、转矩提升量设定不合理、变频器内部故障或谐波平大等原因造成	1. 用手动方式试验变频;检查其设定值,再试验变频器的外部信号控制性能 2. 查看电动机绝缘情况和接触器的触点;采用工频电源启动电动机,观察是否异常;检测电流、转速及温升情况 3. 用信号校验仪校验传感器或控制器 4. 若电动机外壳很热,还要检查载波频率是否过高
欠压	线路严重超载,或是线路接触不良	检查外接DC24V电源
送电时欠电压跳闸	1. L1输入侧短路时,将配电室对应L1相的熔断器烧断,但因红色指示器未弹出来,有时未及时发现 2. 变频器柜上电压表指示恰引自L2、L3两相,指示为380V,误以为输入电压正常 3. 变频器内部控制回路L1断相后,接在二次侧的接触器和冷却风扇失去电源所致	1. 更换L1相的熔断器 2. 纠正L1输入侧熔断器烧断短路 3. 纠正L1断相
平时欠电压跳闸	交流电源欠电压、断相、瞬时停电	1. 提高电源电压 2. 检查电源各类开关回路是否有异常,接线端子处是否有松动,电源线路线径是否正常 3. 检查变频器本身是否有故障
过电压跳闸	直流母线过电压,致使变频器一启动就将启动电路中的启动电阻烧坏,同时变频器过电压保护动作	检查变频器内部的启动电阻两端的继电点接触情况,或晶闸管导通是否正常
变频器过热引起跳闸	1. 负载过大 2. 环境温度高而冷却不力或散热片吸附灰尘太多,散热片堵塞 3. 变频器内部故障	1. 减轻负载或选用规格合适的变频器 2. 降低环境温度、选用合适风扇,或清理散热片 3. 调整载波频率,减小谐波,或增大变频器容量
外部报警输出引起跳闸	1. 外部电路连接不正确 2. 变频器故障等	1. 检查外部电路,不能辨别故障点时,拆下所有连接回路,然后启动变频器。若变频器正常,再将这些连接回路单个地连回到变频器上,从而找出故障点 2. 变频器故障同前
变频器及电动机过载引起跳闸	1. 负载过大或变频器容量过小 2. 电子热继电器保护设定值太小 3. 变频器内部故障 4. 电动机运行频率太低,导致电动机过热而过载	1. 减小负载或增大变频器容量 2. 增大热继电器保护的设定值 3. 若为新装机,检查U/f曲线设定;检查矢量控制型通用变频器的电动机参数输入;检查载波频率设定数值 4. 适当提高电动机运行频率
变频器短路跳闸	1. 变频器内快速熔断器烧断 2. 变频器内整流桥附近有电击印迹	1. 修复变频器内快速熔断器 2. 有异物进入时排除故障并修复
接通电源后通用变频器无显示	电源板有故障	查看说明书和原理图,仔细查看电源部分接线,若发现四路差分电压比较器LP339的一路输出端为高电平,则与SG3526N的电源端17脚相连的一个场效应晶体管截止,不能产生控制信号。若LP339的外围电路无故障,则应更换该LP339

故障	可能原因	排除方法
电动机不能启动	1. 电源电压不正常 2. 未输入启动信号和 FWD、REV 信号，或设定的频率不当 3. 功能代码设置不当 4. 负载太大或者机械系统有堵转现象 5. 变频器和电动机之间的热继电器，动作后未能复位	1. 查看充电指示灯是否亮，LCD 是否显示报警画面，电动机和变频器的连接是否正确 2. 检查是否输入启动信号和 FWD、REV 信号，是否已设定频率或上限频率是否过低 3. 重新设置各种功能代码 4. 减小负载或者消除机械系统堵转 5. 使热继电器复位
电动机加速时失速	1. 加速设定时间过短 2. 负载过大 3. 转矩提升量不够	1. 加大设定加速时间 2. 减小负载 3. 加大转矩提升量
电机温度过高	1. 电机过载，电机功率低或者冷却装置故障，散热效果不好 2. 电机启动数据不对，降压启动时间太长，启动电流长时间过大	1. 检查电机通风是否良好 2. 检查变频器内部设置参数是否正确，特别是启动时间是否符合规定
电动机不能调速	1. 频率上、下限设定值不正确 2. 程序运行设定值不正确 3. 最高频率设定过低时	1. 正确设定频率上、下限 2. 正确设定程序运行设定值 3. 适当降低最高频率
电动机外壳出现静电压	1. 变频器输出电压为脉宽调制高频脉冲序列波形，致使电动机绕组与外壳之间在强电场下产生电容效应，感应出较高电压 2. 用零线替代接地线，或许多设备与变频器共用同一个系统地线	1. 确保变频器可靠接地，不要使外壳与变频器共用同一个系统地线，而要单独埋设一个变频器控制系统专用接地线 2. 必须确保变频器外壳单独可靠接地，接地系统不得混用
电动机异常发热	1. 电动机过载运行，定、转子扫膛，装配不良，负载机械部分摩擦或卡住等 2. 电动机断相运行，三相电压及三相电流的不平衡程度超出规定的允许范围 3. 电源电压超出电动机额定电压的允许变动范围 4. 电动机绕组接线错误，如定子绕组某相端接头接反等 5. 电动机绕组故障，如绕组匝间或层间短路、绕组接地 6. 定子铁芯硅钢片之间绝缘损坏，以致定子铁芯短路，引起定子铁芯涡流增大 7. 启动频繁，电动机风道阻塞通风不良或风叶破损风力不够 8. 电动机周围环境温度过高，散热不良、冷却效果差 9. 超载运行时间过长	1. 减轻电动机负载或改用大功率发动机，提高电动机的装配质量 2. 加装断相保护器，检查是否有相与相之间短路、相与零线短路的情况 3. 采用吸收电容器、静止补偿器等装置，抵消电网的无功功率损失，或采用 UPS（不间断电源）调整输出的电压来对电网进行补偿 4. 纠正电动机绕组接线等错误 5. 烘干绕组，减轻电动机过载和有害气体腐蚀，清理绕组内部的金属异物等 6. 改善铁芯硅钢片之间绝缘 7. 采用变频器启动，清理电动机风道，更换风机 8. 采用强制降温方式，降低环境温度 9. 减轻电动机负载或加大电动机功率
电机抖动	1. 三相输出电压不相等 2. 模块损坏	1. 更换电源板 2. 更换模块
调试时失速	调试时电动机从较高转速减速至零速时失速，制动电流设定不合理	将制动电流极限值设定为 67%
总线故障	负载以比电机指令速度更快的速度旋转，导致自身保护动作	确保交流电源一致，并调整减速时间以匹配负载能力
变频器无输出	1. 驱动电路损坏、逆变模块损坏 2. 反馈电路出现了故障 3. 检测电路损坏 4. 霍尔传感器工作点漂移	1. 更换 2. 检查降压的反馈电阻 3. 修理 4. 检查传感器电路

故障	可能原因	排除方法
过压故障	1. 输入交流过电压故障指示报警 2. 发电状态时过电压 3. 变频器拖动大惯性负载 4. 中频炉或中频设备在向电网回馈能量 5. 多个电动机拖动同一负载	1. 断开电源后再送电启动 2. 延长减速时间,或加装制动单元和制动电阻耗能 3. 减小惯性负载 4. 降低电动机实际转速,或给变频器安装制动单元 5. 使多台电动机速度同步
过载	1. 加速时间太短,电网电压太低 2. 负载过重	1. 延长加速时间,延长制动时间,检查电网电压 2. 更换大功率的电机和变频器或对生产机械进行检修,改善机械润滑
过流	逆变电路损坏,变频器的输出短路	对线路及电机进行检查,修理或更换变频器
温度 过高	1. 变频器通风不良 2. 干扰引起 3. 温度传感器不正常	1. 改善通风状态 2. 屏蔽故障 3. 更换传感器

表 6-20　艾默生 TD3000 型系列变频器故障及排除方法

故障现象	可能原因	排除方法
显示"E001"故障代码	1. 加速时间设置过短 2. 转矩提升设置不当 3. 变频器容量偏小 4. 瞬时停电后再启动预置不当 5. 加速中编码器故障	1. 延长加速时间 2. 调整转矩提升 3. 选择适当的变频器 4. 预置为转速跟踪方式 5. 检查编码器或其他电路
显示"E002"故障代码	1. 减速时间设置过短 2. 变频容量偏小 3. 减速中编码器故障 4. 有位能性负载或负载惯性过大	1. 延长减速时间 2. 选择适当的变频器 3. 检查编码器或其电路 4. 调整变频器制动使用率
显示"E003"故障代码	1. 电源电压过低 2. 变频器容量偏小 3. 恒速中编码器故障 4. 瞬时停电后再启动预置不当 5. 负载过大	1. 检查并提高电源电压 2. 选择容量稍大的变频器 3. 检查编码器或其电路 4. 预置为转速跟踪方式 5. 减小负载或增大变频器
显示"E004"故障代码	1. 电源电压异常 2. 电动机在未完全停车时又启动 3. 矢量控制时,参数设置不当 4. 加速时间设置过短	1. 检查并调整电源 2. 将变频器启动方式设置为频率跟踪方式 3. 重新设置变频器参数 4. 延长加速时间
显示"E005"故障代码	1. 减速时间设置过短 2. 有位能性负载存在或负载惯性过大 3. 输入电压异常	1. 加长减速时间 2. 外接制动单元和制动电阻 3. 检查输入电源
显示"E006"故障代码	1. 输入电源电压异常 2. 矢量控制时,参数设置不当	1. 检查电源电压 2. 重新设置变频器参数
显示"E007"故障代码	控制电源异常	检查输入电源和控制电源
显示"E008"故障代码	输入电源缺相	检查电源和线路
显示"E009"故障代码	1. 变频器输出线路故障 2. 未接电动机,预励磁超时	1. 检查线路 2. 接好电动机
显示"E010"故障代码	1. 变频器输出侧短路或断路 2. 变频器通风不良或冷却风扇损坏 3. 逆变桥损坏	1. 检查输出线路并接好 2. 疏通风道或更换风扇 3. 检查并维修

故障现象	可能原因	排除方法
显示"E011"或 "E012"故障代码	1. 环境温度过高 2. 变频器通风不良 3. 风扇故障 4. 温度检测部分故障	1. 改善变频器运行环境 2. 改善通风条件 3. 更换冷却风扇 4. 检查维修温度检测部分
显示"E013" 故障代码	1. 加速时间设置过短 2. 电源电压过低 3. U/f 曲线设置不当 4. 电动机负载过大 5. 编码器反向	1. 延长加速时间 2. 检查并提高电压 3. 调整曲线 4. 减小电动机负载 5. 调整编码器接线
显示"E014" 故障代码	1. U/f 曲线设置不当 2. 电源电压过低 3. 编码器反向 4. 电动机堵转负载过大 5. 电动机过载系数设置不当 6. 通用电动机低速重载长期运行	1. 调整曲线 2. 检查并提高电压 3. 调整编码器接线 4. 减小电动机负载 5. 调整设置系数 6. 可改用变频专用电动机
显示"E015" 故障代码	外部故障输入端子动作	检查外部故障原因
显示"E016" 故障代码	1. 外部干扰引起的故障 2. 存储器损坏	1. 消除干扰 2. 更换存储器
显示"E017" 故障代码	1. 上位机与变频器波特率不匹配 2. 通信超时 3. 通信通道存在干扰	1. 调整使之互相匹配 2. 按恢复键后重试 3. 消除干扰
显示"E018" 故障代码	1. 电源异常 2. 接触器故障 3. 限流电阻损坏 4. 控制电路故障	1. 检查电源并消除异常 2. 检修或更换接触器 3. 更换限流电阻 4. 检修控制电路部分
显示"E019" 故障代码	1. 电流检测或放大电路故障 2. 辅助电源故障 3. 控制板与功率板接触不良	1. 检修相应电路 2. 检修辅助电源 3. 找出原因并排除
显示"E020" 故障代码	DSP(数字信号处理器)受到干扰或双通信错误	按复位键重试
显示"E021" 故障代码	PID(比例-积分-微分)控制时反馈通道断线或电压低于1V或电流小于4mA	检查反馈线路或调整反馈模型
显示"E022" 故障代码	外部给定信号线故障或电压低于1V或电流小于4mA	检查给定线路或调整给定模型
显示"E023" 故障代码	1. 键盘读写参数发生变化 2. 存储器损坏	1. 按复位键重试 2. 更换存储器
显示"E024" 故障代码	1. 电动机参数设置错误 2. 自测定超时 3. 自测定结果与标准偏差过大	1. 重新设定 2. 按复位键重试 3. 检查电动机与负载是否断开
显示"E025" 故障代码	1. 编码器信号断开 2. 编码器信号反向	1. 检查编码器线路 2. 更改编码器接线
显示"E026" 故障代码	1. 矢量控制时负载消失或减小过多 2. 掉载保护功能设置不当	1. 检查负载情况 2. 合理设置掉载保护功能
显示"E027" 故障代码	制动单元和制动电阻本身故障或连线故障	检查制动单元、制动电阻以及相关线路
显示"E028" 故障代码	1. 电动机参数设置错误 2. 变频器与电动机容量不匹配 3. 控制方式设置不当	1. 重新设置电动机参数 2. 重新选择合适的变频器 3. 根据实际情况设置适当的控制方式

表 6-21　西门子 SE70 系列变频器故障及排除方法

故障现象		可能原因	排除方法
转矩波动,三相输出电压不平衡 (SE7023-4TC61-E 型)		1. 驱动电路,IGBT 模块内部烧坏 2. 驱动电路,驱动极 A11 烧坏 3. 驱动电路,驱动极 A12 烧坏 4. 驱动电路,直流电源整流桥 V13 内部损坏 5. 驱动电路,直流电源整流桥 V31 内部损坏 6. 驱动电路,双向贴片二极管 VD7 内部损坏	1. 更换 IGBT 2. 更换驱动极 A11 3. 更换驱动极 A12 4. 更换整流桥 V13 5. 更换整流桥 V31 6. 更换二极管 VD7
操作控制面板 PMU 显示屏显示	"E" 报警 (6FA7016-1TA61-E 型)	1. 电源及控制电路,N2(14974A)内部不良 2. 电源及控制电路,N3(MC340)内部不良 3. 电源及控制电路,二极管 VD13 内部不良 4. 电源及控制电路,二极管 VD15 内部不良 5. 电源及控制电路,三极管 VT28(5C)内部不良	1. 更换 N2 2. 更换 N3 3. 更换二极管 VD13 4. 更换二极管 VD15 5. 更换三极管 VT28
	"F023" (6FA7016-1TA61-E 型)	1. 底板电路,电源块 N5(MCB3167)内部不良 2. 底板电路,FN5 3 脚电阻(1kΩ)烧坏 3. 驱动电路板,两个 2.7kΩ 电阻烧坏 4. 驱动电路板,N1(T084)14 脚电阻 R203 内部烧坏	1. 更换电源块 N5 2. 更换电阻 3. 更换两个电阻 4. 更换 N1
	"F008" (6FA7016-1TA61-E 型)	1. 驱动电路,三极管 VT17(5c)内部不良 2. 驱动电路,VT17C 极电阻 R152 内部损坏	1. 更换三极管 VT17 2. 更换电阻 R152
	"F008" (6FA7016-1T61-E 型)	1. 底板电源电路,N5 1 脚外接 100kΩ 电阻不良 2. 底板电源电路,CUVC 板连接器 X239A 到 20 脚所接 1kΩ 电阻不良	1. 更换 100kΩ 电阻 2. 更换 1kΩ 电阻
	"008" (6EA7016-1T61-E 型)	1. 驱动板电路,驱动板 A21 内部不良 2. 驱动板电路,三极管 VT17(5C)内部不良 3. 驱动板电路,A21 29 脚与 VT17b 极所接 7.5kΩ 电阻不良	1. 更换驱动板 A21 2. 更换三极管 VT17 3. 更换 7.5kΩ 电阻
操作面板 PMU 液晶显示屏无显示	6SW7022-4TC61-Z 型	1. 电源电路,开关管 V34(K2255)内部损坏 2. 电源电阻,漏极电阻 R400(10Ω)内部损坏	1. 更换开关管 V34 2. 更换电阻 R400
	6FA7016-1TA61-E 型	1. 底板电路,正负熔断器(25A)全部熔断 2. 驱动电路,IGBT 模块内部不良 3. 驱动电路,驱动板 A12 内部不良 4. 驱动电路,驱动板 A22 内部不良 5. 驱动电路,驱动板 A32 内部不良	1. 更换熔断器 2. 更换 IGBT 模块 3. 更换驱动板 A12 4. 更换驱动板 A22 5. 更换驱动板 A32
	6SE7022-6AT61-E 型	1. 电源电路,电流检测板 A1 内部不良 2. 电源电路,电流送变器 T4 内部不良	1. 更换检测板 A1 2. 更换送变器 T4

第**7**章　可编程控制器

1968 年，美国通用汽车公司为了适应汽车型号不断更新的需要，欲制造一种新型的工业控制装置，产生了研制可编程序控制器的基本设想，提出了 10 条技术指标在社会上公开招标，其核心要点有 4 个：用计算机代替继电器控制盘，用程序代替硬件接线，输入/输出电平可与外部装置直接连接，结构易于扩展。

结果，美国数字设备公司中标，并于 1969 年研发出了世界上第一台可编程序控制器，型号为 PDP-14，并应用于通用汽车公司的生产线上。这就是可编程逻辑控制器（也称可编程控制器、可编程序控制器，PLC）的雏形，一种新型工业控制设备，它具有功能强、可靠性高、配置灵活、使用方便以及体积小、重量轻、功耗低、编程简单、开发周期短、易于掌握等优点，国内外已广泛应用于自动化控制的各个方面，与机器人、CAD（计算机辅助设计）/CAM（计算机辅助制造）并称为工业生产自动化的三大支柱。

(1) 定义

可编程控制器是一种专为工业现场应用而设计的数字运算电子操作系统装置，它采用可编程序的存储器，用来在其内部存储程序，执行逻辑运算、顺序控制、定时、计数和算术运算等操作的指令，并通过数字式或模拟式的输入和输出，控制各种类型的机械或生产过程。

(2) 结构

各种 PLC 的具体结构虽然多种多样，但都大同小异，工作原理也差不多，都是以微处理器为核心的电子电气系统。PLC 各种功能的实现，不仅基于其硬件的作用，而且要靠其软件的支持，这一点与微型计算机基本相同。

PLC 的硬件主要由 CPU、外设输入/输出（I/O）接口、电源、编程器、I/O 扩展接口和外部设备接口等几部分组成（图 7-1）。

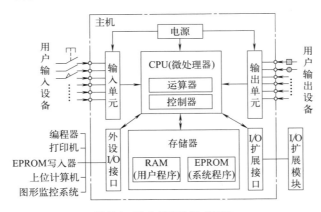

图 7-1　PLC 的硬件组成框图

（3）分类

PLC 可有 3 种不同的分类方法：

① 按结构形式：有整体式（常用于小型机）和模块式（常用于中、大型机）。

a. 整体式 PLC 由箱体、CPU 模块、I/O 模块和电源等组成，其具体部件见图 7-2。

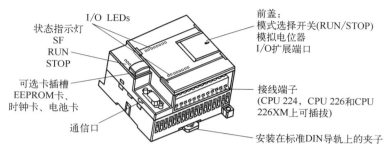

图 7-2 S7-200 系列整体式 PLC 的结构

b. 模块式 PLC 由机架、CPU 模块、通信模块、电源和 I/O 模块等组成，各种模块安装在机架上（图 7-3 和图 7-4）。通过 CPU 模块或通信模块上的通信口，将 PLC 连接到通信网络，可以与计算机、其他 PLC 或其他设备通信。

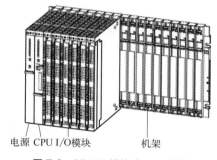

图 7-3 S7-400 模块式 PLC 结构

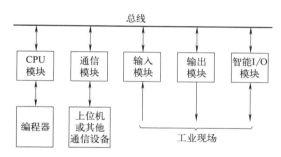

图 7-4 模块式 PLC 的组成框图

② 按 I/O 点数和存储容量：有小型（少于 256 点、8k 步）、中型（少于 2048 点、32k 步）、大型（2048 点以上、32k 步以上）。对于要求较高的 I/O 控制，可适当考虑智能型 I/O 模块，甚至是否需要扩展机架或远程 I/O 机架等。

③ 按功能：有低档机、中档机和高档机。

7.1 系统组成

可编程控制器（图 7-5）由 CPU、存储器、输入/输出部件、通信接口、扩展接口、电源模块和编程装置等功能单元组成。

7.1.1 CPU

CPU（图 7-6）是 PLC 的核心组成部分，实际上就是相当于电脑中的中央处理器，能够进行各种数据的运

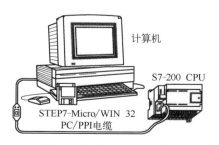

图 7-5 S7-200 系列 PLC 外形

算和处理，将各种输入信号转化输入寄存器，然后进行逻辑的运算、计时、计数、算术运算、数据的处理和传送、通信联网以及各种操作，对编制的程序进行编译、执行命令，把结果传送到输出端，去响应各种外部设备。S7-200 系列 CPU 技术指标可参考表 7-1。

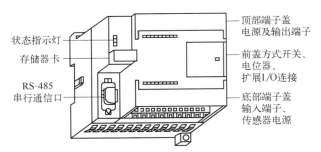

状态指示灯
存储器卡
RS-485
串行通信口

顶部端子盖
电源及输出端子
前盖方式开关、
电位器、
扩展 I/O 连接
底部端子盖
输入端子、
传感器电源

图 7-6 S7-200 系列 CPU 模块外形

表 7-1　S7-200 系列 CPU 的主要技术指标

项目	CPU221	CPU222	CPU224	CPU224XP	CPU226
用户存储/B	4096	4C96	8192 12288	12288 16384	16384 24576
用户数据/B	2048	2C48	8192	10240	10240
本机数字量 I/O	6 入/4 出	8 入/6 出	14 入/10 出	14 入/10 出	26 入/16 出
本机模拟量 I/O	—	—	—	2 入/1 出	—
数字 I/O 映像区	256(128 输入/128 输出)				

7.1.2　存储器

PLC 系统中的存储器主要用于存放系统程序、用户程序和工作状态数据。在 PLC 的工作数据存储器中，设有输入/输出继电器、辅助继电器、计数器、定时器等逻辑数据存储区，这些器件的状态都是由用户程序的初始值设置和运行情况而确定的。

(1) 系统程序存储器

系统程序存储器用以存储系统管理程序、监控程序和系统内部数据，PLC 出厂前已将其固化在只读存储器 ROM 或者可编程只读存储器 PROM 中，用户不能更改。

(2) 用户存储器

用户存储器包括用户程序存储器和数据存储器两部分，其容量大小是反映 PLC 性能的重要指标。

① 用户程序存储器用来存放用户编辑的程序，根据需要可以修改。用户程序一般存储在 CMOS（互补金属氧化物半导体）静态 RAM（随机存储器）中，用锂电池保持电源的持续供应，以保证掉电后程序不会丢失。

② 数据存储器用来存储现场信号和在执行程序时的一些中间数据。根据需求，部分数据在掉电时用备用电池维持原有状态，保存在保持数据区。

7.1.3　输入/输出部件

(1) 输入部件（I）

输入部件是 PLC 与工业生产现场被控对象之间的连接部件，是现场信号进入 PLC 的桥梁。输入接口电路可采集的信号有三大类，包括有源开关（接近开关、晶体管开关电路）、无源开关（按钮、接触器触点和行程开关）和模拟（电位器、测速发电机和各类变送器）信号。

输入接口的作用是把现场的开关信号、模拟信号传输给 PLC，例如按钮开关、一些接触器和继电器触点、位置开关、行程开关、液位开关、压力开关和光电开关等，都可以通过输入接口给 PLC 传送开关信号。另外一些模拟信号，例如温度传感器、压力变送器、液位变送器、流量传感器等信号可以通过输入接口传输给 PLC。

（2）**输出部件**（O）

输出部件也是 PLC 与现场设备之间的连接部件，其功能是根据现场信号把用户程序执行结果通过输出接口对现场的设备进行控制。开关量输出电路包括继电器输出、晶闸管输出和晶体管输出三种输出形式。

① 继电器输出方式，使用场合为交流或直流。CPU 驱动继电器线圈，令触点吸合，使外部电源通过闭合触点驱动外部负载，其开路漏电流为零，响应时间慢（约 10ms），可带较大的外部负载，每个口输出的最大电流为 2A，等效电路如图 7-7。

② 晶体管输出方式，使用场合为直流。CPU 通过光耦合使晶体管通断，以控制外部直流负载，响应时间快（约 0.2ms），可带外部负载小，每个口输出的电流为几十毫安，等效电路如图 7-8。

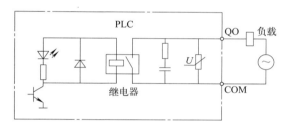

图 7-7 继电器输出等效电路   **图 7-8** 晶体管输出等效电路

③ 晶闸管输出方式，使用场合为交流。CPU 通过光耦合使三端双向晶闸管通断，以控制外部交流负载，开路漏电流大，响应时间较快（约 1ms），等效电路如图 7-9。

（3）**I/O 端口接线**（I/O 线）

PLC 的输入接线是指外部开关设备与 PLC 的输入端口的连接线，输出接线是指将输出信号通过输出端子送到受控负载的外部接线。

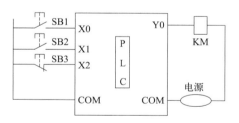

图 7-9 晶闸管输出等效电路

I/O 接线时应注意：I/O 线与动力线、电源线应分开布线，并保持一定的距离，如需在一个线槽中布线时，须使用屏蔽电缆；I/O 线的距离一般不超过 300m；交流线与直流线、输入线与输出线应分别使用不同的电缆；数字量和模拟量 I/O 应分开走线，传送模拟量 I/O 线应使用屏蔽线，且屏蔽层应一端接地。

PLC 的基本单元与各扩展单元的连接比较简单，接线时先断开电源，将扁平电缆的一端插入对应的插口即可。PLC 的基本单元与各扩展单元之间电缆传送的信号小、频率高、易受干扰，因此不能与其他连线敷设在同一线槽内。

7.1.4　通信接口

随着计算机通信网络技术的日益成熟及企业对工业自动化程度要求的提高，自动控制系统也从传统的集中控制向多级分布式控制方向发展，构成控制系统的 PLC 也就必须具备通信及网络的功能，能够相互连接，远程通信。

PLC 配有各种通信接口，这些接口一般都带有通信处理器。PLC 通过这些通信接口可与监视器、打印机、其他 PLC、计算机等设备实现通信。

PLC 主要是通过 RS-232、RS-422 和 RS-485 等通用通信接口进行联网通信的。若联网通信的两台设备都具有同样类型的接口，可以直接通过适配的电缆连接实现通信。若两台设备的通信接口不同，则要采用一定的硬件设备进行接口类型的转换。

"RS"是英文"推荐标准"的缩写，"×××"是标识号，版本的修改次数用 A、B、C等表示。

(1) RS-232 通信接口

RS-232 通信接口是数据通信中应用最为广泛的一种串行接口，它是数据终端设备与数据通信设备进行数据交换的接口，目前最受欢迎的是 RS-232C。

RS-232 接口插头规定为 25 芯，通常插头在数据终端设备（DTE）端，插座在数据通信设备（DCE）端。它采用负逻辑，规定逻辑"1"电平在 $-5\sim15V$ 范围内，逻辑"0"电平在 $5\sim15V$ 范围内，具有较高的抗干扰能力。

(2) RS-422 通信接口

RS-422 通信接口定义有 RS-232C 通信接口所没有的 10 种电路功能，规定用 37 针的连接器。采用差动发送、差动接收的工作方式，发送器、接收器使用 $+5V$ 的电源，因此在通信速率、通信距离、抗干扰能力等方面较 RS-232C 通信接口有很大的提高，其数据的传送速率可达 $10Mb/s$，通信距离为 $12\sim1200m$。

(3) RS-485 通信接口

RS-485 通信接口是 RS-422 的改进型，它采用半双工通信方式，它的电气接口电路采用了差分传输，抗共模干扰能力增强，输出阻抗低，并且无接地回路，适合于远距离数据传输。

(4) 外设通信接口

这是 PLC 和外部设备通信使用的接口，通过它们可与编程器、打印机、其他 PLC、计算机、工业触摸屏等设备实现通信，组成多机系统或连成网络，实现更大规模控制。

7.1.5　扩展接口

扩展接口是主板上用于连接各种外部设备的接口，通常也称为 I/O 单元或 I/O 模块，是 PLC 与工业生产现场之间的连接部件。PLC 通过输入接口可以检测被控对象的各种数据，以这些数据作为对被控制对象进行控制的依据；同时 PLC 又通过输出接口将处理结果送给被控制对象，以实现控制目的。

扩展接口的主要类型有：数字量（开关量）输入、数字量（开关量）输出、模拟量输入、模拟量输出等。

PLC 的扩展接口所能接受的输入信号个数和输出信号个数称为 PLC 输入/输出（I/O）

点数。I/O 点数是选择 PLC 的重要依据之一。当系统的 I/O 点数不够时，可通过 PLC 的扩展接口对系统进扩展。

开关量的 I/O 点数计算见表 7-2。

表 7-2 典型传动设备及常用电气元件所需开关量的 I/O 点数

电气设备		输入点数	输出点数	电气设备	输入点数	输出点数
笼式异步电动机	Y-D 启动	4	3	信号灯		1
	单向运行	3	1	三挡波段开关	3	
	可逆运行	5	2	行程开关	1	
单线圈电磁阀			1	光电管开关	1	
双线圈电磁阀			2	按钮	2	

7.1.6 电源模块

PLC 的电源模块可以将外部的输入电源经过处理后，转化成 PLC 的 CPU、存储器、输入输出接口等内部电路工作所需要的直流电源。许多 PLC 的直流电源采用直流稳压开关电源，不仅可以提供多种独立的电压供内部使用，而且还可以为外部输入（如传感器）提供电源。PLC 根据型号不同，有的采用单相交流电源，一般为 220V，有的采用直流电源，一般为 24V。

7.1.7 编程装置

PLC 编程装置（器）主要由键盘、显示器和外存储器接插件等部件组成，其作用是编写 PLC 调试、输入用户程序，也可在线监控 PLC 内部状态和参数，与 PLC 进行人机对话。

编程器种类大致有手持编程器、图形编程器和智能编程器三种。其中手持编程器是常用的编程设备，它采用助记符语言编程，具有编辑、检索、修改程序、进行系统设置、内存监控等功能。它必须联机编程，可一机多用，对一台 PLC 编程完毕后，就可供另一台 PLC 使用，具有使用方便、价格低廉的特点，缺点是不够直观。除采用手持编程器编程和监控外，还可通过 PLC 的 RS-232C 外设通信接口（或 RS-422 口配以适配器）与计算机联机，并利用 PLC 生产厂家提供的专用工具软件（NPST-GR、FPSOFT、FPWIN-GR），来对 PLC 进行编程和监控。相比起来，利用计算机进行编程和监控往往比手持编程器更加直观和方便。

除了以上所述的部件和设备外，PLC 还有一些外部设备，如 EPROM 写入器、外存储器、人/机接口装置等。

7.2 工作原理

PLC 的工作方式是"集中输入、集中输出、顺序扫描、不断循环"，其过程可分为三个阶段：输入采样、程序执行、输出刷新（图 7-10），整个过程扫描并执行一次所需的时间称为扫描周期。

① 输入采样：在系统软件的控制下，首先按顺序扫描每个输入端子的状态，并将各输入状态存入相应的输入状态寄存器中，此时输入状态寄存器被刷新，它与外界隔离，其内容保持不变，直到下一个扫描周期的输入采样阶段。

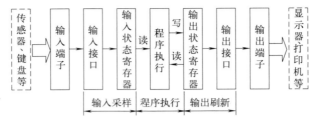

图 7-10 PLC 的工作方式

② 程序执行：PLC 按从左到右、从上到下扫描用户程序的每个指令，并根据输入状态和指令内容进行逻辑操作。

③ 输出刷新：根据逻辑操作的结果，将元件数据寄存器中所有输出继电器的状态，一起转存到输出状态寄存器中，通过一定方式集中输出，最后经过输出端子驱动外部负载，在下一个输出刷新阶段开始之前，输出状态寄存器的状态不会改变。

7.3 PLC 的选用和安装

不同型号 PLC 的结构形式、性能、容量、指令系统、编程方法、价格等各不相同，所以适用的场合也各有侧重。PLC 的选择主要原则是从 PLC 的机型、容量、I/O 模块、电源模块、特殊功能模块等方面，根据自己的特定条件加以综合考虑，在功能满足要求的前提下，选择最可靠、维护使用最方便、性能价格比最高的机型。

7.3.1 机型的选用

应该明确的是，并不是所有的工业控制都必须使用 PLC，如果控制系统非常简单，所需 I/O 点很少，或者虽然 I/O 点较多但控制关系简单，则仍然可以采用传统的继电器、接触器控制。

选择 PLC 时主要考虑以下几点：

(1) 结构形式

PLC 的结构主要有整体式和模块式两种形式，此外也有混合式。

整体式 PLC 的每一个 I/O 点的平均价格比模块式的便宜，且体积相对较小，一般用于系统工艺过程较为固定、环境条件较好的小型控制系统中（如用开关顺序控制的电器）；其他情况则最好选用模块式结构的 PLC。

在选择一台 PLC 时，用户可能会面临一些特殊类型且不能用标准 I/O 实现的 I/O 限定（如定位、快速输入、频率等）。此时可请供应商提供自身能处理一部分现场数据，有助于减小控制作用的模块，以减轻 CPU 处理工作量的任务。

当前，PLC 的生产厂家相继推出了一些本身带有处理器的智能式 I/O 模块，可对输入/输出信号作预先规定的处理，并将处理结果直接输出或送入 CPU，这样可提高 PLC 的处理速度并节省存储器的容量，可考虑适当选用。

(2) 安装方式

PLC 系统的安装方式分为集中式、远程 I/O 式以及多台 PLC 联网的分布式。

① 集中式不需要设置驱动远程 I/O 硬件，系统反应快、成本低，主要用在简易控制

场合。

② 远程 I/O 式适用于大型系统，系统的装置分布范围很广。虽可以分散安装在现场装置附近，连线短，但需要增设驱动器和远程 I/O 电源。

③ 多台 PLC 联网的分布式适用于多台设备分别独立控制，又要相互配合的场合，可以选用小型 PLC，但必须附加通信模块来实现相互联系。

(3) 控制复杂的程度

一般小型（低档）PLC 具有逻辑运算、定时、计数等功能，对于只需要开关量控制的设备都可满足。

对于开关量控制以及以开关量控制为主、带少量模拟量控制的工程项目中，一般不需要考虑控制速度，因此，选用带 A/D（模拟量/数字量）转换、D/A（数字量/模拟量）转换、加减运算、数据传送功能的低档机就能满足要求；而在控制比较复杂，控制功能要求比较高的工程项目中（如要实现 PID 运算、闭环控制、通信联网等），可视控制规模及复杂程度来选用中档或高档机（其中高档机主要用于大规模过程控制、全 PLC 的分布式控制系统以及整个工厂的自动化等）。

(4) 控制部件和执行元件数量

考虑控制部件的个数和执行元件的个数也很重要。应该通过明确控制部件（如按钮、行程开关、转换开关、继电器的触点、传感器等）的个数和执行元件（如继电器、接触器线圈、指示灯、电磁铁、变频器）的个数，确定所需 I/O 点数。注意留有 $15\% \sim 20\%$ 的余量度，以应不时之需。

(5) 响应速度要求

PLC 是为工业自动化设计的通用控制器，不同档次 PLC 的响应速度，一般都能满足其应用范围内的需要。如果要跨范围使用 PLC，或者某些功能或信号有特殊的速度要求时，则应该慎重考虑 PLC 的响应速度，届时可选用具有高速 I/O 处理功能的 PLC，或选用具有快速响应模块和中断输入模块的 PLC 等。

(6) 系统可靠性的要求

对于一般系统 PLC 的可靠性均能满足。对可靠性要求很高的系统，应考虑是否采用冗余系统或热备用系统。

(7) 机型尽量统一

如果不是新用户，应该注意 PLC 的机型统一问题，因为那样有以下 3 个好处：

① 模块可互为备用，便于备品、备件的采购和管理。

② 功能和使用方法类似，有利于技术力量的培训和技术水平的提高。

③ 外部设备通用，资源可共享，易于联网通信，配上位计算机后易于形成一个多级分布式控制系统。

另外，要尽量选用大公司产品，因为它们的质量比较好，售后服务也好，有利于以后工作的开展。

(8) 编程器和外部设备

在实际工作中，PLC 的编程是非常重要的，因此必须对所选择 PLC 产品的软件功能及编程器有所了解。

通常情况下，小型控制系统一般选用价格便宜的简易编程器；如果系统较大或多台PLC 共用，则可以选用功能强、编程方便的图形编程器。如果有个人计算机，可以选用能在个人计算机上运行的编程软件包。同时，为了防止因干扰、锂电池电压下降等原因破坏 RAM 中的用户程序，可以选用 EEP-ROM 模块作为外部设备。

7.3.2 设备安装

(1) 安装固定方法

PLC 的安装固定方法，与其大小、电源种类、采用的单元结构和生产厂的传统等因素有关。常用的可以分为两种：一是直接利用机箱上 4 个角处的安装孔，用螺钉将机箱固定在控制柜的背板或面板上，这一般多用于小型 PLC；二是用德国式 DIN 轨道和配套的安装夹板，先在轨道上装好左右夹板，再依次装上 PLC 各组成单元，然后拧紧螺钉。

PLC 的安装环境是首先要考虑的问题，因为它直接关系 PLC 工作的可靠性和使用寿命。安装环境一般要求见表 7-3。

表 7-3　PLC 的安装环境一般要求

环境因素	安装要求
温度	环境温度一般在 0～55℃ 范围内，应保证 PLC 正常工作时不超过其允许的温度范围。当环境温度过高或过低时，应具有较好的通风和保温条件
湿度	环境相对湿度应小于 85%
振动	避免强烈的振动或冲击，如不能避免，则应采取减振措施
周边设备	应远离强干扰源，尽量减小外界干扰，如电焊机、大功率硅整流装置和大型动力设备，不能与高压电器安装在同一个开关柜内
其他	周围没有易燃或腐蚀气体，也不应有过多的粉尘和金属屑；避免水的溅射，避免阳光直射

(2) 接线

① 电源电压的选择：

a. PLC 的工作电压，一般分为直流 24V、交流 100～120V 和交流 200～240V 三种。

b. 输入接口的输入电源，一般为直流 5V、12V、24V、48V 和交流的 110V、220V。

对模拟量或数字量的输入，以及按钮开关、微动开关、光电开关、干簧开关和各种无触点开关，都适用于直流电源，可用较低电压；对于强电开关、大的行程开关则适用于交流电源，可用较高电压。

② 接地线：PLC 一般应与其他设备分别采用各自独立的接地装置，也可采用公共接地方式，与其他弱电设备共用一个接地装置。接地线时，禁止串联接地，也不要把接地端子接到其他大型金属框架上。

③ 连接输入接口：

a. 当输入电源为交流电时，如果输入元件为感性器件，或者输入线超过 30m，要考虑消除异常感应电动势干扰，以免引起误动作，在输入（触）点（开关）K 两端并联 RC 电路（图 7-11）。

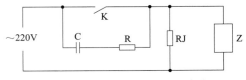

图 7-11　输入点 K 两端并联 RC 电路

b. 当输入电流为直流时，输入触点是开关元件 K，但为了显示，并联有发光二极管和相应的电阻，所以在 K 断开时，也会有可能引起误动作电流的产生，因此要并联旁路电阻 R（图 7-12）。

c. 当输入电源为直流，触点 K 与发光二极管串联时（如带氖管的极限开关），为了使发光二极管能够点亮，也应增加一个并联电阻 R（图 7-13）。

④ 连接输出接口（图 7-14）：

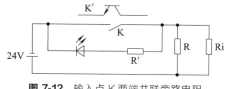

图 7-12 输入点 K 两端并联旁路电阻

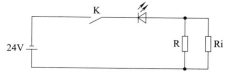

图 7-13 为带氖管的极限开关增加并联电阻

a. PLC 的输出为继电器输出方式时,为减小火花放电对触点的侵害,可在 PLC 的输出继电器的触点两端并联 RC 吸收电路。

b. 当感性负载连接到 PLC 输出端时,同样需要加浪涌抑制器或二极管,以吸收负载产生的反电动势。

图 7-14 连接输出接口

7.4 PLC 的指示灯

CPU 上主要 LED 指示灯有:

① SF(红色):是英文 system fault(程序错误)的缩写,当程序、系统或带有诊断功能的模块有错误时指示灯亮。例如,算术运算或定时器出错,外部输入/输出故障或错误、信号断线、超出量程等。

② BF(红色):网络组态时总线错误指示灯亮,集成有 DP 接口的 CPU 才会有这个 LED 灯。

③ DC 5V(绿色):指示 5V 直流电压状态。

④ FRCE(黄色):有变量被强制时亮。

7.5 PLC 的故障和维修

PLC 系统在长期运行中,可能会出现一些故障,其自身故障可以靠自诊断来判断,外部故障则主要根据程序来分析。常见故障有电源系统故障、主机故障、通信系统故障、模块故障和软件故障等,具体故障及处理方法见表 7-4。

表 7-4 PLC 故障及处理方法

故障现象及特征	可能原因	处理方法
PLC 电源指示灯不亮	1. 电源电压不正常 2. 电源电压正常但 PWR 不亮 3. 指示灯坏了或熔断器断了 4. 导电物质落入 PLC 内部或其他故障使 PLC 内部熔断器熔断 5. 电源坏了 6. PLC 内部元件损坏	1. 排除电源故障 2. 检查熔断器,必要时更换 CPU 框架 3. 更换指示灯或熔断器 4. 清除落入 PLC 内部的导电物质或排除其他故障,更换熔断器 5. 更换电源 6. 送厂家或专门维修点修理

故障现象及特征	可能原因	处理方法
PLC 电源指示灯不亮,RUN 指示灯也不亮	1. PLC 内部熔断器熔断 2. PLC 内部元件损坏	1. 更换熔断器 2. 送专门维修点维修
CPU 出错指示灯常亮	1. 工控机突然关机,可能造成 CPU 出错 2. PLC 内部元件损坏	1. 先切断 PLC 电源,然后再接通,若仍不正常,则送专门维修点修理 2. 送专门维修点修理
程序出错指示灯闪烁	1. 输入的程序有错误(或修改后出错)或因干扰(如工控机关机或其他情况等)导致程序出错 2. 锂电池电压偏低引起程序内部发生变化	1. 检查全部程序,修改错误 2. 更换锂电池,并检查全部程序,修改错误
不能启动	1. 供电电压超过上限或低于下限 2. 内存自检系统出错 3. CPU、内存板故障	1. 调整电源电压至正常范围 2. 清内存,初始化 3. 更换 CPU、内存板
工作不稳定频繁停机	1. 供电电压超过上限或低于下限 2. 主机系统模块接触不良 3. CPU、内存板内元件松动 4. CPU、内存板故障	1. 调整电源电压至正常范围 2. 清洁模块后重插 3. 清理后戴手套按压相关元件 4. 更换 CPU、内存板
PLC 电源指示灯亮,RUN 指示灯不亮	1. 编程器处于 PRG 或 LOAD 位置,或者程序出错 2. 编程器没插上,或者编程器处于 RUN 方式且没有显示出错的代码 3. RUN 输入端子至相应输入回路限流电阻之间导通不良,甚至开路 4. 光电开关或接近开关等传感器故障,使 PLC 的 24V 直流电源输出电流过大,或外部短路使内部保护线路动作	1. 对症处理 2. 更换 CPU 模块 3. 用截面积合适的绝缘导线,将 RUN 输入端子与输入回路限流电阻相连 4. ①更换故障传感器 ②处理故障线路
与编程器(微机)不通信	1. 通信电缆插座松动 2. 通信电缆故障 3. 内存自检出错 4. 通信口参数不对 5. 主机通信故障 6. 编程器通信口故障	1. 插紧后重新连机 2. 更换通信电缆 3. 内存清零,拔去停电记忆电池,几分钟后再联机 4. 检查参数和开关,重新设定 5. 更换通信总线 6. 更换通信口
电源重新投入或复位后,动作停止	1. 电路板中小电容容量减小或元件性能不良 2. PLC 内部接触不良	1. 更换合适的电容或元件 2. 检查电缆和连接器的插入状态
联机运行指示灯不亮(或脱机运行时启动信号指示灯不亮)	PLC 联机信号(或脱机运行启动信号)输入端子与输入回路限流电阻之间因腐蚀造成导通不良,甚至开路	用截面积合适的绝缘导线,将有故障的输入端子与输入回路限流电阻之间相连
联机运行输入指示异常	PLC 联机控制信号输入端子与输入回路限流电阻之间因腐蚀导致导通不良,甚至开路	用截面积合适的绝缘导线将有故障的输入端子与输入回路限流电阻相连
输入指示正常,但输出指示异常(即 PLC 的输出与上位机的控制命令或下位机的程序内容不符)	1. PLC 内部元件或内部线路故障 2. 工控机关机时的干扰信号造成 PLC 的定时器数据丢失(该故障发生于脱机运行初期)	1. 送专门维修点修理 2. 利用编程器或控制柜面板上的置数开关(视具体条件)送入定时器数据
输入模块单点损坏	过电压,特别是高压串入	消除过电压和串入的高压
输入全部不接通(动作指示灯也灭)	1. 未加外部输入电源 2. 外部输入电压过低 3. 端子螺钉松动 4. 端子板连接器接触不良	1. 接通电源 2. 加额定电源电压 3. 拧紧螺钉 4. 锁紧或更换端子板

故障现象及特征	可能原因	处理方法
输入全部断电	输入回路不良	更换模块
特定编号输入不接通	1. 输入器件不良 2. 输入配线断线 3. 端子接线螺钉松动 4. 端子板连接器接触不良 5. 输入信号接通时间过短 6. 输入回路不良 7. OUT 指令用了该输入继电器编号	1. 更换输入器件 2. 检查输入配线，排除故障 3. 拧紧接线螺钉 4. 将端子板锁紧或更换 5. 调整输入器件 6. 更换模块 7. 修改程序
特定编号输入不关断	1. 输入回路不良 2. OUT 指令用了该输入继电器编号	1. 更换模块 2. 修改程序
输入不规则地通、断	1. 外部输入电压过低 2. 噪声引起误动作 3. 端子螺钉松动 4. 端子板连接器接触不良	1. 调整输入电压在额定范围内 2. 采取抗干扰措施 3. 拧紧螺钉 4. 锁紧或更换端子板
异常输入点编号连续	1. 输入模块公共端螺钉松动 2. 端子板连接器接触不良 3. CPU 不良	1. 拧紧螺钉 2. 锁紧或更换端子板 3. 更换 CPU
输入动作指示灯不亮	指示灯坏了	更换指示灯
输入指示灯不亮引起控制的输出不动作	1. 输入线路松脱 2. 输入指示灯坏了	1. 接好输入线路 2. 更换输入指示灯 LED
输入指示灯亮，但不起输入作用	PLC 内部元件损坏	送厂家或专门维修点修理
异常动作的继电器编号为点单位	1. 噪声引起误动作 2. 端子螺钉松动 3. 端子板连接器接触不良 4. COM 端螺钉松动 5. CPU 不良	1. 采取抗噪声措施，安装绝缘变压器，安装尖声抑制器，用屏蔽线配线 2. 拧紧端子螺钉 3. 充分插入、拧紧或更换端子板 4. 同 2 5. 更换 CPU
PLC 输出指示正常，但负载不能正常工作 / 负载不能正常接通	1. 因外部负载或线路短路，使 PLC 的输出继电器触点熔化或表面粗糙不平 2. 因外部负载或线路短路，使 PLC 的输出继电器触点至相应输出端子之间的印刷电路熔断	1. 排除外部故障，更换输出继电器 2. 排除外部故障，用截面积合适的绝缘导线，将输出继电器触点与相应输出端子相连
PLC 输出指示正常，但负载不能正常工作 / 无论输出指示灯亮或不亮，负载始终接通	因外部负载或线路短路，使 PLC 输出继电器触点粘连在一起	排除外部故障，更换输出继电器
输出指示灯亮但没有输出	1. 输出线路松脱 2. 输出继电器坏了或该点接触不良	1. 接好输出线路 2. 更换输出继电器
输出指示灯不亮但有输出	1. 输出指示灯坏了 2. 因外部负载或线路短路，使输出继电器触点粘在一起	1. 更换输出指示灯 LED 2. 排除外部故障，更换输出继电器
PLC 应有输出时，指示灯不亮也没有输出	1. 输出指示灯坏了 2. PLC 内部元件损坏	1. 更换输出指示灯 LED 2. 送厂家或专门维修点修理
输出模块单点损坏	过电压，特别是高压串入	消除过电压和串入的高压
输出全部不接通	1. 未加负载电源 2. 负载电源电压过低 3. 端子螺钉松动 4. 端子板连接器接触不良 5. 熔断器熔断 6. I/O 总线插座接触不良 7. 输出回路不良	1. 接通电源 2. 加额定电源电压 3. 拧紧螺钉 4. 拧紧或更换端子板 5. 更换熔断器 6. 更换总线插座 7. 更换输出回路

故障现象及特征	可能原因	处理方法
输出全部不关断	输出回路不良	更换输出回路
特定继电器编号的输出不接通(动作指示灯灭)	1. 输出接通时间短 2. 程序中指令的继电器编号重复 3. 输出器件不良 4. 输出配线断线 5. 端子螺钉松动 6. 端子板连接器接触不良 7. 输出继电器不良 8. 输出回路不良	1. 更换单元 2. 修改程序 3. 更换输出器件 4. 检查输出配线,排除故障 5. 拧紧螺钉 6. 锁紧或更换端子板 7. 更换继电器 8. 更换输出回路
特定继电器编号的输出不关断(动作指示灯亮)	1. 程序中输出指令的继电器编号重复 2. 输出继电器不良 3. 漏电流或残余电源影响 4. 输出回路不良	1. 修改程序 2. 更换继电器 3. 更换负载或加假负载 4. 更换输出回路
输出不规则地通、断	1. 外部输出电压过低 2. 噪声引起误动作 3. 端子螺钉松动 4. 端子板连接器接触不良	1. 调整输出电压在额定范围内 2. 采取抗干扰措施 3. 拧紧螺钉 4. 锁紧或更换端子板
异常输出点编号连续	1. 输出模块公共端螺钉松动 2. 端子板连接器接触不良 3. CPU 不良 4. 熔断器坏了	1. 拧紧螺钉 2. 锁紧或更换端子板 3. 更换 CPU 4. 更换熔断器
输出动作指示灯不亮	指示灯坏了	更换指示灯
PLC 脱机运行时不能停运	PLC 停止运行信号输入端子与输入回路限流电阻之间,因腐蚀导致导通不良,甚至开路	用截面积合适的绝缘导线,将该信号与输入回路限流电阻相连
内存程序掉电时丢失	1. PLC 内部锂电池电压不足 2. PLC 内部元件损坏	1. 更换锂电池 2. 送厂家或专门维修点修理
程序写不进模块 PROM	1. 内存没有初始化 2. PROM 未擦干净 3. 个别脚未插入 4. 芯片损坏 5. CPU、内存板故障	1. 清内存、重写 2. 清洁 PROM 3. 插入 PROM 4. 更换芯片 5. 更换 CPU、内存板
电池报警灯亮	PLC 内部锂电池电压不足	更换锂电池
CPU 出错灯亮	CPU 板出错	更换 CPU 板
编程器显示不正常	1. 连接插头污染严重,接触不良 2. 个别按键动作不灵活,按后无反应	1. 用纯酒精棉球擦洗或用细砂纸打磨(事先切断电源) 2. 打开编程器盒盖和对应小按键帽,滴入纯酒精清洗
单一模块不通信	1. 通信电缆插接松动 2. 模块故障 3. 组态不对	1. 压实后重新联机 2. 更换模块 3. 重新组态
主站不通信	1. 通信电缆故障 2. 调制解调器故障 3. 通信处理端故障	1. 排除故障或更换通信电缆 2. 断电后再启动,无效时更换 3. 清理后再启动,无效时更换
从站不通信	1. 分支通信电缆故障 2. 通信处理器松动 3. 通信处理器地址开关错 4. 通信处理器故障	1. 拧紧插接件或更换 2. 拧紧通信处理器 3. 重新设置 4. 更换通信处理器
通信正常,但通信故障灯亮	某模块未插入或接触不良	插入并拧紧模块

故障现象及特征		可能原因	处理方法
全部或部分程序不执行		1. 外部输入系统故障 2. 输入电压不正常 3. 内部监视器故障(LED 亮) 4. 程序错误(致梯形图接点状态与结果不一致)或运算部分故障 5. CPU 单元、I/O 接口单元的故障 6. 输出单元或外部负载系统故障	1. 用万用表检查外部输入系统 2. 排除输入单元故障 3. 排除输入单元、CPU 单元或扩展单元的故障 4. 排除程序错误(如内部继电器双重使用等),消除运算部分故障 5. 针对具体问题排除 6. 针对具体问题排除
电源短时掉电,程序内容消失		1. 电池中的电耗尽 2. 存储器或是外部回路漏电 3. 电机或绕组产生强噪声	1. 更换电池 2. 分别消除漏电故障 3. 消除电机振动,干燥电机;使电感线圈绕线与电路板匹配
电源板故障	滤波通道故障	工频电网电压波动产生冲击	电源输入端加净化、滤波装置
	电源功率调整管故障	PLC 开关电源散热不良	安装时远离生热器件,并在电源模块加风扇冷却
数字量输入输出模块故障		1. 输入信号或输出端器件损坏 2. 输出端带负荷较大 3. 输出元件损坏 4. I/O 内部元件损坏 5. 线路接地不当或短路	1. 条件允许时,在每一个输入、输出口均加相应的熔断丝(管)保护 2. 加中间继电器,以降低输出元件电流 3. 根据输出端口电压状况,分别加阻容(AC)、反接二极管(DC)以保护输出元件 4. 调整程序改用备用端口或更换内部元件 5. 正确接地并消除短路故障
模拟量输入输出模块故障		毫安、毫伏级信号在传输过程中,常因外部干扰而引起数值变化,造成系统误动作	1. 应使用单独的符合技术条件的地网,且要远离工频地网 2. 采用屏蔽线、双绞线等信号线,且应尽可能短 3. 选用悬浮式接地、隔离式接地等信号保护方式
CPU 报警停机		CPU 单元连接于内部总线上的器件存在故障	依次更换可能产生故障的单元,找出故障单元,并作相应处理
存储器报警停机		1. 噪声的干扰引起程序的变化 2. 程序存储器有问题	1. 排除噪声干扰 2. 更换存储器
输入/输出单元报警停机		输入/输出单元和扩展单元连接器的插入状态、电缆连接状态不佳	确定故障发生的某单元之后,更换该单元

参考文献

［1］ 张德明. 分接开关的选用［J］. 变压器，2006（06）：37-38.

［2］ 方大千，等. 高低压电器实用技术［M］. 北京：人民邮电出版社，2007.

［3］ 何瑞华. 控制与保护开关电器［M］. 北京：机械工业出版社，2014.

［4］ 栾桂冬，张金铎，金欢阳. 传感器及其应用［M］. 2 版. 西安：西安电子科技大学出版社，2012.

［5］ 高晓蓉，李金龙，彭朝勇，等. 传感器技术［M］. 3 版. 成都：西南交通大学出版社，2021.

［6］ 吕泉. 现代传感器原理及应用［M］. 北京：清华大学出版社，2006.

［7］ 刘灿军. 实用传感器［M］. 北京：国防工业出版社，2004.

［8］ 张佰龙. 电气控制入门及应用［M］. 北京：化学工业出版社，2020.

［9］ 薛迎成，何坚强，姚志垒. 可编程序控制器原理及应用技巧［M］. 北京：机械工业出版社，2010.

［10］ 连建华，张怀广. PLC 应用技术［M］. 北京：国防工业出版社，2009.

［11］ 冯宁，吴灏. 可编程序控制器应用技术［M］. 北京：人民邮电出版社，2009.

［12］ 李科杰，宋萍. 感测技术［M］. 北京：机械工业出版社，2007.